中国人民大学研究报告系列

中国社会道德发展研究报告

2015

CHINESE SOCIAL MORALITY
DEVELOPMENT RESEARCH REPORT

主　编　葛晨虹　郭爱红

中国人民大学出版社
· 北京 ·

◢ 总 序 ▶

陈雨露

    当前中国的各类研究报告层出不穷，种类繁多，写法各异，成百舸争流、各领风骚之势。中国人民大学经过精心组织、整合设计，隆重推出由人大学者协同编撰的"研究报告系列"。这一系列主要是应用对策型研究报告，集中推出的本意在于，直面重大社会现实问题，开展动态分析和评估预测，建言献策于咨政与学术。

    "学术领先、内容原创、关注时事、咨政助企"是中国人民大学"研究报告系列"的基本定位与功能。研究报告是一种科研成果载体，它承载了人大学者立足创新，致力于建设学术高地和咨询智库的学术责任和社会关怀；研究报告是一种研究模式，它以相关领域指标和统计数据为基础，评估现状，预测未来，推动人文社会科学研究成果的转化应用；研究报告还是一种学术品牌，它持续聚焦经济社会发展中的热点、焦点和重大战略问题，以扎实有力的研究成果服务于党和政府以及企业的计划、决策，服务于专门领域的研究，并以其专题性、周期性和翔实性赢得读者的识别与关注。

    中国人民大学推出"研究报告系列"，有自己的学术积淀和学术思考。我校素以人文社会科学见长，注重学术研究咨政育人、服务社会的作用，曾陆续推出若干有影响力的研究报告。譬如自 2002 年始，我们组织跨学科课题组研究编写的《中国经济发展研究报告》、《中国社会发展研究报告》、《中国人文社会科学发展研究报告》，紧密联系和真实反映我国经济、社会和人文社会科学发展领域的重大现实问题，十年不辍，近年又推出《中国法律发展报告》等，与前三种合称为"四大报告"。此外还有一些散在的不同学科的专题研究报告也连续多年，在学界和社会上形成了一定的影响。这些研究报告都是观察分析、评估预测政治经济、社会文化等领域重大问题的专题研究，其中既有客观数据和事例，又有深度分析和战略预测，兼具实证性、前瞻性和学术性。我们把这些研究报告整合起来，与人民大学出版资源相结合，再做新的策划、征集、遴选，形成了这个"研究报告系列"，以期放大规模效应，扩展社会服务功能。这个系列是开放的，未来会依情势有所增减，使其动态成长。

中国人民大学推出"研究报告系列"，还具有关注学科建设、强化育人功能、推进协同创新等多重意义。作为连续性出版物，研究报告可以成为本学科学者展示、交流学术成果的平台。编写一部好的研究报告，通常需要集结力量，精诚携手，合作者随报告之连续而成为稳定团队，亦可增益学科实力。研究报告立足于丰厚素材，常常动员学生参与，可使他们在系统研究中得到学术训练，增长才干。此外，面向社会实践的研究报告必然要与政府、企业保持密切联系，关注社会的状况与需要，从而带动高校与行业企业、政府、学界以及国外科研机构之间的深度合作，收"协同创新"之效。

为适应信息化、数字化、网络化的发展趋势，中国人民大学的"研究报告系列"在出版纸质版本的同时将开发相应的文献数据库，形成丰富的数字资源，借助知识管理工具实现信息关联和知识挖掘，方便网络查询和跨专题检索，为广大读者提供方便适用的增值服务。

中国人民大学的"研究报告系列"是我们在整合科研力量，促进成果转化方面的新探索，我们将紧扣时代脉搏，敏锐捕捉经济社会发展的重点、热点、焦点问题，力争使每一种研究报告和整个系列都成为精品，都适应读者需要，从而铸造高质量的学术品牌、形成核心学术价值，更好地担当学术服务社会的职责。

目录

导　论 ·· 1

一、公务员道德建设对"治理能力现代化"的战略意义 ·········· 2

二、公务员道德的概念与结构 ····························· 4

三、影响公务员道德的因素 ····························· 8

四、有关本研究报告的说明 ····························· 16

五、本研究报告的价值与意义 ··························· 20

第一篇　公务员道德价值观调研报告 ··················· 23

一、社会发展变革对道德观念的影响 ····················· 23

二、公务员道德价值观状况及其变化 ····················· 26

三、影响公务员道德价值观变化的因素 ··················· 46

第二篇　公务员道德规范建设状况调研报告 ············· 53

一、公务员道德规范建设的现实背景 ····················· 53

二、公务员道德规范的构成及层次 ······················· 55

三、公务员道德规范建设的实践状况 ····················· 57

四、公务员道德规范践行现状调研 ······················· 69

五、公务员道德规范建设的有效机制 ····················· 77

第三篇　公务员理想信念问题研究 ····················· 81

一、理想信念是公务员正确行使公权力的精神力量 ·········· 81

二、公务员理想信念的现状及存在的问题 ················· 85

三、公务员理想信念存在问题的原因分析 ················· 88

四、坚定公务员理想信念的对策建议 ····················· 91

第四篇　公务员道德人格与品德调研报告 ··············· 96

一、道德人格的构成和特点 ····························· 96

二、公务员的道德意识与认知 ··························· 102

三、公务员的道德人格现状 ····························· 106

四、影响公务员道德人格与品德的外在因素 ……………… 124

第五篇　公务员道德文化的现状、原因与培育 ……………… 133

　一、公务员道德文化现状 ……………………………… 133

　二、公务员道德文化现状探源 ………………………… 146

　三、公务员道德文化的培育 …………………………… 149

第六篇　公务员廉政道德状况调查与分析 ………………… 153

　一、调查目的与方法 …………………………………… 153

　二、对廉政道德的总体评价与认识 …………………… 154

　三、廉政建设隐忧：隐性腐败问题 …………………… 173

　四、加强廉政道德建设 ………………………………… 177

第七篇　公务员公共服务动机调查与分析

　　　　——以北京市处级以下公务员为例 …………… 187

　一、公共服务动机的研究背景 ………………………… 187

　二、公共服务动机的内涵 ……………………………… 191

　三、研究假设和研究目的与方法 ……………………… 192

　四、调研结果及其分析 ………………………………… 194

第八篇　公务员道德问题的伦理分析 ……………………… 206

　一、公务员道德价值观的深层改变 …………………… 206

　二、公务员伦理与道德相分离 ………………………… 210

　三、公务员道德文化的同一性危机 …………………… 214

第九篇　公务员道德建设途径研究 ………………………… 219

　一、公务员道德建设的理论工程 ……………………… 219

　二、公务员道德建设的实践机制 ……………………… 223

　三、提升公务员群体的政治素质与伦理修养 ………… 227

　四、提升公民权力监督的行动与能力 ………………… 229

　五、加强公共权力的制约与监督：治理隐性腐败 …… 231

　六、公务员道德建设的组织策略 ……………………… 233

参考文献 ……………………………………………………… 236

后　记 ………………………………………………………… 237

导　论

　　1972 年发生的"水门事件"（Watergate scandal），不仅在美国引发了一场政治危机，也引发世人对政府伦理道德问题的反思，使"行政伦理学"成为一门在国际社会日益受到重视的学科。在中国，随着改革开放的逐步推进和经济全球化，以及城市化、信息化进程的不断加快，社会及其伦理道德领域也发生了深刻变化。在社会转型和变革进程中，公权力运用、官员腐败、政府公信力、企业诚信、人际冷漠等社会问题不断引发道德论争和思考。在公共行政方面，某些领域某些官员公权力的不当使用导致的某些政府公信力下降的问题，一些地方政府与民众之间关系趋于紧张的问题，都使改进政府行政伦理状况的任务迫在眉睫。中央反复强调要坚持"德才兼备、以德为先"的用人标准，很多地方政府积极探索干部道德考评制度化问题。2011 年，国家公务员局出台了《公务员职业道德培训大纲》，要求"十二五"期间对公务员及参照公务员管理的人员全员进行公务员职业道德培训。2016 年 7 月，中组部、人力资源和社会保障部、国家公务员局联合印发了《关于推进公务员职业道德建设工程的意见》，提出了"坚定信念、忠于国家、服务人民、恪尽职守、依法办事、公正廉洁"的公务员职业道德，明确了公务员职业准入道德标准，在建立公务员诚信档案以及履责激励和失责惩戒机制方面都提出了新的要求。

　　但是，无论是对公务员职业道德的要求、职责的道德评价，还是对公务员进行职业道德培训，都需要对公务员的道德现状这一前提进行了解把握。本报告即期望通过对公务员道德的现状、问题进行实证研究，对公务员道德观念已发生和正发生着怎样的变化，公务员在行政活动中存在哪些道德问题，面临哪些道德困境，根源如何等进行分析，并在研究分析相关实证数据后，提出一些加强公务员道德建设的理论结论和实践方案建议。

一、公务员道德建设对"治理能力现代化"的战略意义

习近平总书记在第十八届中央纪律检查委员会第六次全体会议上讲话指出：党的十八大以来，我们党着眼于新的形势任务，把全面从严治党纳入"四个全面"战略布局，把党风廉政建设和反腐败斗争作为全面从严治党的重要内容，正风肃纪，反腐惩恶，着力构建不敢腐、不能腐、不想腐的体制机制。坚持党风廉政建设离不开公务员道德建设，加强公务员道德建设，对于增强政府和公务员队伍的公信力、巩固党的执政基础具有重要意义。习近平还指出："道德之于个人、之于社会，都具有基础性意义，做人做事第一位的是崇德修身。"这个"德"，对于领导干部来说，分量要重于普通党员和群众，应该有更高的标准、更严的规范。"重莫如国，栋莫如德"，要成为国家栋梁，没有比崇高德行更重要的了。正因为如此，领导干部队伍的道德建设近些年来受到了越来越多的重视。中组部2011年10月印发了《关于加强对干部德的考核意见》，11月国家公务员局又出台了《公务员职业道德培训大纲》。2014年7月，中组织部印发了《关于在干部教育培训中加强理想信念和道德品行教育的通知》。2015年1月，习近平又指出，讲规矩是对党员、干部党性的重要考验，是对党员、干部对党忠诚度的重要检验。2015年4月，中共中央办公厅印发《关于在县处级以上领导干部中开展"三严三实"专题教育方案》。2016年7月中共中央又印发《中国共产党问责条例》，强化问责成为管党治党、治国理政的鲜明特色。所有这些，主要是围绕领导干部的职责和道德建设而开展的。事实上近年反腐和党风廉政以及道德建设也取得明显成效。2015年，国家统计局问卷调查显示，91.5%的群众对党风廉政建设和反腐工作成效表示满意或比较满意。中国社科院一问卷调查显示，93.7%的领导干部、92.8%的普通干部、87.9%的企业人员、86.9%的城乡居民对中国反腐表示有信心或较有信心。在此背景之下，加强各级公务员的道德建设，开展实证研究具有重要战略意义。

首先，加强公务员道德建设是社会转型期价值引导的需要。人类社会发展往往呈现这样一种规律，社会结构的变迁总是与社会道德的深刻变化相伴相生。改革开放三十多年来，经济改革导致利益主体多元化，人与人、人与集团、集团与集团之间利益分配关系的重新调整引发了社会结构变迁。与此同时，经济利益关系的调整带来了与之密切相关的社会道德的深刻变化。公务员道德作为社会道德的重中之重，也必会随着社会道德变化而变化。由于市场意识的泛化，个人权利意识的觉

醒，社会、团体和个人的利益关系结构也都处于转型阶段，这些都决定了这个时代的社会现实中存在不同程度的价值错位、急功近利、人际疏离、心态浮躁等问题。这又是一个信息爆炸、知识碎片化的时代，大数据、互联网、"快餐"式行为盛行，身处这个时代的一些人，丧失了系统思考的智慧、德性品格、意志和道德思维。一事当前，许多人会进行功利测算、效率计算、利益衡量，唯一被置于思考之外的是道德正当与做人的品格准则。公务员作为社会结构中居于公权力运用地位的人群，其道德状况发展变化会受制于社会结构的发展变化，同时又会引导整个社会道德的发展变化。公务员道德与社会结构变迁是一个互动过程，在这个互动过程中，公务员必会面临从一种道德向另一种道德转型的纠结与困境，如何加强公务员道德建设就成为此时期一项迫切任务。

其次，加强公务员道德建设是改革进入关键期强化公务员职责与担当意识的需要。党的十八大以来，习近平总书记在系列重要讲话中多次强调，责任担当是领导干部必备的基本素质，并强调干部就要有担当，有多大担当才能干多大事业，尽多大责任才会有多大成就。总书记说："坚持原则、敢于担当是党的干部必须具备的基本素质。'为官避事平生耻'。担当大小，体现着干部的胸怀、勇气、格调，有多大担当才能干多大事业。"2016 年 3 月，习近平在参加十二届全国人大四次会议黑龙江代表团的审议时强调，要"真正把那些想干事、能干事、敢担当、善作为的优秀干部选拔到各级领导班子中来"，强调担当精神是公务员队伍建设的紧迫课题。敢于担当是我们党的优良作风和优秀品格，是公务员的基本素质和职责要求，也是公务员的职业道德要求。敢于担当表现在公务员的职业生活中，就是做好本职工作，负起当负责任，有所作为，坚守自己的职业良知，不是遇困难躲避或不作为，更不能是不负责任的乱作为。

最后，治世必重德，重视公务员道德建设是德才辩证关系要求之必然。中国历史上有诸种人才论，如重才轻德的唯才论，重德轻才的唯德论，德才兼备、以德为先的择优论。不同时代不同历史时期不同发展阶段，对德才孰轻孰重，孰先孰后，都有不同的观念模式。纵观中国历史，凡是社会剧烈动荡、新旧王朝交替的时代，用人者往往把"唯才是举"作为主要用人取向。但当社会处于和谐稳定之时，则大多重视用人中"德"的考量。因为只有德，才能赢得民心，才能维护社会的稳定。中国改革开放三十多年来，在以经济建设为中心的目标下，强调领导干部具有开拓市场经济、发展经济的素质能力有一定的历史必然性。今天社会发展的理念转变为"创新、协调、绿色、开放、共享"，确立公务员与五大理念相协调的道德理念，在公务员选拔任用中突出"德"的要求，则成为社会发展之必然要求。习近平同志在一系列重要讲话中多次谈到德与才的关系问题。他指出：德与才是辩证统一的。一个干部有德无才，难以担当重任；有才无德，最终会危害党和人民的事业。只有德才兼备，才能做到想干事、能干事、干成事而又不出事，履行好党和人民赋予的职责。

二、公务员道德的概念与结构

道德在不同时代和不同文化体系中有不同的标准。就个体来说，道德不是天生的，是后天社会的教育、制度、文化等因素交互作用的结果。道德是以善恶评价为标准，依靠社会舆论、传统习俗和人的内心信念的力量来调整人们之间相互关系的行为规范、道德品质和道德行为的总和，是人类经过长期的社会实践和群体交往而形成的在一定历史阶段相对稳定的价值取向。从不同的角度可以对道德现象做出不同的划分。比如，根据人们生活的领域，可以把道德划分为社会公德、婚姻家庭道德、职业道德等几类；从道德主体的角度，可以把道德划分为个体道德、群体道德以及组织道德等。

（一）公务员道德的概念

公务员概念在不同国家其内涵各不相同。我国公务员是由过去的"干部"演化而来的。官德、干部道德、公务员道德，常在我们的语言系统中通用，都是指执掌社会公共权力的人员的道德，是为官当政者从政德行的综合反映。干部管理制度正处于改革过程中，与现阶段干部管理体制相符合，同民主政治发展进程相适应，《中华人民共和国公务员法》将公务员定义为"依法履行公职、纳入国家行政编制、由国家财政负担工资福利的工作人员"。因此，我国公务员的范围包括：中国共产党和各民主党派机关工作人员，各级人大机关工作人员，各级国家行政机关工作人员，各级政协机关工作人员，法官，检察官等。这比许多西方国家公务员的范围要宽泛。

公务员道德的概念也有广义和狭义之分。狭义的公务员道德主要指公务员职业道德，即公务员执行公务时的道德状况。广义的公务员道德既可以是指公务员这个群体的职业道德，也可以指公务员个体的道德品德。本研究报告就是在广泛的意义上使用公务员职业道德这一概念的。研究的内容既包括作为群体的公务员职业道德的现状，也包括作为个体的公务员道德品德的现状。公务员职业道德建设既涵盖公务员道德规范的制定、相关制度的完善等因素，也包括公务员的品德修养和完善。

（二）公务员道德的结构

结构即系统内部诸要素的相互关联。公务员道德是由公务员道德价值观、公务员道德规范、公务员道德品德以及公务员道德文化四种因素所构成的。其中，公务员道德价值观是核心，公务员道德规范是社会对公务员这一群体的规范性要求，公务员道德品德则是公务员对道德规范的内化，公务员道德文化是指规导并影响公务员状况的组织文化和社会文化。[①] 公务员道德结构，从不同的角度可做不同的划分，肖鸣政教授将之划分为"五德"[②]，一般认为，社会公德、人际交往品德（包括家庭关系中的品德）可看作作为普通人也应当遵循的美德，所以可将之概括为公民品德。因而，这里把公务员道德品德分为公民品德、职业品德和发展品德三个方面。此外，由社会期待和公众参与构成的道德文化则是公务员道德生成的文化背景和土壤。为了简洁地描述公务员道德结构，可用下图表述：

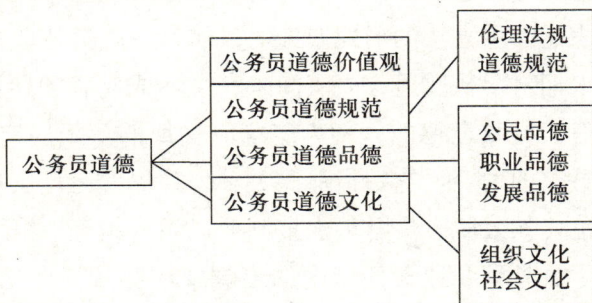

```
                          ┌─ 公务员道德价值观 ─┐ ┌─ 伦理法规
                          │   公务员道德规范   ┤ └─ 道德规范
                          │                    │
                          │                    │ ┌─ 公民品德
  公务员道德 ─────────────┤   公务员道德品德 ──┤ │   职业品德
                          │                    │ └─ 发展品德
                          │   公务员道德文化 ──┤
                          └────────────────────┘ ┌─ 组织文化
                                                  └─ 社会文化
```

1. 公务员道德价值观

道德价值观是指人们对善与恶、荣与辱、正义与非正义等的价值取向的基本观点。公务员道德价值观就是公务员这一群体关于善与恶、荣与辱、正义与非正义的基本认识和看法，即公务员所特有的，对一系列道德活动价值的一般看法或评价。当面临工作选择以及复杂的道德情境时，公务员往往是依据自身具有的道德价值观对自己的行为做出选择。如，作为还是不作为，为人还是为己，取义还是取利，要长远利益还是要眼前利益等等。不同的公务员道德素质不同，会有不同的选择。当公务员面临道德选择尤其是道德冲突时，起调节和决定作用的是公务员所具有的道德价值观以及行为的道德意志。公务员道德价值观是在职业生活和道德生活中逐渐

---

① 参见鄯爱红：《品德论》，第二章"品德结构论"，北京，同心出版社，1999。

② 肖鸣政教授认为，领导干部的品德包括"五德"，即政治品德、职业道德、社会公德、家庭美德、个人品德。政治品德主要是领导干部对党和国家等组织之德，职业道德主要是领导干部对于工作与事情之德，社会公德主要是领导干部对于公众以及他人之德，家庭美德主要是领导干部对家人、亲戚之德，个人品德主要是领导干部对自己、对环境以及对于其他方面这样一个综合之德与基础之德。

形成的。公务员在其成长过程中和反复不断的道德实践中，对各种价值不断进行体验、辨别、比较，形成一定的价值序列。道德价值观一经定型和稳固，便有一种道德价值取向在价值观体系中上升到主导地位，并成为指导主体活动的最高价值原则，也往往转化为公务员的道德信念。在各种道德活动场合，主体都能坚定不移地按照道德信念行动，并在道德选择和评价中都遵循固有的道德价值观。

2. 公务员道德规范

公务员道德规范建设状况和公务员职业建设以及从严治党息息相关。习近平总书记在第十八届中央纪律检查委员会第六次全体会议上指出：我们深入研究探索，汲取全党智慧，坚持依规治党和以德治党相统一，坚持高标准和守底线相结合，把从严治党实践成果转化为道德规范和纪律要求，党内法规制度体系更加健全。公务员道德规范分为两个层次。第一个层次是伦理法规。伦理法规可以看作对公务员的底线要求，其特点是义务性和强制性，表达的是公务员最基本的义务和要求，通常以"禁止"的方式表达，以立法的形式实施。目前，行政道德立法已经成为一种国际模式，在我国，人们对于行政道德立法尚未完全达成应有的共识。当然，主张道德立法并不是要将有关行政道德的一切内容都以法律的形式固定下来，强制执行。行政道德立法有其特定的内容，它特指那些关乎公共权力运行及对腐败的防范具有根本意义的道德规范，如公职人员财产申报制度、问责制等。第二个层次是道德规范。道德规范是基于公务员职业责任层面的道德要求，其特点是责任性和主动性，表达的是公务员在对职业精神领会的情况下主动承担的责任和要求，以"应当"的方式表达，通常指导性比较强，操作性比较弱。比如，目前公务员培训中重点强调的热爱祖国、服务人民、恪尽职守、清正廉洁等就是倡导性的道德规范。如果把这些规范细化、可操作化，使之成为考核标准，那就因具有一定的强制性而较接近伦理法规了。

3. 公务员道德品德

公务员道德品德包括公民品德、职业品德和发展品德三个方面。公民品德是指公务员作为一个公民，在公共生活中，在与社会和他人交往中所应当具备的品德，既包括公共场所的社会公德，也包括在家庭生活中的家庭道德（由于家庭道德涉及的是与自己有密切关系的"他人"，这里也将之划分到公民品德中）。职业品德是基于中国特色的公务员制度，公务员在职业生活中所应当具备的品德，也是公共行政这一行业对社会所承担的道德责任和义务的体现。发展品德是指作为一名公务员，要做好本职工作必须遵守的更高层次的品德要求。只有具备了这些优秀的品德，才能在自己的职业生涯中具有发展优势。这些品德也可以说是作为一名优秀的、具有发展前景的公务员应具备的品德。

4. 公务员道德文化

公务员道德文化主要是指规导并影响公务员道德状况的组织文化和社会文化。组织文化是公务员道德文化的核心内容，是组织成员共同遵守和分享的价值观念和行为选择方式的表达，通常组织制度、职责分工、领导表率、决策方式等对组织文化起非常重要的作用。社会文化主要是由一定时期公民的素养所构成的社会土壤。公务员作为社会一员，其道德素质也会受社会文化影响，如，社会价值导向、法律政策制度以及社会公众期待和社会舆论等，都是构成公务员道德生成的社会文化土壤的因素。

公务员道德状况不仅取决于公务员个体品德修养程度和组织文化的规范与完备，也取决于由社会期待与社会政策法律所构成的公务员道德生长的土壤。社会期待是指一定社会依据个体的身份和角色所表达的希望和要求。社会期待往往表现为根据社会对各种群体的不同要求制定出来的行为准则和规范。这些准则和规范作为一种要求对该群体的思想和行为发挥影响，成为个体的行为动机。社会期待有不同的层次，有国家的、政党的、学校的、班级的、家庭的以及朋友的等等。但社会期待不同于正式的法律、党纪、职务守则及其他的调节机制，它具有潜在性，通常以不成文的潜在要求和文化潜意识存在。对个体来说，社会期待包括两方面：一是有义务根据群体的期待行事，二是有权利期望周围人的行为符合他们的身份和角色。每个人都同时属于各种不同群体，因而在自己的活动中都建立了一整套的社会期待系统。研究表明，从少年时期开始，当社会期待和个体的需要产生矛盾时，群体的社会期待常常能抑制个体的需要的实现。因此，教育学中非常注重研究社会期待，通过研究个体所参照的群体价值和行为准则，并通过特定的方式使之内化成为个体需要，从而实现教育的宗旨。

对公务员群体而言，社会期待指的是人们在不同的方面对于政府中的人员的工作所寄予的希望。[①] 包括：公务员的薪酬待遇，政治、法律机制对行政行为的约束，公众对行政人员的看法，以及他们在大众文化中所体现出来的公众形象。其中大众文化包括书籍、戏剧、政治漫画和电影等。社会对从公务员那里获得服务和产品的需求程度，标志着社会对公务员道德行为的期待水平。

公众参与是社会期望表达的一个重要途径，也是影响公务员道德的一个重要因

---

① 参见［美］特里·L. 库珀：《行政伦理学：实现行政责任的途径》，185 页，北京，中国人民大学出版社，2010。

素。卢梭在《社会契约论》中专门论述过公民与臣民的区别，他说："作为主权权威的参与者，就叫做公民；作为国家法律的服从者，就叫做臣民。"从广义上讲，公众参与除了公众的政治参与外，还必须包括所有关心公共利益、公共事务管理的人的参与，要有推动决策过程的行动。在实际的活动中，公众参与泛指以普通民众为主体参与推动社会决策和活动实施等。在促进公务员道德生成的过程中，公众参与可以促使公务员在做出行政决策和执行政策、法律的时候时刻考虑到公众的利益，从公众的视角进行思考，而不仅仅是出于政府决策的方便或是出于其他利益集团的利益。具体地说，公众参与有助于澄清和明确法律与政策的意图，保障公众知情权、参与权、监督权，这既是法律和政策的宗旨，也是法律和政策出台时需要遵循的规则和程序。公务员必须仔细计划和系统安排公众参与的机会。公众参与意识可以促使公务员更多地了解当地公众的需求，做出更符合公众意图的决策，从而促进公务员和政府公信力的提升。

三、影响公务员道德的因素

道德并不是一成不变的，在不同时代、不同社会，道德随社会经济、政治等因素的变化而不断变化。在不同时代、不同的社会群体中，人们所重视的道德元素及其优先性、所持的道德标准也常常有所差异。改革开放以来，随着市场经济的不断发展，工业化、信息化和城市化进程不断加快，道德观念也处于变迁过程中，人们原有的道德观念受到了冲击和改变。研究工业化、信息化和城市化进程中影响公务员道德的因素及变化趋势，对于增强公务员道德教育培训的有效性和针对性，发挥道德教育的积极作用，具有重要的理论和现实意义。

公务员道德是社会因素、组织因素和个体因素交互作用的产物。对影响公务员道德的因素的研究，可以用下图简要表述：

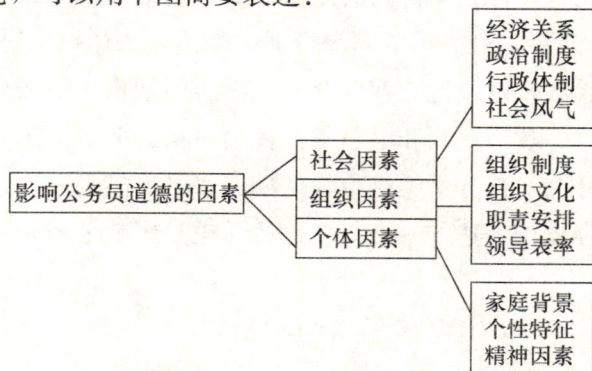

影响公务员道德的因素 — 社会因素 → 经济关系 政治制度 行政体制 社会风气；组织因素 → 组织制度 组织文化 职责安排 领导表率；个体因素 → 家庭背景 个性特征 精神因素

（一）社会因素

影响公务员道德的社会因素主要包括：经济关系、政治制度、行政体制、社会风气。

1. 经济关系

经济生活是全部社会生活的基础，伦理生活亦然。恩格斯说："每一个社会的经济关系首先是作为**利益**表现出来。"① "人们自觉地或不自觉地，归根到底总是从他们阶级地位所依据的实际关系中——从他们进行生产和交换的经济关系中，获得自己的伦理观念。"②所谓经济关系，主要指人们由于与生产资料的关系不同，因而在社会生产体系中所处的地位不同。人们在不同的经济结构中的特定地位使人们在伦理观念、行为标准、思维方式和行为方式上存在着明显的差异。对公务员道德来说，经济关系对它的影响主要表现在不同社会、不同阶级的行政人员对行政权力的认识不同，因而导致他们在行政活动中遵循不同的行政道德规范体系，因而具备不同的品德。对于剥削阶级占统治地位的社会的行政人员来说，尽管也推崇公正无私、忠诚廉洁等品德，但在现实的行政活动中往往会为了维护统治阶级的利益而违背大多数被统治者的利益。正因为现实行政活动中存在阶级利益的冲突，一些思想家和政治家得出政治伦理与人际伦理相冲突、政治生活中不讲伦理的结论。

2. 政治制度

所谓政治制度，是指统治阶级为实现其阶级统治所确立的政权组织形式及其相关的制度，它是政治统治性质和政治统治形式的总和，即国体与政体的统一。政治制度是一个国家的根本制度，它对公务员道德的影响主要表现在以下方面：

首先，政治制度以强制的方式选择并推行特定的伦理价值观和行为规范，对公务员品德起着直接的引导和规范作用。经济关系对社会发展及其秩序的影响，往往通过政治制度表现得更为深刻、更为广泛。直接参与政策制定、执行的国家公务员的道德，与政治的关系更为密切。公务员道德会直接对社会政治制度的善与恶发生影响，社会政治制度也直接影响着公务员道德的善与恶。正是在这一意义上，波普尔说："我们需要的与其说是好人，还不如说是好的制度。"③

其次，"忠诚"作为任何国家、任何社会的国家公务员的首要道德，也是政治

---

①　《马克思恩格斯全集》，中文 1 版，第 18 卷，307 页，北京，人民出版社，1964。

②　《马克思恩格斯选集》，3 版，第 3 卷，470 页，北京，人民出版社，2012。

③　［英］卡尔·波普尔：《猜想和反驳》，491 页，上海，上海译文出版社，1986。

制度对公务员道德的要求。尽管"忠诚"的内涵和要求随着社会的发展不尽相同，但它和政治的密切关系从未改变。无论是古代封建社会宣传的忠君，还是社会主义社会倡导的忠于党、忠于人民、忠于国家、忠于职守，都体现了社会对国家管理人员的道德要求。国家公务员无论何时何地，在道义上、行为上都应当忠于国家，为国效力，维护国家的统一、国家的尊严和国家的利益，这是公务员的必备素质和道德。

3. 行政体制

行政体制是适应社会政治、经济、文化等各方面需要建立起来的国家和社会公共事务管理系统。行政体制的结构主要包括两个方面：一是由行政组织、行政机构、行政人事资源等要素构成的客观结构系统，二是由行政权力、行政法律、公共政策、行政管理方式等要素构成的主观结构系统。合理、高效的行政体制可以从制度上保持国家公务员的职、权、责的平衡一致，这是公务员道德养成的基础之一。

首先，行政体制通过建立完善的权责统一的体系使国家公务员对自己的职、权、责有深刻的认识，这是公务员道德养成的基础条件。习近平总书记在中国共产党第十八届中央纪律检查委员会第五次全体会议上发表重要讲话时强调，要按照全面建成小康社会、全面深化改革、全面依法治国、全面从严治党的要求，坚持思想建党和制度治党，严明政治纪律和政治规矩，加强纪律建设，深化纪律检查体制改革，完善党风廉政建设法规制度，落实"两个责任"，强化监督执纪问责，持之以恒落实中央八项规定精神，坚决遏制腐败现象蔓延势头，坚守阵地、巩固成果、深化拓展，坚定不移推进党风廉政建设和反腐败斗争。因此，公务员对自己的职、权和责的认识，也即是对行政伦理关系的认识。只有"知之"，才能"行之"。如果行政体制不能保持职、权、责的平衡一致，公务员对自己的职、权、责不明确，在行政活动中就不能够做到各司其职、各行其权、各负其责，那就不利于良好的公务员道德的养成。

其次，建立有关职、权、责一致的平衡制度体系，有助于培养国家公务员的责任意识和负责精神。通过建立包括监督、考核、奖惩、升降等在内的制度体系，加强对公共行政机关以及国家公务员职、权、责的实际状态的考核和监督，有助于从机制上保证国家公务员不失职、不渎职，保证其尽职、尽责、公正地运用公共行政权力。如果行政体制不能保障赏罚分明，失职者不受惩罚，尽职者得不到奖赏，就会出现"不好的制度会使好人变坏"的现象。

4. 社会风气

社会风气作为一种社会现象，不是某个人所为，而是与社会的政治、经济、文化、法律等多方面因素有关。党风、民风、学风、行业之风等，对公务员的道德认识和道德行为起着潜移默化的影响作用。社会风气与公务员道德之间有着互动的关系。一方面，公务员道德被看作影响社会风气的源头；另一方面，社会风气又会对公务员道德起着促进作用。良好的社会风气，健康的社会交往，有益于规范公务员的行为，形成良好的道德品质；而不良的社会风气则有可能使公务员在缺乏外在监督的情况下，失去道德约束，以至误入歧途。在这里，作为社会道德文化重要组成部分的公民意识具有最为关键的作用。从公务员道德的角度来说，公民意识是公民在对自身权利和义务认识的基础上对公务员道德行为的一种社会期待，这种期待的高与低、严与宽、紧与松决定了公务员道德行为的受监督与受约束程度的高与低、严与宽、紧与松。一些公务员的不当行为主要是公务员放松自律、约束与修养所致，但也与一些服务对象的拉拢、腐蚀有关，与社会公众对不当行为的容忍有关。

(二) 组织因素

组织因素是指与公务员所处的行政机关的地位、任务、权力、结构、体制、活动方式有关的，对公务员道德发生影响的因素，是与行政组织内部结构有关的各种因素的总称。具体地说，以下因素对公务员道德状况产生直接的影响。

1. 组织制度

道德是个体的，但是负责任的伦理行为并不完全取决于个体，组织制度在伦理行为和个人品德塑造中发挥着重要的作用。美国著名的行政伦理学者库珀的负责任的伦理行为的模型中，组织制度被看作与个人道德品质、组织文化和社会期待相并列的四因素之一。[①] 威特默（Wittmer）认为，组织对不道德行为的惩罚和对伦理行为的奖励是"影响伦理决策的最明显因素之一"。无论是普通公务员还是处于领导职位的公务员，都认为用人和分配制度是影响一个单位或部门公务员道德价值观的重要因素。什么样的人能得到重用，什么样的人能得到实惠，直接成为人们观念和行为的风向标。如果一个单位的制度科学合理，职责明确，奖惩分明，执行有力，那么这个单位人们的道德价值观就很明确；如果制度不科学不合理，职责不明确，奖惩不分明，执行无力，那么人们的道德价值观就会模糊和混乱。同时，一些单位的制度往往存在功利主义、效率至上的取向，缺乏对道德有效的科学考评。虽然倡

---

① 参见［美］特里·L. 库珀：《行政伦理学：实现行政责任的途径》，175页。

导"不让老实人吃亏"，但没有与之相应的制度设计，所以这种倡导基本不起作用。此外，公务员的道德问题要从职能划分和职责规定中寻找原因。政府承担了太多的职能和不属于政府的职能是导致公务员服务不周的深层原因，政府部门之间职责不清是导致公务员不作为的深层原因。

2. 组织文化

这是由组织制度因素和领导管理引导所导致的一个单位和群体的文化价值观，也就是该组织成员共同认同和遵循的道德准则和行为方式，以单位部门长期以来形成的惯例和文化的形式存在。比如，有的单位部门依然会不同程度地延续传统重义轻利的文化，在与自己熟悉的人之间，可能不会把一般利益看得很重，特别是物质利益，但在涉及升迁、工作调整、职责分配方面，公务员还是较为重视的，尤其是在是否合理公平方面会有所看重。当然，在不同的组织中，人们表达自身利益需求的方式各不相同，有的比较直接，有的比较间接。再比如，在资历、能力和人际关系的占比中，有的部门更看重资力，有的部门更看重能力，有的部门更看重人际关系。这些都影响着一个部门的群体价值观。

3. 职责安排

一个组织的职责安排和利益分配在某种程度上决定着人与人之间关系的和谐度，也相应决定组织中的个人的道德水准和境界。这里的职责安排和利益分配之间的差异也包括与权力强弱相关的收益、福利以及个人优越感的差异。一个组织，其权力较强，经济效益较好，职责安排与利益之间较少矛盾，相互包容度就会高一些，组织中成员之间的关系也会和谐融洽一些。管子说"仓廪实则知礼节"，职责、利益与德性之间虽然不是绝对正相关的关系，但一个国家、组织的职责、利益安排的确会对人际关系和人的精神境界产生一定的影响。

4. 领导表率

组织的道德文化如何，在很大程度上与领导，特别是一把手的示范作用有直接关系。上有所好，下有所效。中华民族历来都有珍惜名节、注重操守、干净为官的传统，历来都讲"为政以德""守土有责"，领导干部要秉公用权、廉洁用权，做遵纪守法的模范。孔子说"君子之德风，小人之德草"[1]，"重莫如国，栋莫如德"[2]，要成为国家栋梁，没有比崇高德行更重要的了；东汉张衡也说"君子不患位之不尊，而患德之不崇"：都是讲领导的道德修养非常重要。古人之所以非常重视社会

[1] 《论语·颜渊》。
[2] 《国语·鲁语上》。

统治阶层的道德修养，在于他们看到了道德教育中领导的表率作用。邓小平说："党是整个社会的表率，党的各级领导同志又是全党的表率。"① 领导干部的道德修养对普通民众有巨大的示范作用，他们的一言一行都具有导向功能，直接影响和带动着整个社会的道德风尚。为此，各级领导干部要从自身做起，给下级带个好头，坚持正确用人导向，把好干部选出来、用起来，促进能者上、庸者下、劣者汰。围绕发生的腐败案例，查找漏洞，吸取教训，着重完善党内政治生活等各方面制度，压缩消极腐败现象的生存空间和滋生土壤，通过体制机制改革和制度创新促进政治生态不断改善。

（三）个体因素

在品德的形成和发展过程中，客观外在的社会条件、组织环境起着很大作用，但个体成长中的家庭背景、个性特征和精神因素等对公务员道德塑造也有重要的影响。

1. 家庭背景

家庭背景对人的品德影响较大，家庭的物质条件、家教、家风等对每个家庭成员的品德形成和发展都起着重要的教育和潜移默化作用。成人后进入职场的所作所为和行为习惯，往往和家风影响分不开。一般而言，父母责任心较强，彼此互尊互爱，家庭邻里人际关系和谐良好，德性人格健康，生活方式以及家风健康文明，都有利于培养人的品德能力。从家庭教育方式和实践结果来看，民主型、关爱型、有家教的家庭生活，比溺爱型、放任型、专制型、虐待型家庭更适合孩子健康成长。相反，家庭关系紧张不和谐，家长对子女缺乏尊重和关爱，教育方法简单粗暴，或者过分娇惯溺爱子女，都可能使子女形成这样或那样的品德缺陷。总之，成长过程中家庭对人的品格的影响，一定会持续到他的职业生活中。

2. 个性特征

个性特征主要是指由人的各种心理特点结合而成的个体独特心理倾向，包括能力、气质和性格三方面。个性特征的差异是社会普遍道德在个体身上呈现出不同品德的主要原因。亚里士多德把不同的性格特征直接看作人的品德，韩愈用"性三品"说解释人们德性的差异。虽然这些观点不能科学地解释品德的发生，因为品德发生的决定因素在于人们的社会存在，就是人们的个性特征也并不是纯粹自然的产物，必然受到社会存在的影响，但毕竟从相对意义上把人的个性特征看作个体方面的特征，这种特征对品德的发展有着重要的作用。

---

① 《邓小平文选》，2版，第2卷，177页，北京，人民出版社，1994。

　　能力。有两种能力直接影响公务员道德的形成，即接受能力和行为能力。接受能力在公务员道德形成中主要是指直接影响公务员顺利有效地完成接受、内化公务员行为规范活动的个性特征。接受能力的强弱对公务员道德形成的影响，表现在三个方面：首先，表现在与接受内容的关系上。接受能力强，表明接受者善于充分发挥主观能动性，积极地参加接受活动，并能准确领会公务员道德要求的内涵和精神。其次，表现在与接受量的关系上。一般来说，接受能力与接受量成正比。接受能力强，则接受量大，接受速度快，因而接受效率也高。接受能力差，结果则相反。公务员具备较强的接受能力，则有助于对法律、法规、道德规范的全面把握和接受。最后，表现在接受的方式方法上。接受能力强，善于触类旁通，举一反三，因而对接受方式的限制也小，接受者的适应性也较大，他们能较快地适应并顺利地完成各种不同的接受任务。行为能力的差异也是影响公务员品德形成的重要因素。公务员掌握、接受了道德规范要求，还须借助行为能力使内在的德心在各种社会关系和公务活动中得以展现，行为能力的强弱导致公务员个体完成道德活动的效果的差异，从而导致公务员个体品德的差异。

　　气质。气质指个人心理活动的动力特征。它是个体不论在什么时间、场合，也不论活动内容、兴趣、动机如何，都稳定地表现出个人特定的心理动力特点。公务员道德是道德因素在公务员气质中的体现，是凝结在公务员气质中的道德因素。公务员个体的品德直接受到其气质类型的影响。

　　任何一种气质类型都有积极方面和消极方面。气质只有和道德结合在一起，才具有道德价值；只有与道德意识和道德自觉性结合在一起构成一定德性，才能对道德进行善恶评价。不同气质往往导致人的德性价值高低不同。不同气质的人内化社会道德、践履社会道德的方式不同、程度不同，最后达到的效果也不同。任何气质类型的人都可能发展出高尚品德，也可能发展出低下品德。

　　性格。性格是人对现实的态度和行为方式中比较稳定的独特的心理特征的总和。性格是人的个性特征中一个重要的组成部分。人的性格有多种多样，它是由诸种特征组合而成的复杂结构物。最主要的性格特征有态度特征、意志特征、情绪特征。这些特征都对品德的生成具有重要影响，有些甚至直接成为品德的组成部分。态度特征主要体现在个人对待现实生活、对待自身的稳定的心态和表现在外的风度。这一特征和道德要求相结合，直接构成公务员道德的重要因素，而且其中公务员个人对待社会、集体、他人的态度特征本身就是公务员道德的重要组成部分。意志特征是个体对自己行为的自觉调节方式和水平方面的个人特点。这一特征在公务员道德形成中的作用主要体现在公务员要对自己心理、行为进行道德调节，使自己的行为合乎公务员道德要求，并最终成为他的道德习惯。情绪特征是指个体经常表现的情绪活动的强度、稳定性、持久性和主导性方面的特征。这种特征对公务员道德的影响主要体现在它决定公务员在践履道德行为时的强度、稳定性和持久性。公务员如果受情绪感染和支配的强度较大，就很容易在一时冲动之下做出道德或不道德行为。但这种道德或不道德行为如果没有足够的理性特征，而是受情绪支配，就很难形成稳定性的品德。

3. 精神因素

精神因素是指与个体生理因素、个性心理因素相区别的人们所特有的创造性、超越性。精神因素表明人虽然在归根到底的意义上是由自身的自然存在和社会存在所决定的，但他并不是完全隶属于自我的客观存在，而是可以在某种程度上摆脱自我客观存在的具有创造性、超越性的精神存在。这种精神存在具体体现为人的理想和信念。

人们具有的理想和信念对公务员道德的形成有着重要的作用。可以说，它是个人塑造公务员德性的动力源，也是塑造公务员道德的指路灯、方向盘，它影响着公务员在道德上的努力方向与热情。理想和信念是个体比较高级的精神活动形式，决定着个体思想、行为的方方面面。远大的理想和坚定的信念是人的品德的坚实支柱，一个人的理想和信念动摇或丧失了，他不仅会产生茫然、困惑、灵魂、没有家园的感觉，而且还有可能走进道德相对主义与道德虚无主义的误区，最终导致道德上的堕落。美国著名行政学者库珀认为信念在一个人的主观责任结构中居于重要地位。他说："信念相对来说较为持久，而且它倾向于在我们的禀性中产生……换句话说，信念有助于培养禀性和诚实正直。"

理想和信念一经形成就成为个体生活、工作的巨大精神力量。理想、信念的差异及层次决定着品德的差异和层次，正是由于个体在理想、信念方面的差异，才决定了个体在相同的环境中，在相同的刺激条件下，可能会产生不同的个体行为，留下不同的个体发展轨迹，构筑成不同的个体品德。如此，我们就不难理解，为什么同是国家公务员，有的人能够在任何情况下兢兢业业、尽职尽责，而有的人则得过且过，不能很好地履行自己的职责，特别是当受到不公正待遇，或有什么不顺利的事时，就把个人的情感带到工作中，影响公务；为什么同是国家公务员，有的人利用手中的权力为自己谋私利，腐化堕落，有的人则利用手中的权力为国家、集体谋利益，兢兢业业地为人民服务；为什么同是公务员，接受同样的教育，拥有同样的社会生活条件，有的人在种种金钱和美色的诱惑面前能够不为所动，公正廉洁，而有的人则挡不住种种利益诱惑，在利益冲突中丧失原则和品德。对公务员来说，理想和信念作为高尚的精神因素对品德的形成具有至关重要的作用。

四、有关本研究报告的说明

（一）概念说明

首先，本报告调研的主体、重点是公务员群体，主要对当前中国行政人员即公务员的道德状况进行实证研究，而不是重点对政府组织主体的行政机制伦理进行研究。

其次，本报告将研究对象定位为"公务员道德"，以此区别于"公务员职业道德"。从内涵和外延上来说，公务员道德包含公务员职业道德，但又不局限于公务员职业道德。同时，公务员道德也不同于普通人的道德，而是对公务员这个群体在当今社会所持的价值观和行为方式的研究。从具体路径上来说，本研究报告包括两条路径：一是在对公务员道德现状进行研究时，是将公务员作为一个个体的人、一个从事公务员职业的个体，研究其在当前的政治、经济、文化背景下，面临的道德环境以及个体所持的道德观念、所具备的道德品德、所面临的道德困境等现实问题。二是在对加强公务员道德建设的对策上，是将公务员作为一个群体，因而更多地研究当前中国公务员道德建设的状况、面临的问题及相应的对策。因此，报告中涉及的"公务员道德"概念，有时指个体的公务员，有时是群体的公务员。

最后，本报告对公务员道德的研究框架。公务员道德可以从不同的角度进行分类，本报告在形成研究框架时，主要是从公务员道德建设的现实出发，从主观方面致力于培育与社会发展要求相一致的价值和品德，从客观层面致力于建构合乎社会发展需求以及与公务员成长要求相协调的道德规范与道德文化。因而，本报告研究对象涉及公务员道德价值观、公务员道德规范、公务员道德品德、公务员道德文化四个方面。道德价值观侧重于研究在目前以市场化、工业化、信息化和城市化为标志的现代化进程中，哪些因素对公务员的道德价值观产生影响，公务员对待善与恶、荣与辱、义与利等道德问题的基本看法和取向上发生了什么变化；道德规范则侧重于研究伦理法规和道德规范这两个层面，主要是对当代中国有关公务员道德建设的一些现实做法进行梳理和研究；道德品德则从公民品德、职业道德和发展品德三个层面对公务员个体的道德状况进行调查和研究；道德文化则重点对当前中国社会公众对公务员道德的期待与公众参与状况进行调查和研究。

（二）研究方法

　　对公务员道德的研究大致有两类：描述性、实证性的和规范评价性的。对于前者，公务员道德更多地呈现为一种公务员道德现象（公务员道德事实或道德观念），其研究任务主要在于揭示和诠释存在于实际行政生活中的各种或显或隐、或明或暗的道德思维推理根据、过程和观念。与此相应，规范评价性的公务员道德研究更加重视对现实行政生活中的各种道德立场进行批判性的反思和评价，强调对现有的公务员道德中存在的不理想的状态进行批判和改进。就我国相关公务员道德研究看，大多数都是规范评价性研究，作为研究对象的公务员道德事实上被不同程度地简化、缩略。这一方面是由于公务员职业道德的学科性质使然，因为公务员道德的核心任务是对公务员这一职业的价值基础进行讨论，并对公务员的行为是否合乎道德进行评判。另一方面，则是因为大多数相关研究者的知识背景和研究方法偏好使然——注重价值反思和偏好规范管理的理论研究者和行政管理者一般都较侧重做一些理论的定性判断或者出台一些制度化的管理规范，而较少地对公务员道德的现实特别是公务员道德的文化土壤等问题进行调查和研究。如果没有深厚的理论功底和实证调研，公务员道德研究往往沦为抽象的说教、浅层的评价、简单的判断。因此，我国公务员道德的研究，必须超越"概念化"的应然规范研究，积极开展描述性、实证性研究。因为"我们作为社会科学家，在提出理论性的主张的同时，还必须重视在经验上对理论性的主张进行检验和评估"[1]。描述性、实证性研究不仅可以帮助我们了解公务员道德现实，而且有利于反思和验证既有的公务员道德理论——这对于考察欧美式政治与行政价值观在中国的适用性特别重要。[2]

　　本研究报告借助问卷调查、统计分析等工具，总体性地对我国公务员的道德现状进行了调研，包括公务员的道德价值观、道德规范建设状况、道德人格与品德状况、公共服务动机。与现时代反腐重要任务相适应，本报告特别对公务员的廉政状况进行了调查和分析。此外，本报告在研究过程中，也有针对性地对公务员进行了大量深度访谈，对公务员的管理实践进行了调查，提示其道德推理和价值选择的依据，进而成为设计问卷、分析问卷和进行研究的基础。因此本研究报告并不只是通过调查数据对公务员的道德现状进行描述，而是在现状基础上进行理论分析，并提出相应对策。

　　　　———————————

　　① ［美］W. 理查德·斯科特：《制度与组织——思想观念与物质利益》，4 页，北京，中国人民大学出版社，2010。

　　② 参见李春成：《行政伦理两难的深度案例分析》，37 页，上海，复旦大学出版社，2011。

第一，关于问卷设计。针对公务员这一群体的问卷设计涉及伦理学、心理学、社会学、政治学、管理学的方法和理论，而且回答道德问题时很容易把"社会道德价值标准"和"自我选择"混在一起，因而会产生一些道德认知和道德行为、自评和他评不完全一致的调研差异问题。

第二，本报告的研究对象"公务员道德"有别于"行政伦理"，加之学界已有较多理论演绎式的"行政伦理"理论成果，所以本研究报告不作思辨式和理论演绎式的研究。无论是从研究对象的特质上说，还是从本报告研究的宗旨上来看，我们力主更多地进行描述性、实证性分析。

第三，本报告虽然侧重数据调查基础上的描述研究，但如果不对数据显示的现象背后的原因和理据进行分析，就很难了解其本质，描述性的研究价值就不能很好体现。因而，本报告试图将实证研究与理论分析结合起来。

第四，问卷设计中，除了设计针对公务员群体问卷外，还设计了针对公务员的服务对象，即社会公众的问卷。通过对公务员群体与非公务员群体对相同问题的回答进行比较分析，突出道德领域自我评价与社会评价的统一性与分离性，这是本报告的特色之一。

(三) 调查样本

自2013年以来，围绕公务员道德价值观、公务员道德规范、公务员道德品德和公务员道德文化四个主题进行调研，我们进行了历时三年的全国范围的调研，形成了五个调查报告。第一个报告是针对这四个方面的总体调研，其他四个报告是针对目前公务员道德领域最为重要而有针对性的四个方面所做的调研，包括：公务员道德价值观变迁的调研，公务员道德规范的调研，公务员廉政道德的调研，公务员公共服务动机的调研。其中，公务员公共服务动机的调研是在北京市处级以下公务员中进行的，其他报告多在全国范围开展。样品选取采用的思路是东部、中部和西部各取一些地区，其中有城市，也有农村；有省会城市，也有直辖市。

调查以公务员群体、社区居民、高校青年知识分子、国有企业职工等四个群体为对象，在整体框架一致的前提下，针对公务员群体与非公务员群体不同情况设计问卷，分别召开座谈会。2013年的调查样本来源于黑龙江省、北京市、河北省、山西省、云南省、贵州省，共发放问卷2 000份，收回有效问卷1 824份。调查对象分两类群体：一类是公务员群体（均为各省市政府的处级或科级公务员，少数样本来自局级干部），人数为1 400人，收回有效问卷1 254份；另一类是非公务员群体600人，包括各省市社区居民和高校教师，收回有效问卷570份。为了了解近两年公务员道德的变化，2015 年下半年又将四个调查报告中比较典型的问题抽取出来，形成一个问卷，在北京地区开展了相关调研。

此外，团队主要研究者长年从事公务员职业道德的教学与研究工作，特别是 2011 年国家公务员局发布《公务员职业道德培训大纲》，2014 年中共中央组织部印发《关于在干部教育培训中加强理想信念和道德品行教育的通知》以来，累计为大约 5 000 名不同层级的公务员开设公务员职业道德与行为规范的课程。课程采用了专题研讨、辩论等多种形式，研究者在这个过程中，记录了大量公务员在课堂上对道德问题的观点和看法，这些都为本研究提供了重要的思路和依据。

（四）整体框架

对公务员道德的研究，首先涉及的就是对公务员道德这一现象进行分类的问题。这是研究公务员道德的出发点，也是整个研究的整体框架。

分类意指假定世界是由各具特点、互不相连的实体所组成，然后假定每一实体各有一组自己所归属的相似或相近的实体。然而，现实情景并非按照理性逻辑发生和展开的，"情境或是不同于任何用语言区分的类别，或是同时落入几个类别"，这即社会学家齐格蒙特·鲍曼的现代性-矛盾性理论所揭示的现代性的无穷的困局和两难。其"困局"在于，分类旨在提供秩序，然而却导致了矛盾性无序的产生。鲍曼说："行为是通过类别划分的匀整性、定义边界的准确性和客体归类的明确性来衡量的。然而，这类尺度的运用以及它们所监控的活动的进展是矛盾性的最终源泉。"[1]"尽管矛盾性是源于命名/分类冲动，但是与它的斗争却只能通过更加准确的命名以及更加精确定义的类别来进行。……所以，对矛盾性的斗争既具有自身毁灭性也具有自身推进性。"[2]

应当说，无论如何分类，都会有一些矛盾和不准确之处。面对这种困局，有四种选择：（1）执着地追求建构"一种包容一切文件的、宽敞的文件柜"[3]；（2）将既有分类中的一种设为分析框架；（3）采用某种较为广泛的、分类标准逻辑不严谨的框架；（4）放弃构建整体分析框架。经过比较权衡，本报告选择第三种方案，即采用一种分类标准并不十分严谨的框架，这样既可以避免陷入追求尽善尽美的框架的困局之中，也不至于因放弃建构整体框架而使整个研究报告松散而失去了整体性。

为此，本报告把公务员道德分为四类：道德价值观、道德规范、道德品德、道

---

① ［英］齐格蒙特·鲍曼：《现代性与矛盾性》，5 页，北京，商务印书馆，2003。
② 同上书，5～6 页。
③ 同上书，5 页。

德文化。虽然很难为这四类涉及公务员道德的现象找出一个严格的标准，相互之间也有交叉和包含之处，但这四类现象基本上涵盖了目前公务员道德现象，也比较符合本研究报告的目标。此外，对道德价值观、道德规范、道德品德、道德文化各个因子结构的划分也存在类似的问题，只能选择目前社会关注的重点问题和重点领域进行归类。对各类道德现象影响因素的分析，采用社会、组织以及个体三维度。从社会因素来说，主要调查和讨论经济关系、政治制度、行政体制和社会风气四个因素；就组织因素来说，主要调查研究组织制度、组织文化和职责安排三个因素；就个体因素而言，主要调查和分析家庭背景、个性特征以及精神因素三个方面。

基于这一分类，本报告问卷设计的主题结构覆盖如下问题领域：公务员道德价值观，公务员道德规范建设状况，公务员理想信念问题，公务员道德人格与品德，公务员道德文化的现状、原因与培育，公务员廉政道德状况，公务员公共服务动机，公务员道德问题，公务员道德建设途径等方面。

五、本研究报告的价值与意义

一是从道德文化和个体完善与发展的角度界定了公务员道德的含义。本报告从道德价值观、道德规范、道德品德、道德文化四方面调研公务员道德状况。目前学界对道德现象的划分以前三者居多，很少将道德文化列入一类。鉴于道德现象并非孤立的存在，在很大程度上与其他社会文化交织在一起，特别是公务员道德现象，与社会公众的期望和参与密切相关，在很大程度上会受到公众期待与公众参与的影响。报告对公务员道德作了新角度的分类。在公务员道德类别划分中，人们通常习惯根据场所与领域进行分类，即把公务员道德分为社会公德、职业道德和家庭美德三类。这种划分逻辑清晰，但是不能突出公务员的特点。无论是哪一个群体的道德都可以划分为这三个领域。为突出公务员道德的特点，本报告将公务员道德划分为公民品德、职业品德和发展品德，突出了公务员作为公共权力运行职业，其道德素质的权重要高于一般职业道德，为公务员的品德要求以及自我完善和发展提供了一个框架。

二是为加强公务员道德建设提供了一个多维综合建设思路。本报告探索了对公务员道德产生影响的诸多社会和个体因素，着力超越就道德论道德的单一思路。特别是公务员道德建设，由于其所处的地位、担当的角色与社会政治、经济和文化有着密切的关联性，不能离开社会政治、经济和文化来研究公务员道德建设。解决公务员道德问题也不能单纯依靠道德教育和培训，必须辅之以政治、经济、行政、文化等多种手段。同时，道德又与个体的性格特质、心理因素密切相关，因而还要加强对公务员道德心理学等问题的研究，从而增强道德管理的科学性和有效性。

三是对于加强公务员道德建设提供咨政性实证研究资料和建议。正如《关于推进公务员职业道德建设工程的意见》所强调的，公务员职业道德是公务员职业活动的行为准则和规范，是公务员政治信仰、工作宗旨、职业理念和道德品质的具体体现，对引导和规范其正确履职尽责具有重要作用。本研究报告有助于把握行政人员的道德状况及影响行政人员道德状况的客观环境，对加强领导干部的作风建设，提高行政人员的道德水平，预防和惩治腐败都有直接的意义，同时对在全社会倡导社会主义核心价值观、道德观，改善社会道德风气，推动行政改革完善，加强行政能力建设都具有重要的现实意义。一些研究成果可以为公务员管理的相关部门提供决策参考。报告成果可为公务员职业道德培训提供实证参考。公务员道德培训更多的不是一种理论知识培训，而是一种实践修养的培训。公务员培训不能采用以讲授"概念—特征—原理（理论）"为核心内容的概论化的教学方式。公务员道德培训如果基于公务员道德现状，那么，将会增强培训的针对性与有效性。通过对公务员道德的概念、类型、成因的理论简述和现状分析，为公务员在考核、选拔、任用、培训等管理实践中如何对"德"这一现象进行把握提供思路。

四是研究方法上是将实证研究与理论分析相结合，运用定量描述对公务员道德状况进行实证研究，用实证研究方法探究公务员道德实践中存在的种种问题。由于采用了新的理论框架和思路，在问卷设计上也尽可以避开直接抽象的问题，而用间接的、具体的问题设问，更有助于调查的真实性。此外，本报告将理论分析和实证研究较好地结合起来，同时不局限于对公务员道德的现状描述，而是结合现实政治、经济、文化情况对之进行分析，并提出相应的对策建议。本报告的研究对象"公务员道德"有别于"行政道德哲学"以及"公务员职业道德"。目前学界已有许多理论演绎式的"行政伦理"理论成果，同时也有很多采用规范伦理学的方法对公务员道德进行"应然"研究的成果。从政府实践层面而言，也有很多可供操作的公务员道德规范，一些地方政府还尝试将"德"纳入公务员考核机制中。但是，对公务员道德的现状进行定量描述的成果还不多见。本报告运用统计学方法对类目和分析单元出现的频数进行计量，通过频数、百分比、相关分析等统计技术揭示研究对象的特征，用数字或图表表述分析的结果，从而对研究对象做出了比较精确的量化描述。这种努力无论是对理论研究还是对政府决策都会有一定的参考价值。本报告研究时考虑到人的动机的隐蔽性、不确定性和变化性，因而采用数据调查与观察描述相结合的方法，对道德品德的研究采用了情境选择的方法。我们知道，调查数据的作用是为我们应用、反思和验证理论假说提供实证参照，所以不能止于数据统计，我们也不认为有完全客观展现道德现状的科学方法。因而，本报告虽然是对公务员道德所做的调查，但我们的重点在于对数据的分析，对数据所显示的现象背后的原因和理据进行分析。我想这也是进行描述性的研究的价值所在。

五是建立了公务员道德的调查分析框架。公务员道德的内涵和外延都很宽。在现有的研究中，人们采用约定俗成的常识化的理解，似乎不需要给出确定的内涵和外延。本报告为使研究对象更加明确，给出了一个包括道德价值观、道德规范、道德品德和道德文化在内的描述框架，并运用"道德"与"伦理"的学理区分建立了分析当前公务员道德状况的框架，使报告的学理性增强。报告尽可能将理论分析和实证研究较好地结合起来，不局限于对公务员道德的现状描述，也结合现实社会政治、经济、文化情况对之进行分析，并提出一定的对策建议。

第一篇　公务员道德价值观调研报告

　　道德是以善恶评价为标准，依靠社会舆论和人的内心信念来调整人们行为的力量。道德价值观是人们对义利、善恶、荣辱、正义、责任等应然取向的认知认同态度。道德价值观不是一成不变的，不同时代，不同社会，受不同社会经济、政治等因素影响而变化，即便同一时代，不同社会群体所具有的道德标准及对道德权重的认可程度和所持态度也有所差异。

　　公务员道德价值观是公务员这一群体对社会主流道德的认知认同态度和看法。改革开放以来，由于中国社会政治、经济以及结构发生了很大变化，社会道德价值观都在发生变化，与此相应，公务员的道德价值观也在发生变化。本报告主要以北京、河北、山西、黑龙江、云南、贵州等地公务员（处级及处级以下公务员）为调研对象，采用问卷调查与访谈、座谈相结合的形式，对中国当下公务员群体的道德价值观变化及影响因素进行了研究。

一、社会发展变革对道德观念的影响

　　我国正经历着历史上最深刻的经济关系、社会关系、生产方式、生活方式以及思想观念等方面的转型期变化。社会转型是从传统型社会向现代型社会的转变过程，这个过程就是从"农业的、乡村的、封闭的、半封闭的传统型社会向工业的、城镇的、开放的现代化社会的转型"①。这个过程中，必伴随人们道德观念的变迁。社会发展变革中，工业化、信息化、市场化和城镇化对社会道德的冲击，主要体现

---

　　① 郑杭生、李强：《当代中国社会和社会关系研究》，19页，北京，首都师范大学出版社，1997。

在三个方面：

（一）工业化、信息化、市场化和城镇化在使中国城市化水平大幅度提高，人们物质生活水平得到改善的同时，也带来利益分化加剧、贫富差距加大、社会矛盾突出等问题，在某些方面也出现了不同程度的道德失范甚至堕落的问题。

随着工业化、信息化、市场化和城镇化的不断推进，人民群众的物质生活水平得到了显著提高。与此同时，由于贫富分化、分配不公引发了大量的社会矛盾，带来了严重的道德危机。随着工业化、信息化、市场化和城镇化的推进，城市的扩张，大量农村人口进入城市，其结果是由传统血缘关系维系的以乡村为基本单位的农业社会正在解体，中国正在经历从乡土的熟人社会向城市化的陌生人社会的过渡。在这个过程中，传统时代维系社会关系的道德作为一种社会共识，已经不能适应新型的人际关系，一些旧有的道德观念受到新型的社会关系和道德观念的挑战，随着工业化、信息化、市场化和城镇化进程而逐渐扩大的公共生活领域亟须建立一种新型的文明的社会共识。与自给自足的农业时代不同，工业化时代的发展模式的原动力来自于攀比和竞争，在利益分化与贫富差距面前，人性中的贪婪与嫉妒被激活与放大，内心的宁静被打破，从而引发了种种道德堕落。

据统计，在不到30年时间里，我国城镇建成区总面积扩大了36 000多平方公里，相当于以往2 000多年形成的城镇总面积。① 2012年国家统计局宣布我国城镇化率为51.3%，工业化指数是46.8%。② "这样一种变化的社会学含义是城乡利益关系结构的变化，即较多的乡村人口分享较少的国民收入，其结果就是城乡收入差距持续拉大。解决农村发展滞后，扭转城乡收入差距不断扩大的趋势，成为社会各界普遍关注的重大民生问题。"③

需要指出的是，工业化、信息化、市场化和城镇化带来的各种道德问题有许多是发展中的问题，是农业社会向工业社会过渡中的问题，我们需要用发展的眼光来看待这些问题，以发展的思路来解决这些问题。发达国家在工业化、市场化过程中也遇到过同样的问题。恩格斯谈到，工业革命以来，从1805年到1842年，仅英格兰和威尔士，因刑事犯罪而被捕的事件数字，1805年是4 605件，此后逐年增长，1842年则是31 309件，不到40年增长了6倍多。几乎每天英国主要报纸都有关于犯罪事件的报道。所犯的罪行大多数是侵犯私有财产罪。越是工业化程度高的国

---

① 参见陈光金：《我国社会结构的重大变化与结构性矛盾》（上），载《学习时报》，2007-12-10。
② 周其仁：《工业化超前、城市化滞后》，2012年4月25日经济观察报网。"城镇化率"，即城市人口占全体人口的比例。"工业化指数"，即"工业化率"，是指工业增加值占经济总量的比例。
③ 陈光金：《结构、制度、行动的三维整合与当前中国社会和谐问题刍议》，载《江苏社会科学》，2008（3）。

家，犯罪率越高。英国是当时工业化程度最高的国家，其侵犯私有财产罪的比率也是全欧洲最高的。贫富的分化带来了严重的社会不稳定。工业化、市场化过程也伴随着诚信危机。随着现代化进程发展，人们追求物质利益与感官享受，传统信仰和传统道德开始淡出人们的信仰领域和道德领域，开始出现道德真空。道德真空或道德失范的一个重要表现就是这一时期的诚信危机：假冒伪劣商品充塞于市场，食品掺假事件层出不穷。[①]

（二）工业化、信息化、市场化和城镇化通过改变生产方式改变了人们的生活方式，大量农民离开土地进入城市，熟人亲情关系变成陌生人利益关系，进而改变了人们的传统道德观念。

工业化和市场化的生产方式在取代传统社会的生产方式的同时，也改变着人的经济关系和社会关系，"使自足自给的农业人民，由其家族藩篱及乡村田园移植到政治的、经济的、文化的扩大组织中"，人们将由"血缘社会"进入"社缘社会"，每个人的行为将与其他人密切相关。[②] 工业化和市场化生产方式导致大批依附于土地的农民成为自由劳动者，家庭作为生产组织者的职能消失了，生产成为社会性的行动，旧有的人际关系、家庭关系、血缘关系处于消解之中。大量农民离开土地进入城市，他们的人际关系发生了变化，由原来的熟人社会向陌生人社会过渡。人与人的关系不是靠血缘和地缘来维系，而是靠"业缘"或利益关系来维系。市场经济对人际关系的最大影响是使"交换"成为人与人之间最基本的社会关系。生产方式和利益关系、人际关系的变化，必然引起道德观念的改变。由熟人社会向陌生人社会过渡，意味着以家庭伦理关系为基础的私德的约束力逐渐下降，以社会公共生活伦理为基础的公德的约束力不断增强，同时建立在血缘关系、人格品德基础上的传统道德关系逐渐消解。集体主义、个人主义、功利主义、德性主义呈现多元状态，甚至利己主义、物质主义、享乐主义、拜金主义也在某些领域、某些层面大行其道。

（三）现代化进程中的信息化使各种不同的价值观念以即时的方式得到传播，导致道德观念的多元化。

工业化、市场化和城镇化的过程实质上是城乡资源整合的过程。随着各种要素参与分配以及人们占有的要素和资源的差异越来越大，城乡之间、地区之间、不同

---

① 马克思在《资本论》中提到，食物掺假几乎是当时的一种"正常"现象，他说："法国化学家舍伐利埃的一篇论商品'搀假'的文章中说，他所检查过的 600 多种商品中，很多商品都有 10、20 甚至 30 种搀假的方法。"（马克思：《资本论》，第 1 卷，288 页注（76），北京，人民出版社，2004）

② 参见简贯三：《工业化与社会改造》，载《大公报》（重庆），1943-12-06。

的社会阶层之间的收入差距呈现出不断扩大的趋势。从绝对水平看，我国居民收入差距已排在世界前列。2012年9月北京国际城市发展研究院联合社会科学文献出版社发布的首部《社会管理蓝皮书——中国社会管理创新报告》指出，改革开放以来，我国社会贫富差距不断拉大，而且有正在进一步加大的趋势。20世纪80年代初，我国基尼系数为0.275，而2010年已达到0.438。20世纪90年代以来，基尼系数在以每年0.1个百分点的速度提高，并且有进一步提高的可能。该书援引的调查数据显示，当前我国城乡居民收入比达到3.3，国际上最高在2.0左右。依照该书提供的数据，我国行业之间职工工资最高的与最低的相差15倍左右，上市国企高管收入与一线职工收入差距在18倍左右，国有企业高管工资与社会平均工资相差128倍，收入最高的10％人群与收入最低的10％人群的收入差距，已从1988年的7.3倍上升为2007年的23倍。[①] 这种城乡、地区、行业差距的不断扩大，无疑会加剧社会阶层及思想意识的分化，也成为道德标准多元化的利益基础。

全球化进程的加快，互联网的迅速发展，对人们的生活、学习、工作和合作的交流环境都产生了深刻影响。网络的开放性和匿名性，使人人可以自由地在网上浏览、下载和利用网络资源，自由发表任何言论。网络世界缔造了一个"虚拟空间"。网络打破了国家和地域的界限，不同社会形态、不同国家、不同民族的思想观念、价值取向、宗教信仰、生活方式等信息，不受传统时空限制自由地交换和传播，使社会道德观念呈现出多样化多元化特点，也使得社会意识越来越复杂多变。现代人在道德观、就业观和生活观及婚恋观等方面都表现出多元性，这些社会道德观的变化，也不可避免地影响到了公务员的道德观变化。

二、公务员道德价值观状况及其变化

欲要达到执政党对党员干部提出的不敢、不能、不想腐败的执政机制状态，使公务员"干净""有为"地履行职责，使执政群体以满满正能量的形象影响带动整个社会风气，需要法律制度和文化以及公务员群体素质等方面的多维建设，其中公务员的道德观念及道德素质是一个重要因素。在中国市场经济发展的社会转型期，社会结构、社会利益关系都发生了根本变化，社会道德观念也发生诸多变化，公务员作为社会生活中的一分子，也会受社会影响，道德价值观也会发生各种变化。此

---

① 参见连玉明主编：《社会管理蓝皮书——中国社会管理创新报告》，北京，社会科学文献出版社，2012。

部分重在了解：公务员对当下社会伦理的理解和态度怎样，公务员的道德价值观有哪些变化，影响因素是什么。这是研究公务员道德素质建设及提升公务员道德自律的前提。

（一）关于道德的作用

1. 是否认同道德在社会和人们行为中的重要作用

调研显示，在道德功能一再受到怀疑和轻视的现实社会中，大多数公务员并没有认同"道德无用论"或"非道德主义"。绝大多数公务员认为道德在社会生活中是存在的，而且在发挥着重要作用。道德并非可有可无，道德修养对公务员来讲是必要的。为了了解和评估公务员对道德的认知和认同态度，我们通过直接和间接的方式多侧面地测度了公务员对道德作用的看法。在回答关于"道德在社会生活中的重要程度"问题时，调查数据表明，绝大多数（74.55%）公务员认为"很重要"，25.45%的公务员认为"重要"，没有公务员选择"不太重要"和"不重要"。见图1—1。

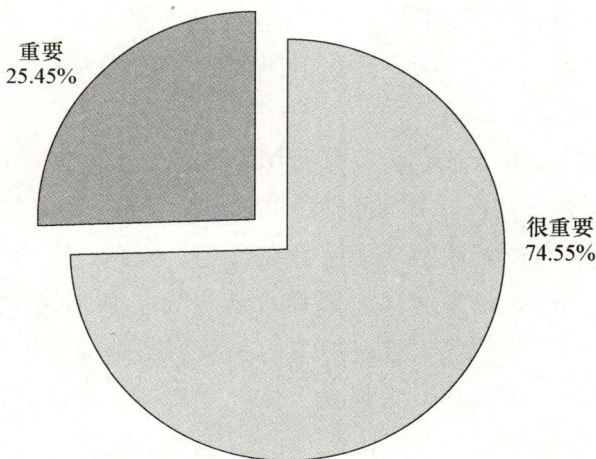

图 1—1 道德在社会生活中的重要程度

如果说这个问题的数据结果由于其导向性明确而不能很好探究被调查者内心真实看法的话，我们用另一个问题做补充进一步考察了公务员对道德作用的真实看法。这个问题是："道德和天气一样，每个人都谈论它，但没有人能拿它真用。"对于这一观点，有61.6%的公务员选择"不同意"这一看法，有15.3%的人选择"不确定"。在对一些被调查者的访谈中了解到，一些公务员之所以选择"不确定"，因为他们对这个问题的内涵不太了解。如果把这些相关因素考虑在内，至少有70%的公务员认同道德在人们的生活中的确存在，并且发挥着作用。而且受访者对该问题的选择与其年龄、性别等人口统计方面的特点无关。见图1—2。

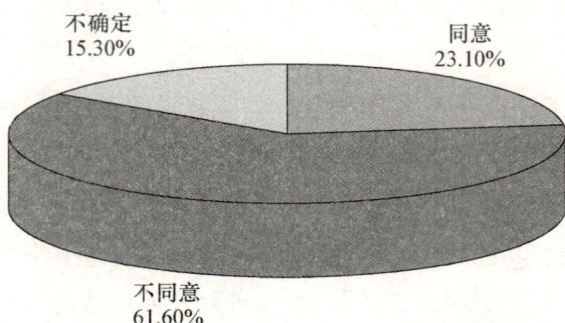

不确定 15.30%
同意 23.10%
不同意 61.60%

图1—2 "道德和天气一样，每个人都谈论它，但没有人能拿它真用。"对这一观点，你的态度是

2. 社会道德功能是否在不同程度上弱化

道德的作用虽然不可否认，但社会变革的转型期的特殊阶段确也导致了道德功能在社会中的某些弱化，无论是社会行为还是个体行为，道德在社会生活中发挥的调节作用在一些领域和一些人群中都有所下降。在考察公务员对"当代中国人际关系道德调节功能如何"的评价中，只有18％的公务员认为很强，65％的人认为一般，16％的人认为很差。

道德功能弱化的原因与社会转型有密切关系。在不同的经济体制下，道德与政治、法律等意识形态发挥作用的程度和方式各不相同。在以往计划经济条件下，道德由于与资源分配的政治功能结合在一起，带有一定的强制性。而在市场经济条件下，道德与政治逐渐分离，因而也就丧失了其强制力量的一面。同时，市场经济现代发展中，传统熟人社会的结构关系越来越被陌生人社会所取代，传统血缘人际关系逐渐"碎片化"为独立个体，个体越来越自觉，人们的法律、契约意识也不断增强。以契约为基础的法律的功能不断增强，在很大程度上取代了熟人社会发挥作用的道德的功能。调查结果显示，有50％的公务员认为在社会生活中遇到人际纠纷时人们会选择法律途径。在遇到困难或需要帮助的事情时，认为选择求助于朋友、邻居的人数远远少于通过经济途径来寻求帮助的人数。从中我们可以看出，在公务员观念中，道德功能弱化正在随着现代社会市场经济的发展而发生。

此外，许多公务员也认识到，党员干部的腐败现象对社会道德功能弱化也有直接影响。近年来，诸多贪官上头条新闻被曝光的丑闻，使人们感到灰心、失望与愤怒。见图1—3。

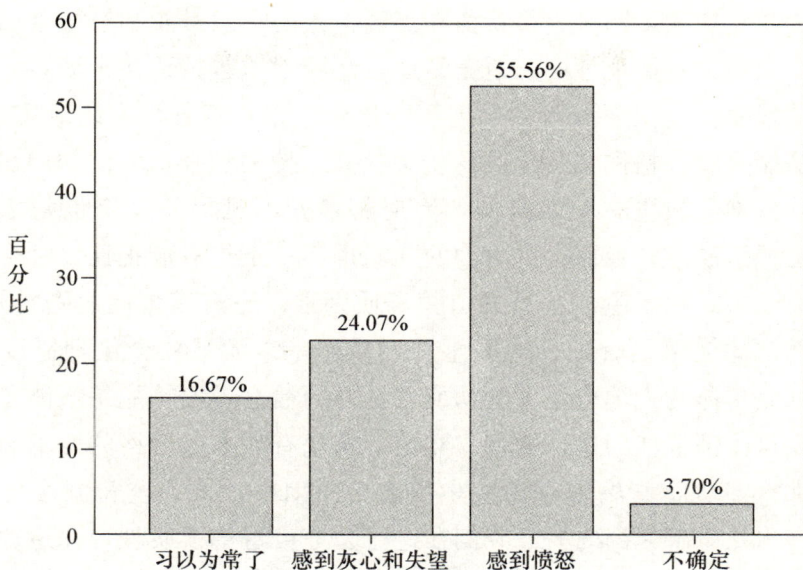

图1—3　了解到重大腐败案件和道德丑闻时的反应

　　虽然这些丑闻可能使人们把伦理关注停留在具体事务上，但它们仍然会对公众意识产生重要影响。对此，51.85％的公务员认为，在政府官员、企业、社会领域"丑闻不断的时代，社会道德正处于麻木状态"，加上持"不确定"态度的16.67％，不反对这一观点的比例达到了近70％。见图1—4。

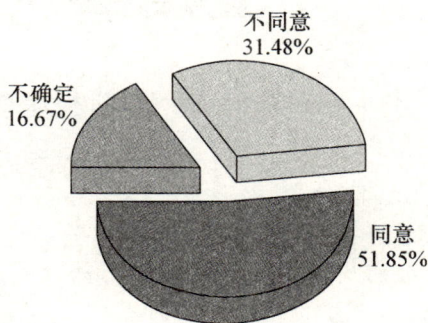

图1—4　对"丑闻不断的时代，社会道德正
处于麻木状态"的态度

3. 中国人的文明素质是否在不断提高

　　尽管大多数被调研的公务员判断社会道德功能弱化正在发生，但约71％的公务员在调研中又认为近十年来中国人的文明素质还是有所提高的。见图1—5。为什么会发生一方面多数公务员总体判断道德功能在全社会发生弱化，另一方面国

人的文明素质又被大多数公务员认为在提高？人的文明素质和道德素质有交叠部分，但文明素质又不简单等同于道德素质，文明素质包括道德素质，还包括知识素养、法律素养、礼仪素养等多层内涵。近十年来，随着社会改革建设的开展，随着社会法制建设、精神文明建设及相关教育宣传的加强，人们的知识素养、法律素养、礼仪素养板块有明显提升，但道德素养不见得就一定也随之提升。而且，人的道德素质与社会道德约束力的强弱也不一定绝对成正比。社会道德约束力及其功能发生，除了主体具有的道德素质因素，还有道德制度安排是否合理，社会道德的法律支撑是否配套等因素在产生影响。如果社会伦理制度安排不到位，仅凭社会主体的道德自觉发挥功能，这样的社会道德功能是不能正常发挥作用的。以党员干部群体为例，党章、党纪、党规有那么多严格的要求和规范，为什么仍有那么多贪官和腐败现象发生？诸多原因中，权力监管制度机制不够细化、不够强力是重要原因之一。我们在进行公务员道德素质教育和道德要求的同时，要加强公务员群体工作的职业道德制度机制，让公务员在职业生活的他律机制中发挥道德自律。

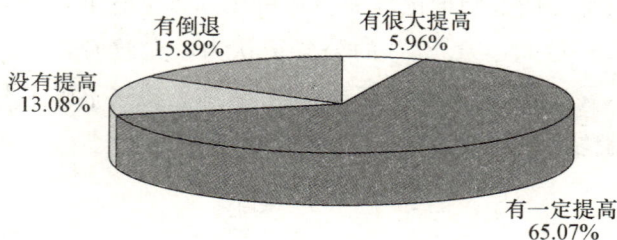

图1—5　你认为近十年来中国人的文明素质是否有提高

（二）公务员道德价值观的存在样态

调查显示，在公务员道德价值观多样多元样态基础上，诸多道德价值观存在不确定甚至相互冲突的问题。

随着市场经济的发展，伴随着经济结构的多样化、利益关系的复杂化和价值观念的多元化，功利主义、实用主义和利己主义在公务员中有一定的影响，与此同时，社会主义道德也占重要的地位。具体表现为，公务员道德价值观中既有市场经济中形成的道德，又有意识形态所倡导的社会主义道德，还有中国传统道德和西方文化影响形成的道德。《中国伦理道德报告》认为："当代中国的伦理道德精神由四元素构成——市场经济道德是主体，意识形态提倡的道德、中国传统道德是两翼，西方道德影响是辅助结构。"① 这一结论也同样适合当代中国公务员的道德样态。在回答"你认为目前在公务员中占主导因素的道德价值观是什么"的问题时，选择"市场经济中形成的道德"的占38%，选择"意识形态所倡导的社会主义道德"的占30%，选择"中国传统道德"的占20%，选择"西方文化影响形成的道德"的占12%。

可见，目前中国公务员道德处于市场经济主导的状态与水平，意识形态的主导力量虽然发挥了很大的作用，但与市场经济对人们观念的侵蚀相比，其力量还要小一些。比较而言，传统文化对公务员道德的影响正在加大，近年来兴起的"国学热"也从一个方面印证了这一点。在公务员培训中，"中国传统道德"的课程要比"社会主义核心价值理念"的课程更受欢迎。西方文化对道德生活虽有一定的影响，但即使是在开放程度较高的北京，也并不像人们想象得那么大。

调查结果显示，目前公务员社会道德价值观多元化倾向明显，对道德状况的认识和判断肯定和否定并存，道德评价中多种标准相互冲突矛盾。

义利关系是道德的基本问题，是道德生活的基本价值逻辑，也是公务员道德价值观的基本取向。在对"你认为当代中国公务员普遍奉行的道德价值观是什么"这一问题的回答中，认为"义利统一，义利兼顾"的占52%，选择"见利忘义"和"个人主义"的分别占21%和20%，两项相加占了41%，只有7%的人选择"道德至上"，这说明在道德价值取向上，功利主义的倾向性非常明显，并且有向利己主义发展的趋向，道德至上已经不占主流。此外，在对一些传统观念的看法的调查中，也表现出了义利冲突的特点。有56%的公务员同意"谋取个人利益只要不违法就行"，与此同时，68%的公务员认同"为了集体的利益应当牺牲个人利益"。这两组数据表明，公务员在义利选择中存在着个人主义与集体主义的矛盾与冲突。

德与福的关系直接体现一个社会的道德公正状况，就公务员来说，这一问题可以转化为道德与升迁发展的关系问题，由此可以看出目前公务员管理制度的公平公正性。调查结果显示，认为"道德人品与升迁发展""有关系"与"关系很大"的公务员约占66%（2011年这一数据是85%）。见图1—6。现实的情况是，有约59%的公务员非常认同和比较认同"引起领导的重视比群众拥护更有利于晋升"的说法，还有20%的公务员持中立态度。见图1—7。表明，现实中存在德福不一的趋势。与此相联系，有约61%的公务员"非常认同"和"比较认同""现在政府的一些政策和做法，实际上使老实人吃亏"的说法。见图1—8。这些数据表明，公务员道德价值中存在着德福冲突的矛盾。

---

① 樊浩等：《中国伦理道德报告》，7页，北京，中国社会科学出版社，2012。

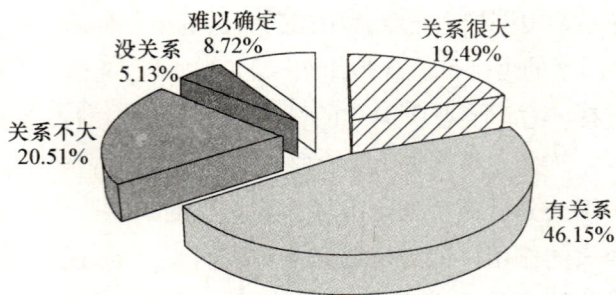

图 1—6　道德人品与升迁发展的关系

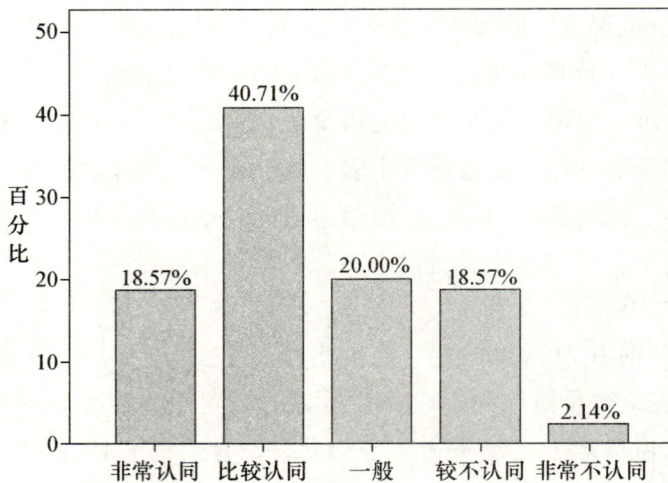

图 1—7　引起领导的重视比受到群众拥护更有利于晋升

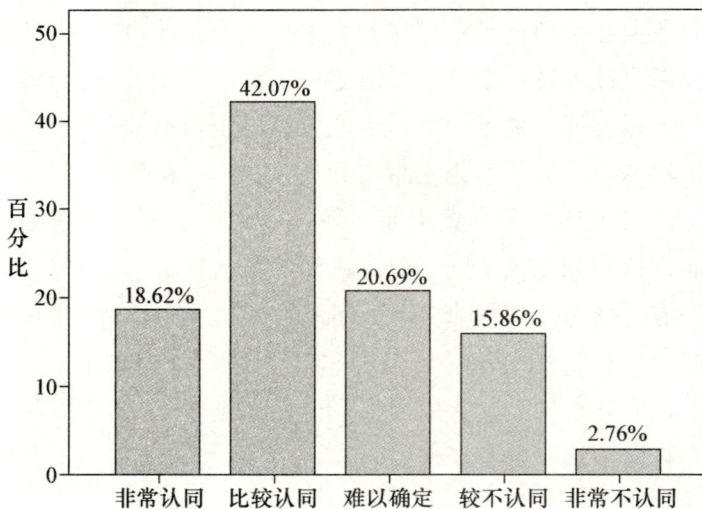

图 1—8　现在政府的一些政策和做法，实际上使老实人吃亏

调查发现，当代中国公务员道德判断和评价的标准呈现矛盾和不确定的倾向。在对道德行为进行评价的依据方面，51％的人以社会大多数人认同的规范为依据，62％的人以自己的良心信念为依据，20％的人以中国传统的道德标准为依据，25％的人以西方的契约标准为依据。这说明，在道德评价中，公务员的道德标准并不确定，经常处于模糊与变化之中。对目前公务员群体职业道德进行的总体评价中，约92％的人选择"非常好"与"比较好"。见图1—9。但是，他们并不否认公务员在行政活动中有违反职业道德的现象的存在。有56％的公务员承认在过去的一年，曾经看到过公务员做违反职业道德和政策的事。见图1—10。2011年调查时，此数据为55％。

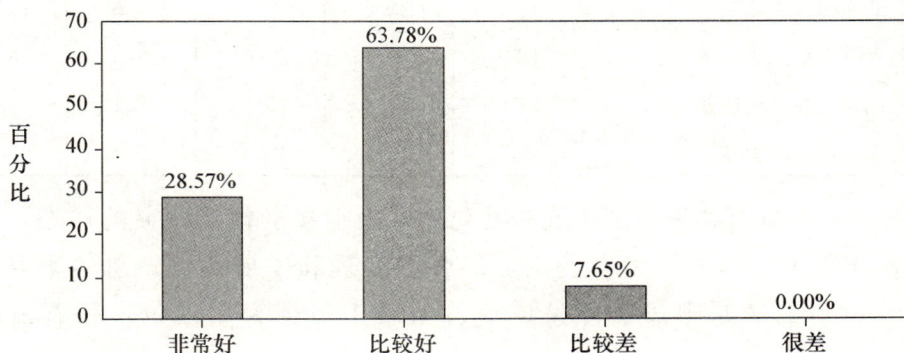

图1—9　你对目前公务员群体职业道德的总体评价

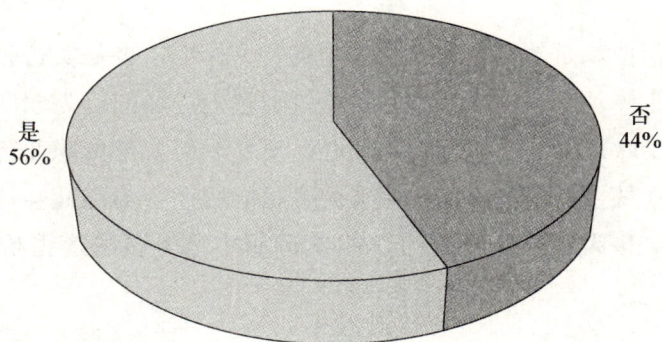

图1—10　过去一年曾在工作场所看到公务员
做违反职业道德和政策的事

传统观念与现代观念并存。调查结果显示，公务员在道德价值观上呈现传统与现代并存状态。公务员在家庭道德、人性善恶、人际交往中依然有浓厚的传统意识，但是受现代个人主义、功利主义的影响，在义利关系上（包括在荣誉和利益的关系、个人利益与集体利益关系的看法上）已经或正在发生着由传统向现代的转化。见表1—1。

表 1—1 　　　　　　　　　　对传统价值观念的看法

	非常同意（%）	比较同意（%）	无所谓（%）	不太同意（%）	很不同意（%）
只要儿女有出息，父母再累也值得	45.9	35.7	8.0	9.2	1.2
为了集体利益应当牺牲个人利益	32.8	35.6	15.0	11.5	5.1
学而优则仕	25.3	33.5	13.8	20.4	7.0
有了权，就有了一切	25.5	28.0	13.5	26.8	6.2
白头到老的夫妻令人羡慕	45.3	35.2	7.9	10.5	1.1
宁可吃点亏，也不能丢面子	12.8	30.7	21.0	29.5	6.0
谋取个人利益只要不违法就行	21.8	24.6	13.5	38.4	1.7
钱财如粪土，仁义值千金	19.1	36.5	18.2	22.7	3.5

总之，公务员道德价值观呈现多元化、不确定甚至相互冲突的样态，但在这一结构体系中，诸种因素有着明显的强弱表现和发展趋势。总体来看，市场经济的功利主义原则在公务员道德价值观中占据突出地位，起着主导的作用。

(三) 公务员道德价值观的变化趋势

公务员道德价值观是他们在道德选择中的行为标准，也是实行公权履职中道德自律程度的一种主体观念前提和基础。价值观通过公务员的行为取向及对事物的选择态度和自觉性反映出来，是世界观的核心，更是驱使公务员职业行为的主体内部动力。道德价值观从主体角度支配和调节公务员的职业行为和社会行为，也从而影响着整个社会领域以及社会道德风气。本次调研中公务员的道德价值观呈现如下取向。

1. 公务员普遍关注和认同道德价值观与人格问题

道德价值观对公务员道德行为选择尤其重要。由于公务员的职业领域关乎社会公权力的使用，所以道德素质要求对公务员职业群体来讲，就更要高于其他职业人群。结果显示，接受调研的公务员普遍认同公务员与其他职业管理者、职业人员相比，应当有高标准的道德追求。见图1—11。

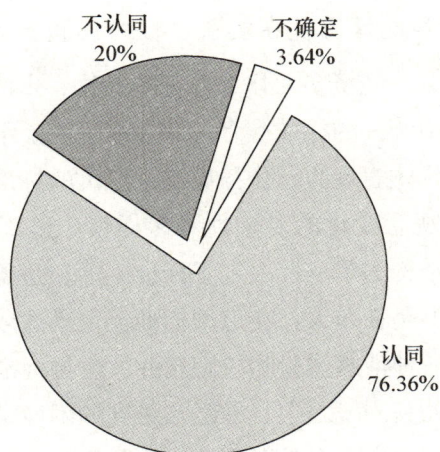

不认同 20%　不确定 3.64%　认同 76.36%

**图 1—11　对"与其他职业管理者、职业人员相比，公务员
应当有高标准的道德追求"的认同程度**

关于公务员培训内容的需求调研也从侧面印证了公务员普遍关注价值观与人格问题。在回答"希望在'行政伦理与公务员职业道德'课中了解的内容"这一问题时，公务员选择最多的是"公务员的价值观与人格"和"当代公务员行政道德风险及防范"，其次是"中国公务员职业道德的问题及对策"，而"行政伦理冲突与应对策略"排在第四位。见表 1—2。

表 1—2

	百分比	排序
公务员的价值观与人格	66.7	1
当代公务员行政道德风险及防范	66.7	1
中国公务员职业道德的问题及对策	63.9	2
外国行政伦理理论与实践	61.1	3
行政伦理与公务员职业道德基本理论	52.8	4
行政伦理冲突与应对策略	52.8	4
行政道德和依法行政	44.4	5
中国古代官德	30.6	6
行政伦理与廉政建设	30.6	6

总之，对全国各地公务员的调查结果显示，公务员普遍关注道德价值观问题，这种调查结果与被调研公务员个人所处地域、经济发展水平以及职级的相关性不是很大。

2. 道德标准多元化和选择困境在较长一段时间内存在

这是一个多元化的社会，经济多元化、教育多元化、生活多元化势必引发人的道德观念多元化。道德评价中统一的标准被多元化取代，"多元化"成为公务员道德观念变化的一个重要特征。具体表现为，公务员道德评价的标准呈现多元化，原因是社会转型加剧了公务员道德观念变化的复杂性和多样性。道德观念是个体社会化的产物，传统社会由社会经济结构的单一性决定了社会生活、道德生活的单一化，个体之间道德观念差异性较小。但是在今天，在道德标准上很难达成共识，基于信仰的道德标准弱化，道德更多成为一种情感体验和权宜之计。道德标准的多元化与"德"的内涵的不确定使公务员处于冲突困境之中。最经常遇到的困境是服从组织与服务人民之间的冲突。现考评干部以德为先，但是以哪种"德"为先，却不好确定。忠诚是公务员的一个重要的道德标准，党的十七届四中全会指出，评价干部德的标准，重要的就是看"是否忠于党、忠于国家、忠于人民"。但是，在现实的工作中，远比作为一个原则的道德标准复杂。公务员对于"服务人民"的道德标准都非常熟悉，也知道应当坚守道德标准，但是当上级的决策和做法与道德标准发生冲突时，服从组织还是服从道德标准是一个问题。《中华人民共和国公务员法》规定公务员执行上级明显违法的命令会受到责任追究，但是拒绝执行和举报上级的违法行为会受到打击报复，公务员的权利得不到保护。因而公务员常常会陷入道德选择困境中，一方面，公务员认为最需要的道德素质就是服务人民；但是另一方面，当对组织负责与对公众负责发生冲突时，公务员大多选择对组织负责。见图1—12、1—13、1—14。

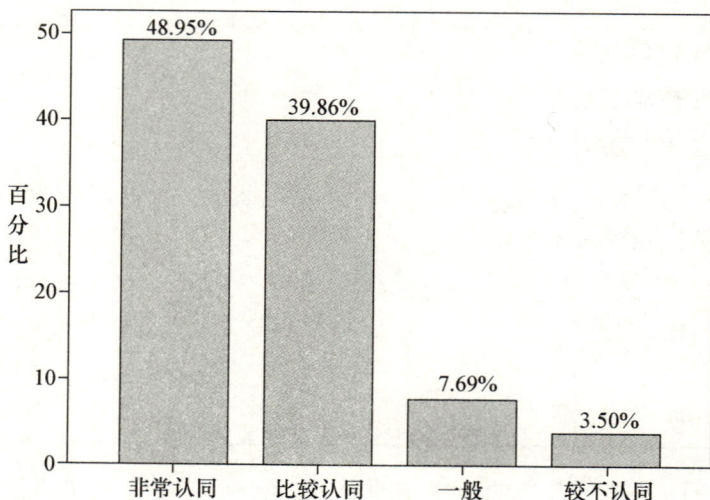

图1—12 公务员最需要的道德素质就是"服务人民"

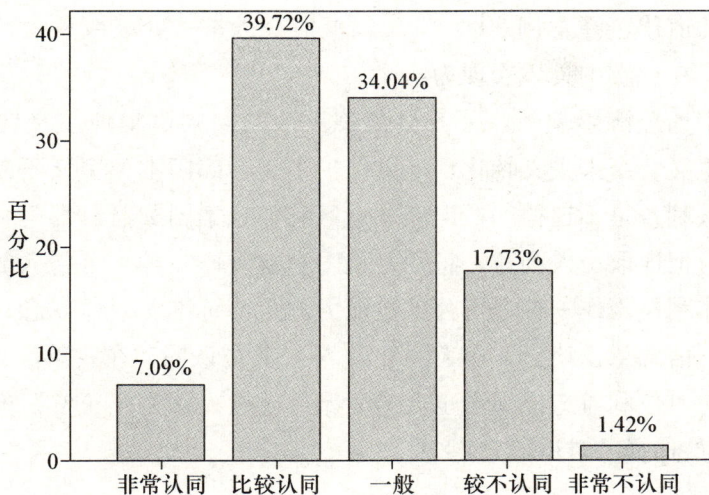

**图1—13 当对组织负责与对公众负责发生冲突时，
我会选择对组织负责**

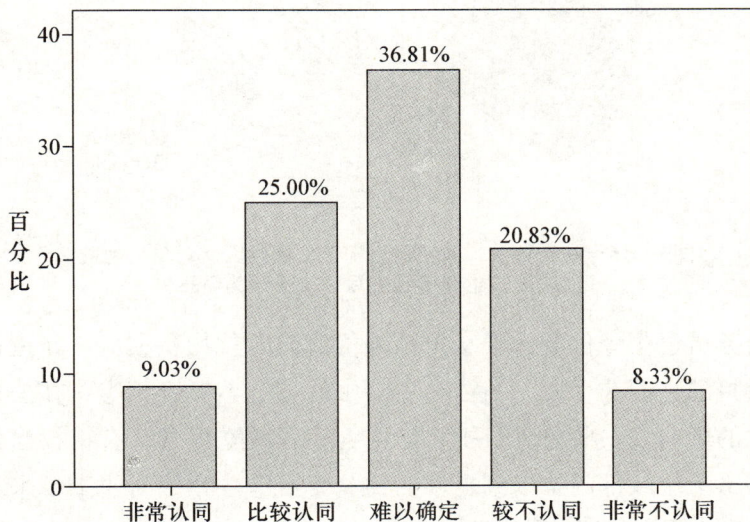

图1—14 检举者通常得不到应有的保护

3. 从道德目的论转向道德功利主义

在知识经济时代，利用知识、信息创造价值比获得知识和信息更有意义。同样，在今天，人们更加注重道德的实用和功利价值，道德的目的意义和价值被隐藏。当社会存在一定的善得不到鼓励、一定的恶得不到惩戒的现象时，人们的心中就会种下道德无用论的观念。当前公务员群体中存在明显的功利主义倾向。在著名的"救生艇"的道德选择案例①中，90％以上的公务员（处级或科级）都采取了功利主义的选择。在现实中具体表现为：

其一，在市场经济影响下，公务员道德评价的原则由集体主义向集团利己主义、个人利己主义、个人主义转化；地方保护主义、部门本位主义不断扩张；公务员认为谋取个人利益是不道德的，但谋取地区利益、集团利益、部门利益则是正当的。公务员不再把谋取个人利益，特别是集团利益看作一种不可告人的动机，特别是把维护小集体利益当作一种评价公务员能力的重要标准。效益观念、经济意识增强，道德理想、信念意识淡化。有大约22％的公务员认同"在我单位，即使是出于正义的原因而对单位利益造成损害也会遭到排斥，被人认为不正常"的说法，还有36.65％的公务员选择"难以确定"。见图1—15。

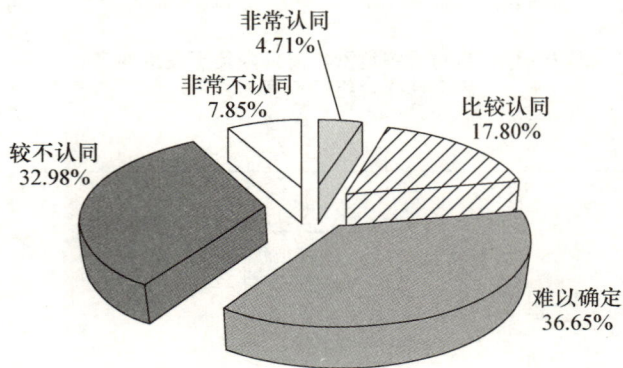

非常认同
4.71%

非常不认同
7.85%

比较认同
17.80%

较不认同
32.98%

难以确定
36.65%

图1—15　在我单位，即使是出于正义的原因而对单位利益造成损害也会遭到排斥，被人认为不正常

其二，公务员道德评价的标准从重精神价值转向重物质利益，在道德评价的依据上更加注重目的，而非手段。与社会生活中的笑贫不笑娼相应，在公务员群体中有笑廉不笑贪的倾向。一些公务员把自己在管辖区域吃得开、有特权当作一件荣耀的事。把能够给单位或部门争取到更多的预算，给单位和部门职工带来实际的利益当作能人。在理解和执行上级决策时，以单位利益或部门利益为标准有选择地执行。见图1—16。

其三，公务员的理想、目标更加具体、更加务实。谈到理想、目标，很多人将之具体化为目前正在做的工作，对于社会意识形态宣传不太重视，也很难

---

①　这个案例讲的是：有一艘帆船在海上遇险，很快就要沉没，船上载有12人，但只有一只至多能乘6人的救生艇。这12人是72岁的医生、患绝症的小女孩、船长、妓女、精通航海的劳改犯、弱智的男孩、青年模范工人、天主教神父、贪污的国家干部、企业经理、新近暴发的个体户、你自己。现在请你选择能上艇逃生的6人，并说明你的选择标准。

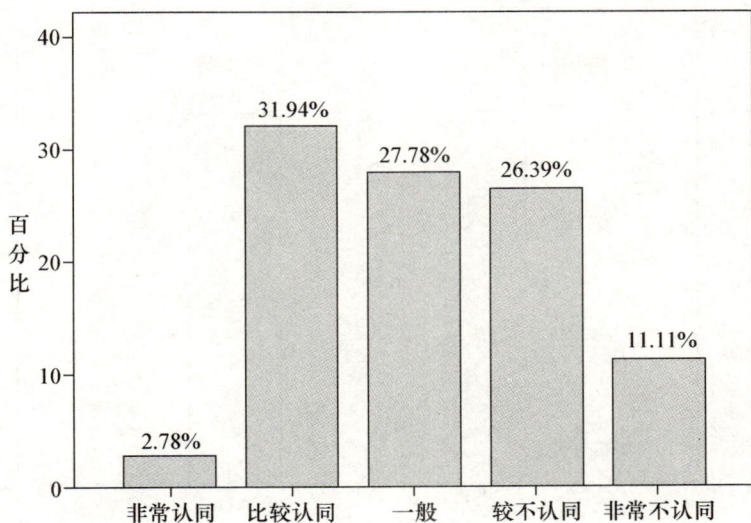

图1—16 我和同事都赞成为单位利益而有选择地执行上级部门的政策

成为他们的道德理念。很多业务类的公务员，特别是普通公务员不关心主流意识形态的宣传和教育。目前，意识形态领域存在着多元价值观之间的冲突，对于国家倡导社会主义核心价值观的意义，公务员大多理解得比较简单。90%以上的普通公务员说不全社会主义核心价值观的内容，对国家倡导的公务员职业道德的内容不了解。约38%的公务员认同"我在工作中只求尽快尽好地完成任务，至于任务本身有没有价值很少考虑"的说法，还有6.90%的公务员选择"难以确定"。见图1—17。

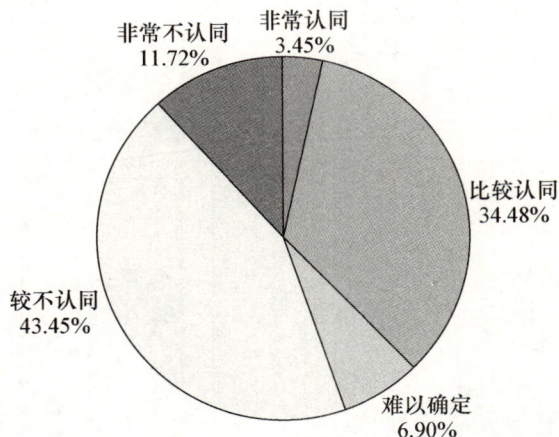

**图1—17 我在工作中只求尽快尽好地完成任务，
至于任务本身有没有价值很少考虑**

公平与效率是公务员价值体系中最重要的两个标准。目前，在公务员的行政活动中，关注效率的比例远远高于关注公平的比例。见图1—18。

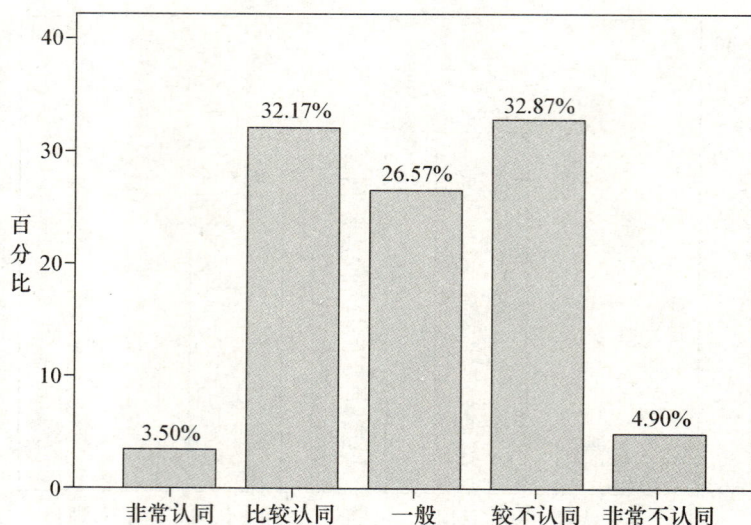

图1—18　目前公务员只注重工作效率，不太关注是否公平

其四，由于道德评价中的功利主义和道德目标的实际化导向，公务员追求眼前利益，追求政绩，为了眼前的、集团的利益而牺牲长远的、国家的利益，出现了政绩工程、面子工程。有领导职务的处级干部则把注意力集中在如何出成绩上。特别是乡镇一把手，把地区的经济发展看作首要任务，而道德建设、廉政建设等在他们看来很难看到直接效果，因而往往是应付上面的检查。见图1—19。

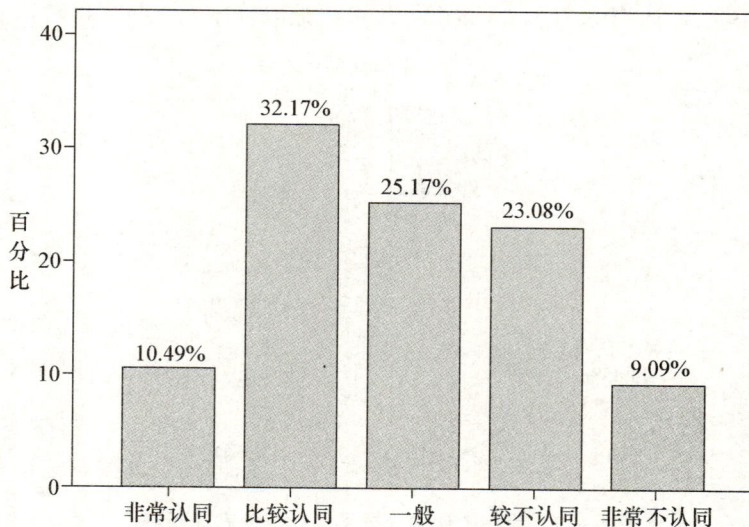

**图1—19　单位组织"一把手述廉"等思想政治教育活动
主要为了应付上级检查，因而多流于形式**

其五，部分公务员的道德选择具有实用主义变化取向，调研显示，一些公务员的道德选择具有一定的功利主义和实用主义取向。在回答"有人为从拆迁、买房、分房中获利，采用假离婚的方式，对这种行为怎么看"的问题时，有28.31％的公务员认为"为了现实的利益，必要时自己也会这么做"，有37.58％的公务员认为是"政策和法律设计问题，无所谓道德和不道德"，只有29.64％的公务员认为"社会不能鼓励这种唯利是图的心态"。这表明传统的义务论的道德价值观正在被功利主义价值观所取代。见图1—20。

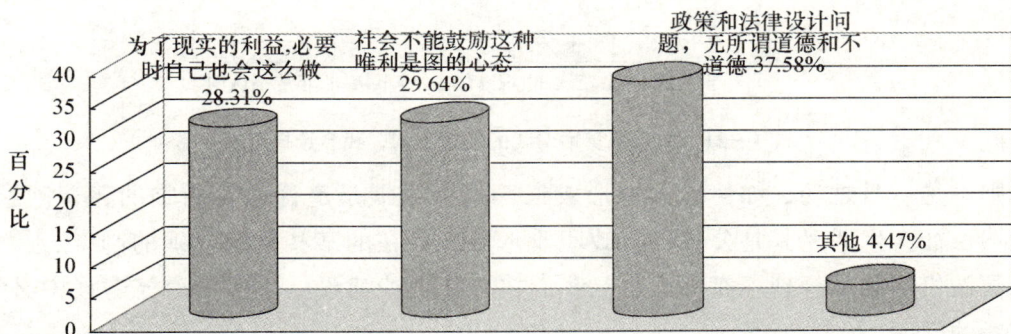

图1—20　有人为了从拆迁、买房、分房中获利，采用假离婚的方式，对这种行为怎么看

调研中，有约55％的公务员"非常认同"和"比较认同""如果说真话对我的前途不利，我会选择沉默"，还有约23％的公务员选择"难以确定"。有近八成的公务员在自己的前途和坚持"应然"原则之间做选择时，更看重自己的前途；只有约2.8％的被调研公务员确切表示自己会坚持正确原则。表明，许多公务员对待道德的功利主义和实用主义倾向比较明显。与传统的重原则、重气节、重操守相比较而言，当下一些公务员在面临选择的时候，更多地会注重自我保护，更加注重自己的发展与前途。见图1—21。

其六，多数公务员在人际关系的相关调研问卷中选择了正确的做人标准和公益精神。在问卷问及"你做人的标准是什么"问题时，近53％的公务员把"多做对社会和他人有益的事"作为做人的标准。见图1—22。同时，近98％的公务员有参加公益性社会活动的意愿或行动，这表明公务员的公益精神和公共服务意识还是比较明确的。见图1—23。在此需要注意的是，多数公务员在这个问题中表现出的公益道德精神是充分的，但在上述其他关于职业道德生活中的道德选择以及社会问题道德评价中又显示出具有明显的功利主义、实用主义价值取向。这是因为人们在道德践行中较多地存在知行分离的问题，知行分离现象普遍存在。道德教育不同于一般知识教育，道德认知是一回事，认知后变成内心信念和行为意

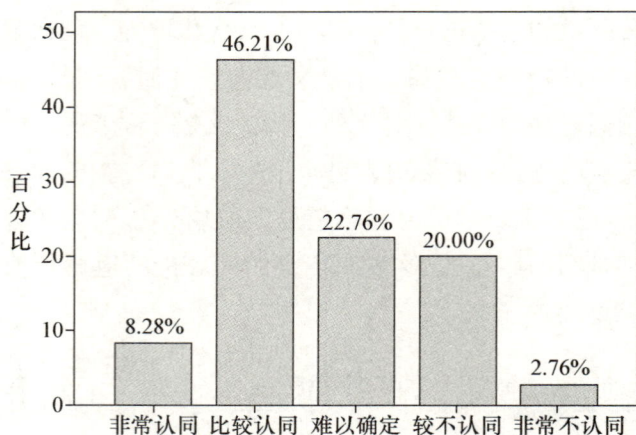

图1—21 如果说真话对我的前途不利，我会选择沉默

志则不是一日之功。如何让人们形成道德选择习惯是道德教育面临的普遍问题。当然，社会生活尤其是公务员行政职业生活中存在的某些软的或硬的制度、软性或硬性机制的不合理不完善，也是我们在社会道德建设、公务员道德建设中必须思考的问题。

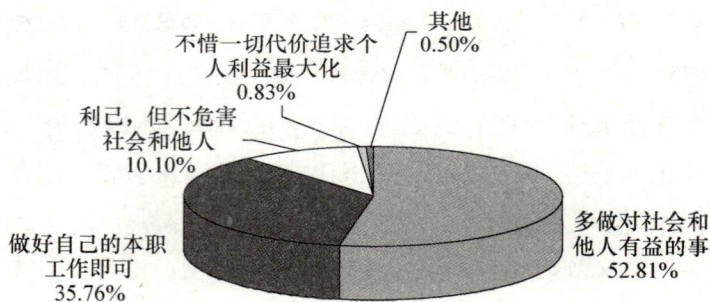

图1—22 你做人的标准是什么

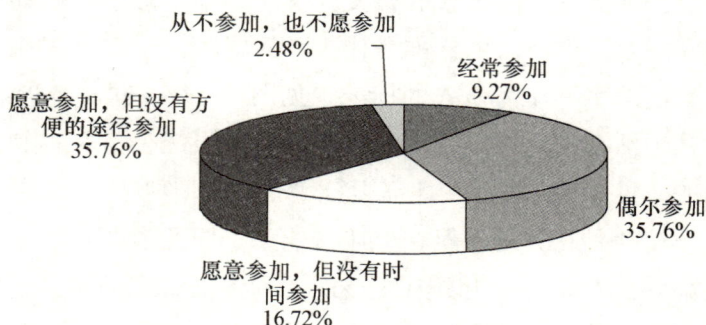

图1—23 你曾经参加公益性的社会活动吗

其七，集体主义道德原则模糊，集团利己主义有取代倾向。改革开放和社会主义市场经济体制的建立，使大一统的公有制体制变为多种经济成分并存的社会主义公有制，改变了集体的形式，在一定意义上集体利益、公共利益的概念被虚化，导致公务员原来坚持的集体主义道德原则在一定程度上被集团利己主义所取代。对于"集体利益是一个很模糊的概念"这一说法，2013年约43%的公务员"非常认同"和"比较认同"，还有约26%的公务员持中立的态度。见图1—24。

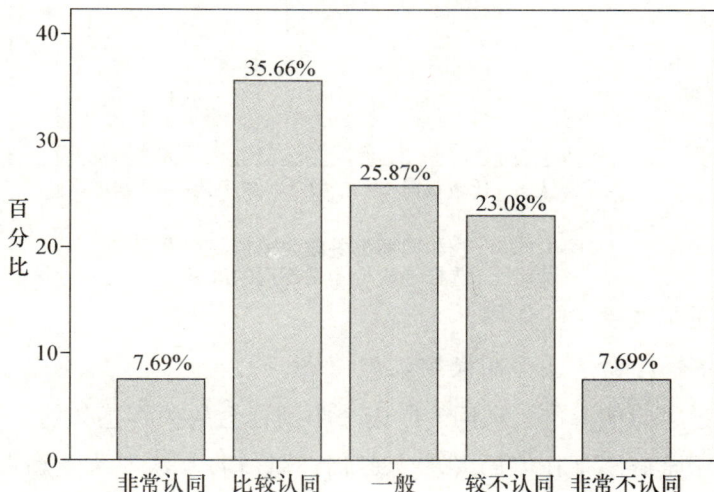

图1—24　集体利益是一个很模糊的概念（2013）

此外，约34%的公务员"非常认同"和"比较认同""我和同事都赞成为单位利益而有选择地执行上级部门的政策"的说法，还有约28%的公务员持中立的态度。这表明在单位利益与集体利益发生冲突时，维护单位利益已经在一定程度上成为共识。见图1—25。

4. 道德约束中更重视他律的作用

道德约束是要依赖于自律和他律两种途径的，自律与他律是道德修养的两种不同境界，也是公务员道德发展水平与素质水平的重要标志。调研中一半以上的公务员认为人们在没有外在约束和监督的情况下会不同程度地做一些违背道德的事。在一些初任公务员中，有90%以上的人没有听说过"慎独"这一概念，更不能正确地解释该概念的含义。这一方面说明公务员的知识结构偏向于现代知识和技术，对一些基本的传统道德概念缺乏了解，也说明公务员的自律意识和能力较弱。对于如何加强反腐败的问题，绝大多数公务员认为应加强体制改革与制度建设，或者认为，腐败不是或主要不是一个道德问题，而是一个体制与制度问题。这表明公务员在道

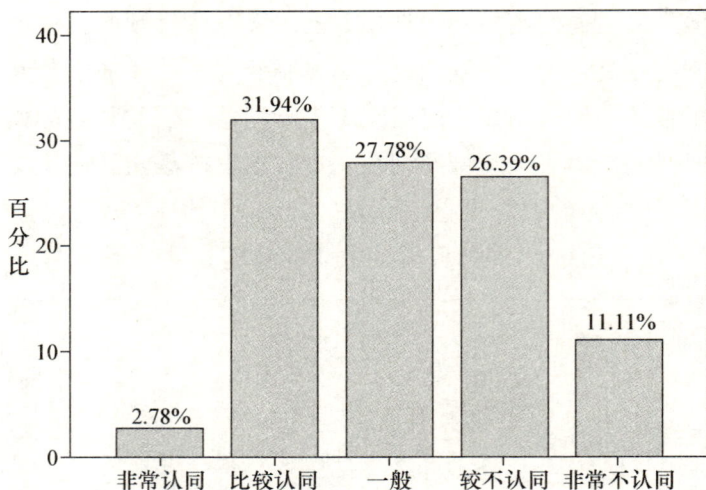

图 1—25　我和同事都赞成为单位利益而有
选择地执行上级部门的政策

德约束力方面更强调他律的作用。

5. 部分公务员荣辱感存在模糊认识

荣辱感是道德感的基础。在回答"当今中国社会的荣辱感如何"问题时，46％的人认为社会中荣辱感存在但已经严重退化，24％的人认为荣辱感很少，5％的人认为社会已不存在荣辱感了，只有25％的人认为荣辱感存在。这表明，社会荣辱观认知状况并不乐观，在公务员眼中，社会伦理道德的荣辱观基础已经在一定程度上受到破坏。在这方面，最明显的例证是被调研公务员对腐败的看法。2013 年，在回答是否赞同"宁要腐败但干事的官，不要廉洁而不干事的官"这一说法时，有近16％的公务员"赞同"或"有点赞同"，35.71％的公务员"不太赞同"，48.47％的公务员选择了"很不赞同"。虽然数据显示大多数公务员不太赞同这种观念，但有近16％的人表示赞同，这反映了比例不小的部分公务员在这个道德是非观上存在一定的模糊或错位认识。见图 1—26。

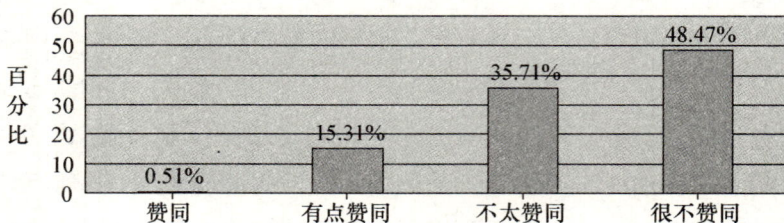

图 1—26　宁要腐败但干事的官，不要廉洁
而不干事的官，对这种说法（公务员）

6. 公务员道德自主性明显提升

随着对外开放的不断深入和信息社会的到来，人们获取信息的渠道更加广泛，信息交流的途径更加多样，公务员的眼界更加开阔，思维更加活跃，这些都为道德观念的变化提供了条件和空间，从而使公务员的道德观念由封闭转向开放，由保守转向创新。这种倾向不仅反映在思维方式上，而且反映在生活方式和行为习惯上。公务员的自我意识与道德自主性明显提升。见图1—27。

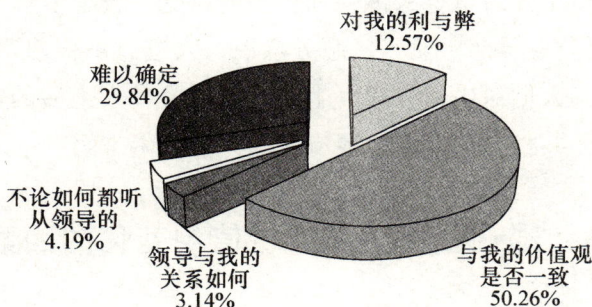

**图 1—27 领导让你做违规的事情，你在选择
做与不做时，首先会考虑**

公务员大都有良好的受教育背景，有较扎实的专业知识和较高的学历，经过严格的准入考核，他们更具开放意识，能够对不同的价值观持宽容态度。如果说，传统的行政系统中，有着大家公认的、潜在的一些规则，比如，求同的规则，不标新立异的规则，低调忍让的规则等，但现在，公务员的道德观念和规则正在发生着悄然的变化，较过去而言有了很大的开放性，不再简单求同，而是开始转向宽容个性、追求个性，不再低调忍让，而是敢于和愿意出头露面，展现自我，敢于和愿意争取自己的利益。尽管这只是一个苗头，但预示着未来的发展趋向。个性化官员的出现就是这个趋向的一个反映。特别是一些级别较高的公务员，他们不再满足于开会念稿子，四平八稳，而是追求个性，追求创新。这与近年来不同层级的公务员都开始公开选拔，干部晋升中的竞争机制直接相关。一方面这种机制锻炼了公务员的竞争意识和竞争能力，另一方面通过这种机制把大量其他行业（如高校）的人员吸收到公务员队伍中，从而对行政道德文化产生影响。

7. 道德思维方式从感性转向理性

道德观念作为一种个体道德现象，其表现形式既有感性的一面，也有理性的一面。公务员道德思维方式变化趋势是从感性转向理性。具体地说，公务员的道德思维、道德选择正超越偏激的感性而走向理性。无论是对于现实中道德现象的评价，还是对自身道德行为的选择，公务员都能基于理性做出较为客观的判断，具体表现为道德评价和道德选择的独立性、自主性和包容性增强。所谓独立性，就是传统的道德政治化倾向弱化，道德的独立性增强。如，传统的大义灭亲观念有向"父为子隐，子为父隐，直在其中"的亲情至上理念回归的趋势。贪官、违法现象在一定程度上得到道德上的宽容。他们把贪污受贿受到国法惩治和是否在道德上给他们以同情相区别，认为"与违法的官员做朋友"不是一个道德问题。所谓自主性，就是道德更多地出于公务员个体对道德的体验和良知的自觉，较少依赖于外在的强制性的约束，特别是 80 后公务员慈善意识、服务意识、人道意识普遍增强。所谓包容性，是基于多元文化背景人们对生活方式、生活习惯以及私人生活的包容性增强。一些不涉及公共利益、公共权力的私人生活有着较大的自由空间。

三、影响公务员道德价值观变化的因素

分析道德问题的客观成因，对于我们加强道德建设有着更为重要的意义。人们的观念、观点和意识往往是随着人们的生活条件、社会关系、社会存在的改变而改变的。观念的变化，一定和社会大环境以及生存、生长经历的客观条件相关，但为什么处在大体相同的社会环境中，同样经受着市场经济大潮的冲击，同样面对着形形色色的诱惑，人们的道德境界、道德表现却有很大差异？个体内在也是一个要考察的成因所在，"物必先腐而后虫生"。少数公务员贪污腐败，是因为他们在理想信念上出现了滑坡，而这是最致命的滑坡。这印证了一句话：外因是变化的条件，内因是变化的根据，外因通过内因而起作用。

本调研报告中，对公务员道德变化的影响因素的问卷设计了包括宏观（国家与社会）、中观（单位和部门）和微观（个体与家庭）三个层面的若干因子，让公务员选择他们认为影响公务员道德的主要因素是哪些。

（一）宏观层面

经济因素、政治因素、社会风气、教育因素被认为是影响公务员道德的主要因素。见图 1—28。

在问卷中，设计了包括经济因素、法律因素、政治因素、政策因素、民俗因素、宗教因素、教育因素、传统文化、外来文化、网络发展、自然环境、社会风气、舆论导向、主体因素、其他等 15 个选项，要公务员根据重要性选择 4 项，排在前四位的分别是经济因素、政治因素、社会风气和教育因素。

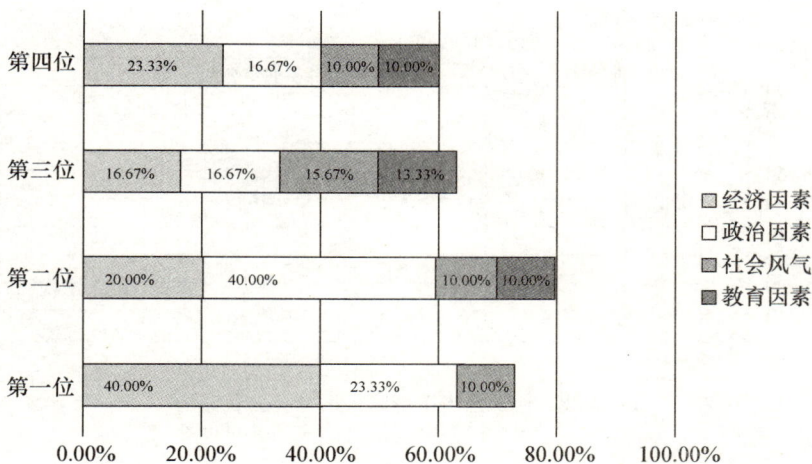

图 1—28　影响公务员道德价值观的重要宏观因素

经济因素（经济发展水平和经济分配制度）。经济发展水平和经济分配制度是影响公务员道德价值观的重要因素。"仓廪实而知礼节，衣食足而知荣辱。"公务员的道德水准受制于经济发展水平这一大环境，市场经济作为一种经济制度，对公务员的道德价值观具有最为直接的影响。"物质生活的生产方式制约着整个社会生活、政治生活和精神生活的过程。不是人们的意识决定人们的存在，相反，是人们的社会存在决定人们的意识。"[①]从根本上说，在影响公务员道德价值观的诸多社会性因素中，经济因素是决定性的、基础性的因素。社会主义市场经济是以权利为本位的经济，它的发展催生了当代公务员的权利观念。在参与社会主义市场经济实践的过程中，公务员的权利意识逐渐觉醒和完善，这对于他们的道德价值观的影响是十分巨大的。

政治因素。政治因素是人类社会中一切政治要素及其运行所形成的环境，包括政权、政治制度、政治体制和意识等，有社会历史性、阶级性和相对独立性的特点。

权力腐败与社会贫富分化问题被认为是当前影响人们社会公正感的主要因素，此外，机会公平不够也被列为重要负面影响因素。现实生活中的两极分化与严重的腐败现象被认为是动摇社会主义信念、道德信念以及影响社会公正的主要因素。见图 1—29、1—30。

《中华人民共和国宪法》有关国家性质和公民基本权利的规定表明：在我国，人民是国家的主人。一切国家机关工作人员都应当致力于为人民谋福利。只有在人民当家做主的权利受到保障的大环境下，公平、正义、勤勉、谨慎、惩恶扬善、诚

---

① 《马克思恩格斯选集》，3 版，第 2 卷，2 页。

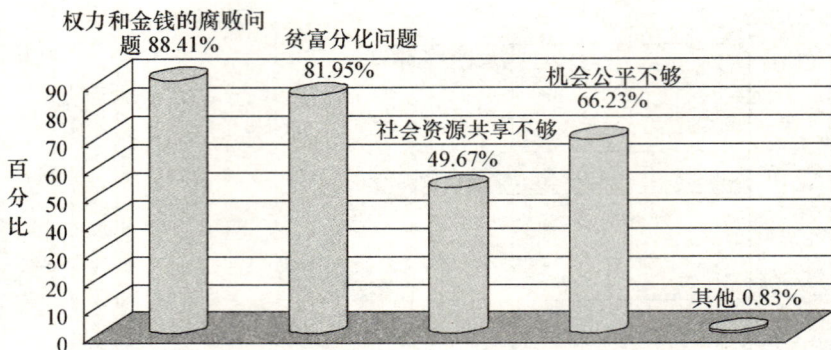

图1—29　你认为当下影响人们社会公正感的
三个主要因素是（选三项并排序）

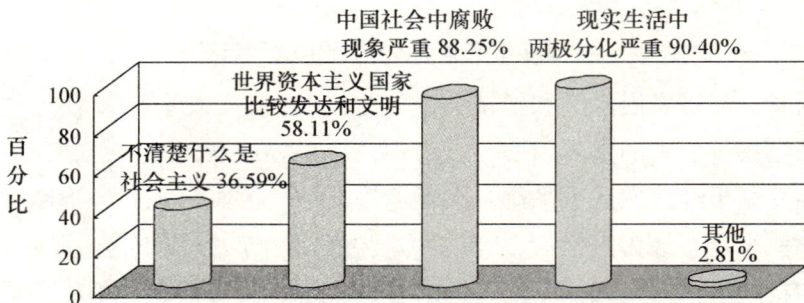

图1—30　有些人对社会主义信念有所动摇，你认为产生
这一问题的主要原因是（选三项并排序）

实信用、爱憎分明、严明清廉等等道德规范才会发挥作用，公务员的道德品格才会得以形成。此外，政治清明度与政策公平性对公务员行为具有重要的导向作用。政治清明、政策公平必然会促进公务员清廉品德的生成。

社会风气。社会风气被认为是影响公务员道德的第三重要因素。这里就涉及一个重要的问题，即民风和政风的关系问题。孔子说："君子之德风，小人之德草，草上之风，必偃。"民风是由政风引导的。但是公务员普遍认为，公务员道德状况只是社会道德状况的一个缩影，社会道德观念的变化自然而然会对公务员的道德产生影响。

教育因素。教育包括国民教育与在职培训。培训对公务员的道德具有重要的影响。很长一段时间内，公务员道德培训缺位，在处级以上公务员培训的内容中，行政伦理和公务员道德的课程非常少。公务员初任培训中一直有公务员行为规范和职业道德的培训，但是由于培训的内容缺乏统一的规范，公务员学完以后，知道了道德对公务员的成长很重要，但是是哪些道德内容却比较含糊。

（二）中观层面

制度因素、群体价值观、经济效益、领导表率被认为是这个层面的重要因素。见图1—31。

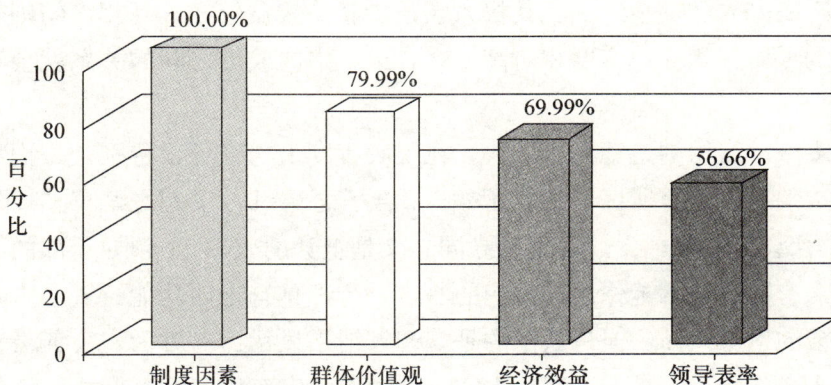

图1—31　影响公务员道德价值观的重要中观因素

制度因素。无论是普通公务员还是处于领导职位的公务员，都认为用人和分配制度是影响一个单位或部门公务员道德价值观的重要因素。什么样的人能得到重用，什么样的人能得到实惠，直接成为人们观念和行为的风向标。如果一个单位的制度科学合理，职责明确、奖惩分明、执行有力，那么这个单位人们的道德价值观是很明确的；如果制度不科学不合理，职责不明确、奖惩不分明、执行无力，那么人们的道德价值观就存在模糊和混乱。同时，现在通常单位的制度都是功利主义、效率至上的制度，缺乏对道德的有效和科学的考评。虽然倡导"不让老实人吃亏"，但没有与之相应的制度设计，所以这种倡导基本不起作用。此外，公务员的道德问题要从职能划分和职责规定中寻找原因。政府承担了太多的职能和不属于政府的职能是导致公务员服务不周的深层原因，政府部门之间职责不清是导致公务员不作为的深层原因。

群体价值观。这是由制度因素和领导喜好所引导的一个单位和群体的文化价值观，也就是人们共同认同和遵循的道德准则和行为方式，以部门长期以来形成的惯例和文化的形式存在。比如，有的部门依然延续了传统的在利益面前相互推让的文化，尽管在与外界的交往中，人们不再避讳言利，但是在与自己熟悉的人之间，还不是把利益看得很重，特别是物质利益。但是在涉及升迁、工作调整、职责分配方面公务员还是较为重视。当然，在不同的组织中，人们表达自身利益需求的方式各不相同，有的比较直接，有的比较间接。再比如，在资历、能力和人际关系的占比中，有的部门更看重资历，有的部门更看重能力，有的部门更看重人际关系。这些都影响着一个部门的群体价值观。

经济效益。一个组织的经济效益决定人与人之间关系的和谐度，决定组织中的个人的道德水准。这里的经济效益的差异也包括与权力强弱相关的收益、福利以及个人优越感的差异。一个组织，其权力较强，经济效益较好，互相之间则较少经济利益方面的矛盾，相互包容度相对高一些，组织中的成员之间的关系就会和谐融洽一些。

领导表率。组织的道德文化如何，在很大程度上与领导，特别是一把手的示范作用有直接关系。上有所好，下有所效。"君子之德风，小人之德草。"邓小平说："党是整个社会的表率，党的各级领导同志又是全党的表率。"领导干部的道德修养对普通民众有巨大的示范作用，他们的一言一行都具有导向功能，直接影响和带动着整个社会的道德风尚。但是遗憾的是，调查结果显示：一方面，公务员普遍认同领导应起表率作用；但另一方面，事实上，领导的表率作用发挥得并不好。

（三）微观层面

在包括经济收入、受教育程度、家庭背景、个性特征、个人习惯、自我控制、工作压力、居住环境、道德知识等9个选项的选择中，家庭背景、受教育程度、经济收入、个人习惯被看作影响公务员道德的四个重要个体因素。见图1—32。

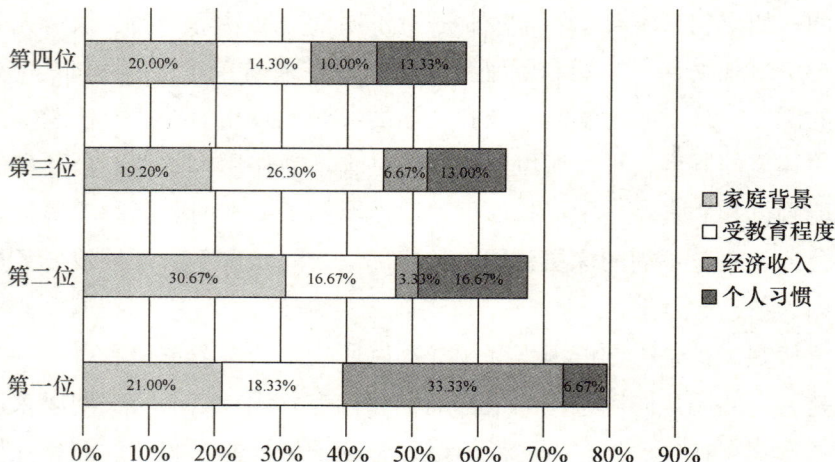

图1—32　影响公务员道德价值观的重要微观因素

家庭背景。公务员普遍认为，家庭背景及家庭教育情况对公务员道德起着重要的作用。中国依然是一个非常注重家庭教育的国家，家庭是公务员成长的主要环境。很多习惯和思维方式是在走入社会之前形成的，而这个阶段家长的影响和表率起着重要的作用。

受教育程度。公务员普遍认为，虽然并不是受教育程度越高，道德水平就越高，但是如果没有受过良好的教育，相对而言道德的自我意识就要弱一些，特别是在对道德的理解上存在自觉和不自觉的差异。没有受过良好教育的人通常把大众的观点作为评价的标准，道德自觉程度较低；相比较而言，受过良好教育的人会理性地判断社会生活中的现象，道德自觉程度较高。

经济收入。经济收入被认为是影响公务员道德的另一个个体因素。经济对道德的影响无论是宏观层面、中观层面还是微观层面都一再被提及。公务员普遍将之看作影响道德的首要因素。公务员的级别越低，经济的影响度越高。一些普通公务员认为自己的工资收入较社会其他群体而言并不能说是优越，感到生活压力较大，这也是他们不能很好地坚守职业道德的重要原因。见图 1—33。

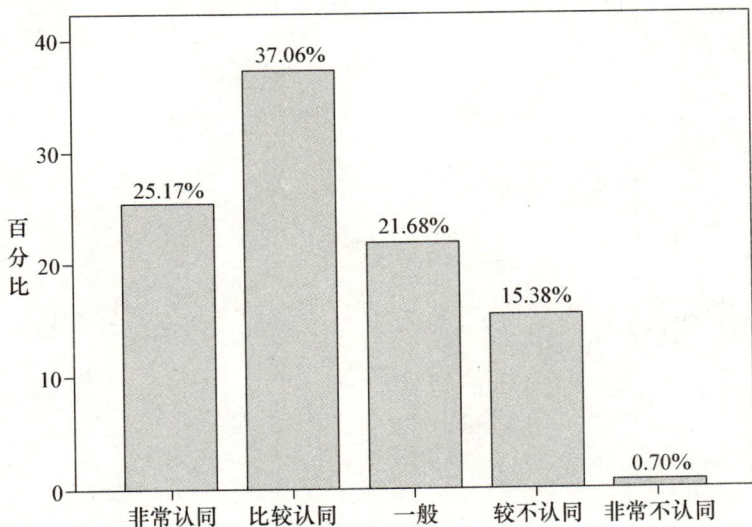

图 1—33　公务员的收入水平低是腐败的一个重要原因

个人习惯。一些公务员认为，对职业活动不能尽职尽责与个人习惯有密切的关系。有些人从小懒散惯了，这种个性也会带到日常工作中。工作中的小失误、不尽职、迟到等都与个人习惯有关。

同时，自我约束力和控制力差也是道德问题的根源。因为有的公务员虽然知道什么样的行为好，什么样的行为不好，但是因为没有意志力和控制力所以不能约束自我。

此外，工作压力也是影响公务员道德状况的一个重要因素。在目前改制过程中，公务员体制和以前大锅饭时代已经截然不同，公务员同样面临着巨大的工作压力，尤其是青年公务员常常身兼多职、一岗多责，他们必须为工作付出很大的努力。在对初任公务员的调查中，有50.3％的公务员经常感到压力，公务员中还有31.2％的人感觉太累。压力主要来源于以下事项：购房、婚姻、晋升、人际关系、业绩考评、舆论及媒体监督等。由于缺乏排解压力的经验，工作生活压力容易使青年公务员产生挫败感，陷入焦虑状态。这种心理状态对道德也有重要的影响。

第二篇　公务员道德规范建设状况调研报告

不立规矩无以成方圆。在公务员道德结构中，道德规范是最基础也是最重要的部分。道德价值观只有细化、明确为道德规范，才能得到落实。道德素质是公务员对道德规范内化的结果。公务员道德规范是公务员在履行职责、执行公务和社会生活中必须遵守的基本准则。近年来，各级政府高度重视公务员道德规范建设，2011年国家公务员局就发布了《公务员职业道德培训大纲》，将公务员道德规范概括为：热爱祖国、服务人民、恪尽职守、清正廉洁。公务员道德规范的制定、执行情况在很大程度上体现一个国家公务员道德规范状况。了解当前公务员道德规范的现实是加强公务员道德规范的前提和基础。

一、公务员道德规范建设的现实背景

近年来社会道德问题已成为公众关注和讨论的热点，许多恶性的食品安全、医疗安全事件表明，社会中诚信缺失、良心失落、道德冷漠、价值错位已到了严重地步，也引发了世人的深刻反思。而公务员的道德状况和建设状况，更是道德问题反思中的重中之重。中国改革开放30多年，伴随社会经济的发展与民主法制的不断完善，社会主义建设取得了极大成就，然而，在这一系列辉煌成就的背后，道德却付出了各种代价。在市场经济领域，拜金主义、利己主义大行其道，社会诚信严重缺损，假冒伪劣欺诈行为比比皆是；在社会生活领域，损人利己、道德冷漠、"不敢扶"现象屡屡发生；在思想文化领域，价值错位、道德虚无、荣辱不明已在蔓延；在政治生活领域，领导干部失德问题突出，官僚主义盛行，一些官员滥用公权力，贪图享乐，以权谋私，严重损害了国家和人民利益，也严重损害了政府在公民心中的形象。一个国家没有道德正能量，尤其是掌握运作公权力的公务员缺少德性，公权力运行缺少行政道德，何来国家强盛、社会和谐、人民幸福?! 因此，公权力规范和公务员道德亟须强力治理和建设。正如习近平总书记 2014 年在河南考察时强调，建设一支德才兼备的高素质执政骨干队伍，是我们事业成功的根本保证。面对纷繁复杂的社会现实，党员干部特别是领导干部务必把加强道德修养作为十分重要的人生必修课，努力以道德的力量去赢得人心，赢得事业的成就。

中国传统政治文化强调"德政"，认为政治清明、社会风气与做官之人的品德、操守及清廉息息相关。"君子之德风，人小之德草，草上之风，必偃。"[①] "政者正也。子帅以正，孰敢不正?"[②] 为官者道德高尚能够垂范社会，促进社会风气的向善，反之，则会引起社会道德的败坏。目前我国行政管理改革中的"严治官"趋势和反腐态势，是现实国家治理的需要与自觉，也是中国传统"德政"文化的体现。

针对社会道德领域的问题，越来越多的研究者呼吁遏制道德滑坡要从加强官德建设入手。"我们社会的道德环境恶化，官德败坏是重要原因。如今，一些官员在台上宣讲道德头头是道，但当其以权谋私、生活腐化堕落的行径被查处后，百姓们发现，这些官员如此言行不一，甚至连基本的法律法规都不遵守，实在太不可信了。这样的事情多了，大家就对官员的道德水准整体上失望了。官员的行为对老百姓有示范效应，官德败坏对老百姓的社会信任感冲击很大。他们会觉得，社会管理者和精英都不讲道德，凭什么要求我们讲道德?"[③] "政府诚信是社会诚信体系的关键。诚信政府是诚信社会的定心石，政府只有做诚信的楷模，才能增强公众的信任感、归属感和责任感，并带动整个社会的诚信建设。"[④]

水门事件的发生推动了美国《政府道德法》的通过，为美国公务员道德建设提供了良好的契机。在中国，随着服务型政府的构建和依法行政的不断完善，政府职能开始由"管理"向"服务"转变，公务员的"为人民服务"意识不断提升，公务员的权力越来越受到法律的有效约束，权力运用更加透明、公开、公正。公务员的道德建设也会随着政府体制、机制的不断完善而超越爬坡与滑坡的论争进入一个新的发展阶段。

公务员行使的是公权力，正确的行政行为，不仅要靠工作纪律和法律规范进行

①② 《论语·颜渊》。

③ 孙春晨：《社会的道德环境恶化　官德败坏是重要原因》，见党建网：http://www.wenming.cn/djw/syjj/mtjj/201110/t20111027_367285.shtml。

④ 《拿什么拯救道德滑坡》，载《南方日报》，2011-04-25。

制约，而且要有一定的道德规范内在引导。法规和工作纪律以"禁止"的形式告诉公务员不能做什么，道德规范则以"应当"的形式为公务员提供判断是非、评价善恶的标准。90％的公务员认为需要政府为公务员提供道德规范与道德准则。见图2—1。说明目前必须重视行政道德规范建设，各级政府对公务员的各个职位均应制定切实可行、内容具体、易于操作的道德规范，为公务员提供明确的行为标准。只有尽快建立起明确的公务员职业道德规范体系，才可使公务员有可以参照并具体指导自己言行的道德准则。

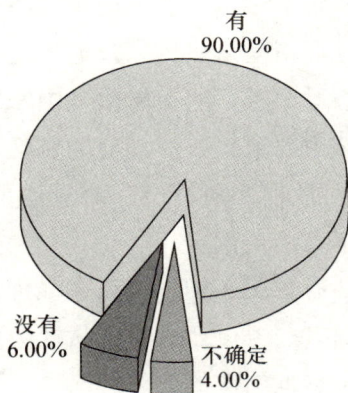

有
90.00%

没有
6.00%

不确定
4.00%

图 2—1　对政府制定道德准则的实际需求

二、公务员道德规范的构成及层次

公务员道德规范，从广义上说，是指公务员在任职期间必须遵循的从政指导思想和执行公务时必须遵循的基本准则，是国家为公务员规定的活动原则、办事规则、言行标准和行政纪律等。这些准则，既是公务员进行职业行为选择的价值依据，也是对公务员职业行为进行善恶评价的标准。从狭义上说，公务员道德规范是指公务员在执行公务活动中应当遵循的行为规范和道德要求。[①] 公务员道德规范作为对公务员行政行为的道德要求，是公务员个体的行政活动所必须遵循的道德准则。从规范的存在形式来看，公务员道德规范有这样三类：一是国家权力机关制定的法律；二是政府制定的有关公务员行为标准和活动的政令、政策、条例、制度、规定、规则、守则等，这些都具有行政效力，具有行为规范的性质；三是长期存在

---

① 本研究是将公务员道德放在公民道德建设这一框架下进行研究，因而采用广义的概念。

于社会活动中并被大家公认，也为每一个公务员内心认可的纪律、习惯、规矩等。前两类规范是成文的，并且是以国家强制力为后盾，采取法律手段和行政手段强制执行的，违者要追究责任，受到处分、处罚，甚至要依法惩办；第三类规范大多是不成文的，也有成文的（是在各种公务制度和行政法规中规定的规范，但大多是不附有制裁措施的强制性规定），主要通过公众舆论、习惯约束、内心信念等形式保证实施。本研究报告限于对前两类规范的研究。

从规范所包含的内容来看，由于行政伦理规范涉及公务员行为的各个方面，而行政活动极其广泛，职能、职位众多，要求不一，因而有着多方面的要求和不同层次的内容。作为一名公务员，职责是从事国家公务活动，代表国家和各级政府履行行政职权，管理国家的各类行政事务，肩负着治理国家的历史使命。公务员还是家庭和社会的一员，因而还承担着对家庭、对社会的责任、义务。公务员道德规范的内容就是由公务员要履行的对政府、对社会、对家庭的各项义务决定的。具体地说，行政伦理规范可分为以下几个层次：

第一个层次：公务员和所有公民一样，在法律面前人人平等，因而必须遵守国家的宪法以及各项法律。同时，公务员还必须遵从社会要求的其他基本规范，如风俗、习惯、伦理道德等。这是最低层次的要求。

第二个层次：国家公务员必须遵守有关公务员的各项法律法规。如必须遵守《中华人民共和国公务员法》，特别是履行其中所规定的公务员八项义务。

第三个层次：国家公务员必须遵守所在行政领域的特殊规范要求。如人民警察必须遵守《中华人民共和国警察法》。

第四个层次：每一个公务员必须遵守本人所在职位的具体规范要求。

第五个层次：有领导职务的公务员，特别是中高级公务员还要遵守标准更高的行为规范。如党员领导干部要遵守《中国共产党党员领导干部廉洁从政若干准则》《关于领导干部报告个人有关事项的规定》等。

在公务员必须遵守的行为规范中，有许多都是法律性和政治性的规范，但这些规范本身都具有道德价值。而且，无论是以何种形式存在，包含何种内容，纪律和法规都是要公务员来执行和遵守的，因而都无不带有伦理自律的成分。从伦理学意义上来说，道德与道德的履行都是一种境界，有层次高低之分。成文的、制度化的、通过法律和行政手段强制执行的规范是底线伦理规定，是人为了避免受到制裁和惩罚而不得不遵从的规范，是最低限度的伦理要求；不成文的、非制度化的、没有严格而明确的惩罚措施相应的规范是非底线伦理规定，是人在没有外力强制的情况下自觉自愿遵从的规范（事实上，对行为者而言，规范的约束性已不见了），是较高层次的道德规定。底线伦理规定既可通过公务员自律来实现，也可以通过社会强制措施（他律）来实现，非底线伦理规定最终要通过公务员的自律才能实现。不论哪种行为规范，当公务员从被动地遵守行为规范而进入自觉遵守阶段后，其行为也就升华为行政道德行为。

三、公务员道德规范建设的实践状况

公务员道德规范在确保行政管理职能得到合法、有效履行，维持良好的行政内部关系与公共关系，促成良好社会风气等方面都有着不可替代的功能。我国中央及地方政府高度重视公务员道德规范的建设，采取了以下重要措施。

（一）制定国家和地方公务员道德规范

进入 21 世纪以来，中央和地方开展了一系列加强公务员道德建设的举措。

1. 公务员道德规范的内容

（1）《公民道德建设实施纲要》：首次将党员干部的道德写入中央纲要

2001 年 9 月 20 日，中共中央印发《公民道德建设实施纲要》，要求："在全民族牢固树立建设有中国特色社会主义的共同理想和正确的世界观、人生观、价值观，在全社会大力倡导'爱国守法、明礼诚信、团结友善、勤俭自强、敬业奉献'的基本道德规范，努力提高公民道德素质，促进人的全面发展，培养一代又一代有理想、有道德、有文化、有纪律的社会主义公民。"其中特别指出："加强公民道德建设，共产党员和领导干部的模范带头作用十分重要。广大党员特别是各级领导干部要讲学习、讲政治、讲正气，牢记党的根本宗旨，努力改造主观世界，加强道德修养，自重、自省、自警、自励。要严格遵守党员领导干部廉洁从政的有关规定，清正廉洁，勤政为民，要求群众做到的自己首先做到，要求群众不做的自己坚决不做。要教育好自己的配偶和子女，管好身边的工作人员，自觉接受党组织和群众监督，用良好的道德形象取信于民，带动广大群众进一步做好工作。"这是第一次把党员领导干部的道德问题写入党中央印发的重要纲要中。

（2）《国家公务员行为规范》：第一个公务员行为的规范性文件

2002 年 2 月 21 日，《国家公务员行为规范》由人事部颁发。作为我国第一个公务员行为的规范性文件，《国家公务员行为规范》以公务员履行职责、执行公务中应遵守的行为规范为主，兼顾公务员作为社会成员应遵守的行为规范，对群众反映的现阶段公务员队伍建设中存在的问题和容易滋生腐败的行为也做了约束性的规定。《国家公务员行为规范》主要有八个方面的内容：政治坚定、忠于国家、勤政为民、依法行政、务实创新、清正廉洁、团结协作、品德端正。《国家公务员行为规范》八项内容是公务员履行基本义务和重要责任的根本要求，这些要求大都是道德方面的要求，因此，也可以看作公务员道德建设的规范性文件。但是，《国家公务员行为规范》通篇共八段七百多字，因涉及面广，操作性不够。

（3）《公务员职业道德培训大纲》：首次明确了公务员的职业道德内容

2011年10月17日，国家公务员局印发了《公务员职业道德培训大纲》（以下简称《大纲》），《大纲》要求："以忠于国家、服务人民、恪尽职守、公正廉洁为主要内容，大力加强公务员职业道德培训，全面提升公务员职业道德水平，努力造就一支政治信念坚定、精神追求高尚、职业操守良好、人民群众满意的公务员队伍。"《大纲》要求"十二五"时期，"将全体行政机关公务员和参照公务员法管理的机关（单位）中除工勤人员以外的工作人员轮训一遍，培训时间不少于6学时"。印发《大纲》的通知还要求："要把加强公务员职业道德建设与健全公务员管理制度紧密结合起来，坚持将职业道德作为公务员选拔任用的重要标准、考核奖励的重要依据、监督约束的重要手段，不断建立健全长效机制，夯实公务员职业道德建设的制度基础。"2016年，中组部、人力资源和社会保障部、国家公务员局联合发布《关于推进公务员职业道德建设工程的意见》，在原有的4条规范中，加入了坚定信念和依法行政，公务员道德规范明确为：坚定信念、忠于国家、服务人民、恪尽职守、依法行政、公正廉洁。

（4）地方公务员职业道德规范

《国家公务员行为规范》与《公务员职业道德培训大纲》提出了基本的公务员道德规范。但是，这些规范大都是一些原则性的规定，并没有提出可操作性的标准。在此前后，一些地方尝试将公务员道德建设纳入公务员管理中，在公务员选拔、任用、考核机制中体现"德才兼备、以德为先"的精神，制定了适应时代与地域特点的公务员职业道德规范。

为加强对青岛市公务员的管理，保证公务员队伍的优化、精干、廉洁、高效，根据《国家公务员暂行条例》（1993年）和有关法律、规定，结合青岛市实际情况，青岛市于1996年在全国率先出台了公务员行为规范。此后，我国各地相继出台了与地方实际需求相结合的公务员行为规范。特别是2011年《公务员职业道德培训大纲》的颁布，引起了地方政府对公务员职业道德建设的重视，随之，各地公务员职业道德规范开始陆续密集出台。见表2—1。

表 2—1　　　　　　　　　我国已出台的部分省市级公务员职业道德规范

颁布时间	颁布部门	名称	规范标准
1996 年	中共青岛市委办公厅、青岛市人民政府办公厅	《青岛市国家公务员行为规范（试行）》	共 31 条，包括政治规范、廉政规范、业务规范、礼仪规范等具体规定，并对八小时之外的社会公德内容也做出了详细的规定。
1997 年	四川省人民政府	《四川省国家公务员职业道德规范（试行）》	政治坚定，忠于国家；勤政为民，务实创新；恪尽职守，依法行政；顾全大局，团结协作；公道正派，廉洁奉公；诚实守信，品行端正。
2003 年	北京市人事局	《北京市国家公务员行为规范（征求意见稿）》	16 句话，64 个字。政治坚定，忠于国家；遵纪守法，依法行政；与时俱进，勇于创新；爱岗敬业，勤政为民；勤奋学习，提高素质；秉公办事，为政清廉；团结协作，顾全大局；文明礼貌，品行端正。
2003 年	廊坊市人民政府	《廊坊市国家公务员行为规范》	共 53 条，包括政治规范、业务规范、廉政规范、道德规范、保密规范、外事规范等，并对处罚和监督实施的具体措施做出详细规定。
2007 年	中共广元市委办公室 广元市人民政府办公室	《广元市公务员职业道德规范（试行）》	政治坚定、忠于国家、服务为本、依法行政、恪尽职守、务实创新、清正廉洁、团结协作、品行端正。
2008 年	中共杭州市委纪律检查委员会、中共杭州市委组织部、杭州市人事局	《杭州市公务员公共服务行为规范试行规定》	共 17 条。政治坚定、忠于国家、勤政为民、依法行政、务实创新、清正廉洁、团结协作、品行端正。并规定：公共服务中的表现列入年度考核内容；公务员的履行职责十条，包括首问服务制度、一次性告知制度。
2008 年	濮阳市人民政府	《濮阳市公务员从政行为规范》	共 7 章 30 条。包括：政治坚定，忠于国家；忠于职守，讲求效率；勤政为民，勇于创新；依法办事，清正廉洁；服从大局，团结协作；遵章守纪，爱岗敬业等。
2008 年	成都市人民政府办公厅	《成都市行政机关公务员职业道德规范（试行）》	政治坚定，忠于国家；勤政为民，务实创新；恪尽职守，依法行政；顾全大局，团结协作；公道正派，廉洁奉公；诚实守信，品行端正。
2011 年	中共南通市委组织部、南通市人力资源和社会保障局	《南通市公务员思想道德和社会诚信行为规范》	包括公务员职业道德、社会公德、家庭美德和个人品德等在内的共 40 条禁令。
2011 年	海南省人力资源和社会保障厅	《海南省行政机关公务员职业道德规范》	政治坚定，忠于国家；勤政为民，务实创新；恪尽职守，依法行政；顾全大局，团结协作；公道正派，廉洁奉公；诚实守信，品行端正。

续前表

颁布时间	颁布部门	名称	规范标准
2012 年	江苏省新闻出版（版权）局	《江苏省新闻出版（版权）局公务员职业道德规范（试行）》	政治坚定，忠于国家；勤政为民，务实高效；恪尽职守，依法行政；顾全大局，团结协作；公道正派，清正廉洁；诚实守信，品行端正。
2012 年	泰州市规划局	《泰州市规划局国家公务员职业道德规范（试行)》	爱党爱国，服务人民；恪尽职守，依法行政；清正廉洁，克己奉公；诚实守信，作风严谨；爱岗敬业，开拓创新；顾全大局，团结协作。
2012 年	中共广州市直属机关工作委员会	《广州市公务员职业道德手册》	忠诚、为民、依法、公正、守信、尽责、务实、服从、保密、协作、节俭、遵纪、廉洁、勤学、达礼。
2014 年	北京市人力资源和社会保障局	《关于加强北京市公务员职业道德建设的意见（试行)》	忠于国家、忠于宪法、以人为本、执政为民、敢于担当、敢于碰硬、敢于创新、严以律己、慎用权力。

2. 公务员道德规范的特点

公务员职业道德是在公务员的职业活动中形成的，是对公务员这一特定职业的道德义务要求。职业道德规范与一般的道德规范不同，一般都会以文字的形式表达，带有职业纪律要求的特征，但又不同于一般的法律法规。与法律法规比较，当前公务员道德规范建设具有以下几个鲜明的特点。

（1）从制定主体来讲，凡具有行政主体资格者都可以制定。公务员道德规范不同于法律法规层面的规范，其位阶相对低一些。制定主体包括了各个层级的行政主体：国务院部门、省、市、区、镇政府，有的市卫生局都发布了自己的道德规范，甚至是区、县机关单位和部门都可以制定引导性的道德规范。

（2）行政主体对公务员道德规范的重视程度呈不断提升的趋势。从制定时间上看，最早的公务员道德规范制定于 1996 年，而从 2007 年以后则显著增加。1996 年由青岛市出台了第一个以"公务员行为规范"为题的专门规范公务员行为的准则；人事部 2002 年颁布了《国家公务员行为规范》。2006 年 1 月 1 日实施的《中华人民共和国公务员法》标志着我国公务员制度建设已经走上法制化轨道，也使得公务员道德有了法律依据。这些法律法规的制定显示了我国对公务员道德问题的重视。之后，地方性的道德规范条文逐渐增多。

（3）规范文本详略程度各不相同。青岛市的规范字数达到 9 800 字，居于首位，此外，廊坊市和濮阳市的规范字数也超过了 4 000 字，而北京市的规范只有 16 句话 64 个字，形成了较为鲜明的对照。

（4）从各规范事项所占的百分比来看，"勤政为民，务实创新"一项居于首位，达到91.7％，"依法行政"也达到了79.2％，可见勤政依法在行政活动中占据了越来越重要的地位。其他如"政治坚定""忠于国家""廉政节俭""团结协作"等事项也都有70％以上的道德规范进行了规定，可以看作对公务员行为的一致性要求。

（5）部分地方的内部规范还包含了具有创新性的内容，如《杭州市公务员公共服务行为规范试行规定》第五条规定了"首问服务制度""一次性告知制度"等，并将公务员公共服务中的表现列为年终考核内容，从而实现道德与管理的结合。①

（6）越来越注重公务员职业道德规范建设的制度性规约。特别是十八大以来，以习近平同志为总书记的党中央对党员和从事公权力运行的公务员的政治品格、道德素质提出了更严格的要求。虽然多数党员和广大公务员群体总体上是好的和比较好的，但官僚主义作风、不作为、职责意识不强等问题仍与党的执政党建设、国家发展和群众需要有明显距离。在进一步加强党员干部治理和培训教育的同时，也从制度治理维度对公务员道德建设给予了加强。如2016年由中共中央组织部、人力资源和社会保障部、国家公务员局联合印发的《关于推进公务员职业道德建设工程的意见》，就是从公务员队伍建设和制度建设等方面对公务员职业道德建设进行了多方位的部署。

（二）公务员道德法制化

1. 行政道德法律法规

行政道德法律法规不同于公务员道德规范，是法律层位较高的法规，通常是对道德规范作用失效的问题通过立法的形式予以规定。廉政道德规范立法是最常见的。十五大以来，针对党员领导干部廉洁自律、纠正部门和行业不正之风以及反腐败工作中出现的新情况、新问题，有关部门出台了一批反腐倡廉实践亟须的法规和规范性文件，党风廉政建设和反腐败工作初步实现了"有法可依"。其中，关涉公务员道德的法规主要有：

（1）《廉洁从政若干准则（试行）》：公务员道德法制建设的初步成果

为规范党员领导干部从政行为，1997年3月，中共中央颁布了《中国共产党党员领导干部廉洁从政若干准则（试行）》（下简称《廉洁从政若干准则（试行）》）。《廉洁从政若干准则（试行）》颁布实施的13年，对于促进党员领导干部廉洁自律、加强和改进党的作风建设和反腐倡廉建设发挥了重要作用。随着形势和任务的发展，特别是

---

① 参见刘福元：《行政自制视野下的公务员内部行为规范探析》，载《华南师范大学学报》（社会科学版），2012（1）。

党风廉政建设和反腐败斗争的深入，党员领导干部廉洁从政方面出现的一些新情况、新问题需要有新的措施和办法加以解决。为适应这样的新形势、新任务、新要求，中共中央纪律检查委员会对《廉洁从政若干准则（试行）》进行了修订，中共中央于2010年正式印发了《中国共产党党员领导干部廉洁从政若干准则》。总则共分三章十八条，对党员领导干部廉洁从政做出了详细的规定。该文件既在总则部分对党员领导干部坚定理想信念、坚守根本宗旨、发挥表率作用、遵守党纪国法、正确行使权力、保持优良作风等方面提出了原则性的要求；又在后面章节中对党员领导干部的从政行为提出了一系列禁止性要求，概括起来共8个方面、52个"不准"；同时还对贯彻实施工作提出了相关要求，相对于此前的试行准则而言，执行性与可操作性明显增强。2015年10月，中共中央印发《中国共产党廉洁自律准则》，自2016年1月1日起实施，《中国共产党党员领导干部廉洁从政若干准则》同时废止。

（2）《关于领导干部报告个人事项的规定》：公务员道德法制建设的重要步骤

为保持党政机关领导干部廉洁从政，中共中央办公厅、国务院办公厅于1995年4月30日印发并即日施行《关于党政机关县（处）级以上领导干部收入申报的规定》。与此同时，中共中央办公厅、国务院办公厅印发并即日施行《关于对党和国家机关工作人员在国内交往中收受的礼品实行登记制度的规定》。

1997年1月31日，中共中央办公厅、国务院办公厅又颁布了《关于领导干部报告个人重大事项的规定》，该规定要求党政机关、国有企事业单位和人民团体中副县（处）级以上干部，就个人及近亲属建房、婚丧嫁娶、因私出国、经营承包等重大事项向组织报告。

上述三项规定是中国行政伦理法制建设的重要举措，有两个方面的作用。第一，可起到早期警报作用，据此可以看出一个公职人员的消费水平和生活方式是否与其薪金收入水平相符合，如不相符，即应要求本人做出解释，或对其进行认真的观察。第二，当明知他有贪污舞弊行为，从而产生非法收入或资产，但拿不到确凿证据时，也可以作为起诉的根据。2010年，中共中央办公厅、国务院办公厅印发《关于领导干部报告个人有关事项的规定》，针对当前领导干部廉洁自律方面出现的新情况、新问题，进一步规范了领导干部报告个人有关事项的制度；1995年印发的《关于党政机关县（处）级以上领导干部收入申报的规定》、2006年发布的《关于党员领导干部报告个人有关事项的规定》同时废止。

（3）建立惩治和预防腐败体系：公务员道德规范建设的新起点

中国在较长时间内基本上是依靠领导人的决心和态度来反腐败，这是一种权力反腐败模式。十六大提出了"要着重加强制度建设，实现社会主义民主政治的制度化、规范化和程序化"等一系列重要论断；十七大将"建立健全惩治和预防腐败体系"写进新修订的党章，为制度反腐提供了广阔的发展空间；十八大报告指出，要坚持中国特色反腐倡廉道路，坚持标本兼治、综合治理、惩防并举、注重预防方针，全面推进惩治和预防腐败体系建设。截至2014年4月，共出台了24部党内反腐败法规制度。

2004年2月，《中国共产党党内监督条例（试行）》正式颁布。这个包含47条、10 000多字的条例，对中国共产党作为执政党如何接受党内监督、党外监督、全民监督立出了一个规矩，标志着反腐败斗争进入一个制度建设的时代，体现了反腐败的4个重要转变：在注重组织监督的同时，更加注重自下而上的群众监督；在注重干部自律的同时，更加注重他律；在注重必要的应对措施的同时，更加注重制度建设；在注重查处大案、要案的同时，更加注重防微杜渐、防患于未然。《中国共产党党内监督条例（试行）》的颁布，对于有效防止权力过滥，加强监督，增强党内拒腐防变和抵御风险的能力具有非常重要的意义。

2007年4月29日，发布了《行政机关公务员处分条例》，2007年6月1日起施行。根据条例，行政机关公务员违反传统道德规范，例如包养情妇、拒绝赡养父母、虐待家庭成员等将受到惩处。条例规定，行政机关公务员有包养情人的行为，将被给予撤职或者开除处分。行政机关公务员有拒不承担赡养、抚养、扶养义务的行为，有虐待、遗弃家庭成员的行为，或有严重违反社会公德的行为，将被给予警告、记过或者记大过处分；情节较重的，给予降级或撤职处分；情节严重的，给予开除处分。条例还明确规定，公务员严重违反职业道德，工作作风懈怠、工作态度恶劣，造成不良影响的，给予警告、记过或者记大过处分。公务员参与迷信活动，造成不良影响的，给予警告、记过或者记大过处分；组织迷信活动的，给予降级或者撤职处分，情节严重的，给予开除处分。条例规定，行政机关公务员吸食、注射毒品或者组织、支持、参与卖淫、嫖娼、色情淫乱活动的，给予撤职或者开除处分。行政机关公务员参与赌博的，给予警告或记过处分；情节较重的，给予记大过或者降级处分；情节严重的，给予撤职或者开除处分。公务员在工作时间赌博的，给予记过、记大过或者降级处分；屡教不改的，给予撤职或者开除处分。2009年连续出台了《关于实行党政领导干部问责的暂行规定》《中国共产党巡视工作条例（试行）》《国有企业领导人员廉洁从业若干规定》等三个重要文件，还颁布了《关于在党政机关和事业单位开展"小金库"专项治理工作的实施办法》。

对公务员提出道德要求是建立负责任政府的必然要求，也是中国共产党执政能力进一步提高的表现。公务员在社会上应为公众起到道德表率作用，因此不仅要求他们遵守法律，还必须用更高的道德标准要求他们。2005年1月至2012年7月，中共中央、全国人大及其常委会、国务院、中央和国家机关有关部委制定反腐倡廉法律法规和文件规定达616件①，形成了惩治和预防腐败体系的基本框架，标志着中国公务员道德法制建设达到了一个新的高度。

（4）高标准严要求：十八大从严治党常态化

十八大后，中央先后建立和完善了多项反腐倡廉制度建设，包括《改进工作作风密切联系群众八项规定》《建立健全惩治和预防腐败体系2013—2017年工作规划》《党政机关厉行节约反对浪费条例》《党政机关国内公务接待管理规定》等，这些规定全部细化了内容，操作性非常强。另外，在《中央党内法规制定工作五年规划纲要》中，还提到了今后五年将要建立和完善反腐倡廉方面的法规和制度。这些都是中央反腐败治理的治本之策，反腐败工作仍然是坚持标本兼治，重在治本。

2015年10月21日，中共中央印发了《中国共产党廉洁自律准则》和《中国共产党纪律处分条例》，两大党规充分体现了党中央全面从严治党的坚强决心。坚持以《中国共产党章程》为根本遵循，把《中国共产党章程》关于廉洁自律和纪律规矩的要求具体化，从而唤醒广大党员干部的党章、党规、党纪意识，维护党章的权威。一方面，通过《中国共产党廉洁自律准则》确立高标准；另一方面，通过《中国共产党纪律处分条例》守住最底线。从而在全党树立起来党规、党纪的权威性和严肃性。

被称为史上"最严党纪"的《中国共产党纪律处分条例》的出台，标志着公务员道德规范建设进入了一个新的阶段。1997年2月《中国共产党纪律处分条例（试行）》颁布。2003年《中国共产党纪律处分条例》正式颁发，由总则、分则、附则组成，共178条，长达2万多字。和1997年的试行条例相比，2003年的条例量纪界限更加清晰，违纪的定性更加准确，而且，把领导干部尤其是"一把手"的廉洁自律方面的违纪行为放在了首要的位置，对维护党的章程和其他党内法规，严肃党的纪律等发挥了重要作用。党的十八大以来，为适应新的变化了的反腐败形势，2015年10月12日，中共中央政治局召开会议审议通过了新修订的《中国共产党纪律处分条例》。该条例被不少党建专家称为"改革开放以来最全、最严党纪"。

"最严党纪"的第一个特点是"法纪分开"，为党纪"加码"，在法律之前为党员划定纪律底线，从小错抓起，不让"党纪严于国法"沦为空话。2003年的条例，最大问题是纪法不分，其中近一半内容与《刑法》《治安管理处罚法》等重复，实际上难以用到，也浪费了行政成本，甚至在极个别情况下还会出现以纪代法、越俎代庖的情况。将党纪和国法区分开，明确了党纪和国法的层位以及各自执行主体，

---

① 参见国家统计局：《群众对反腐满意度8年升至72.7%》，载《广州日报》，2012-11-05。

真正体现了党纪严于国法，而不是党纪高于国法，党纪不是党员犯错违规的保护伞，而是党员违规违法的前哨。

第二个特点是划定红线，强化"负面清单"作用。过去，对违反党章、损害党章权威的违纪行为缺乏严肃问责的条款，2015年的条例整合明晰了党员的"负面清单"，对党员干部禁止行为的事实范围进行了调整，内容细化，可操作，不仅告诫党员干部哪类行为不能做，同时提出清晰的处罚依据，违纪行为不再有空可钻。条例对原有条例规定的10类违纪行为梳理整合，科学修订为六类：政治纪律、组织纪律、廉洁纪律、群众纪律、工作纪律和生活纪律，把党章关于纪律的要求具体化，并在分则各章中按照同类相近和从重到轻的原则进行排序。旧条例的一个突出问题是什么都管，但有些问题没管好。例如，政治纪律、政治规矩等以前难以把握，存在模糊地带，此次修订将之明确列出，可以"对号入座"，使违纪者不能再心存侥幸。

第三个特点是从严治党常态化，将十八大以来严明政治纪律、政治规矩和组织纪律，落实八项规定，反对"四风"等从严治党的实践成果制度化、常态化。条例明确增加了一些违纪条款，如廉洁纪律方面增加了权权交易、利用职权或职务影响为亲属和身边人员谋利等；在违反群众纪律方面新增侵害群众利益、漠视群众诉求、侵害群众民主权益等；在工作纪律方面增加党组织履行全面从严治党主体责任不力、工作失职等；在违反生活纪律方面增加了生活奢靡、违背社会公序良俗等。

2. 公务员道德立法的利与弊

公务员道德立法目前已经成为一种世界潮流，具有一定的历史必然性。事实上，道德法规化和法规道德化是常见的现象，这是因为道德和伦理在作用上、规范范围上有着互补的关系。在一定历史时期，一些法规对人的限制丧失了合理性，或者说已经成为大家的共识，就可以转化为伦理规则；同样，一些道德规范在特定的情况下显得日益重要，而其约束力又不能完全起到规范人们行为的作用，就需要转化成法规。当然，公务员道德法规化既有优点又有缺点，需要具体情况具体分析对待。

(1) 公务员道德立法的优势

公务员道德管理的法制化趋势是由现代发展的历史背景所决定的，公务员道德法规化在规范公务员行为方面有着重要的作用。这是由公务员道德法规的特点所决定的。

第一，公务员道德法规具有权威性、强制性。长期以来，我们的思维定式是，法律主要是事后惩治，因而惩治腐败的重点也放在事后打击。事先的防范主要依靠个人道德自律。通常意义上，道德的约束作用通过舆论、风俗和个人的信念发挥作用，但是如果把一些重要的道德规范用法规的形式确立下来，就具有了与法律一样的权威性，不仅仅是一种倡导，而成为一种必需。尽管规范的是道德关系，但却是以法律的形式发挥作用。反腐败不仅需要事后打击，事先预防同样重要。公务员道德法制化可以使公务员明确自己行为的"应当"与"不应当"，从而起到警示的作用，同时也可以使预防工作作为惩治腐败的治本之策受到全社会的重视，从而发挥监督的作用。

第二，行政伦理法规具有明确性、稳定性。全球范围的行政改革一方面提高了行政效率，另一方面也给行政伦理和行为标准带来了意想不到的影响。政府职能转移、公务员与公民关系的变化、全球一体化以及对其他伦理和文化规范的接触、社会规范的变化等等都使原有行政伦理遇到了危机。就中国而言，由于机构设置在法律形式和政治形式上的变化（如部分权力从政府的部、委、署移交到公共企业、国有的有限公司等），导致部分公职人员将体现公共行政特色的许多规章制度、公务员行为规范都抛之脑后了。社会多元化和个性化发展使社会逐渐丧失了统一的道德规范，这种道德规范的模糊性对公务员来说也概莫能外。这是导致许多公务员走上职务犯罪之路的一个重要原因。因而，在新的形势下，公务员道德法规化可以使模糊的道德规范明确化、稳定化，从而起到预防职务犯罪的作用。

第三，道德立法有助于相应的道德观念的强化。如果道德规则仍旧存在，但与此相适应的法律改变或者废止，那么这些道德规则在人类内心深处将会变得薄弱起来，甚至"堕落"到全无的地步。由于失去外在强制力的保护，人们可能为了自己的私人利益，而经常地损害他人的、公共的利益，破坏着道德规范。倘若不能及时阻止此等事情的发生、发展，那么道德规范将在人的不断破坏中逐渐地弱化、消失。即使刚出现时尚有民众指责此等破坏行为，但时间的推移和行为的重复出现会麻木人的道德精神的感应力，从而不再关注这样司空见惯的事。可见，"虽然道德规则或传统不能通过有意识的选择或制定而废止或改变，但法律的制定或废止却可能是某些道德标准或某些道德传统改变或衰败的原因之一"。美国行政伦理专家库珀指出："当伦理立法运用到具体案例中时，我们还是对它进行了道德评价，这种评价会因严重性、复杂性和合理性的不同而具有很大的差异，但却是我们保持宝贵的伦理自主性的方式。"公务员道德立法"不是培养最负责任的公务员的合适方法，但却可以打消你滑向更为严重的不负责行为的勇气"。

（2）公务员道德立法的弊端

第一，公务员道德立法通常很难实施。道德立法只能对严重的不道德行为起到事后制裁的作用，或者以严惩不道德行为的方式对公务员起到一些警示的作用，但实施起来有很大困难。举证的困难是导致公务员道德立法实施困难的一个重要因素。公务员道德问题涉及的利益关系、感情关系都相当复杂，而且通常在双方情愿的情况下以隐蔽的方式存在，一般情况下很难被发现，当事人也不愿提供这方面的证据。同时，对于了解情况或对某事表示怀疑的同僚，虽然对一些涉嫌腐败的行为看不惯，但如果让其提供证据也不情愿，而且公务员道德立法的实施成本相对较大，这些都给公务员道德立法的实施带来困难。

第二，严格执行公务员道德法会危及行政人员间的工作气氛。在行政管理现代化进程中，政府的行政体系日趋成为一个专门的职业领域，行政领域与外界之间存在着越来越严重的信息不对称。对某一部门、某一行业人们采用什么方式获得不正当利益，在什么细节方面偏离了公共利益，在哪一种自由裁量权的实施中违反了合情合理原则，行政部门内部的人最为清楚，但是如果严格执行公务员道德法，要求行政部门公务员之间相互揭发对方的不道德行为，必将破坏行政人员间的工作气氛，不利于相互的合作与沟通。因而，从最终的意义上说，行政领域的道德问题还得要依靠伦理的方式来解决。

(三) 道德规范的规导

与制定公务员道德规范和公务员道德立法相配合，我国政府还利用其独特的全民动员优势，广泛开展公民道德规范宣传和引导活动，培养有利于公务员道德生成的社会文化。

1. 公民道德宣传日

在《公民道德建设实施纲要》印发两周年之际，中央精神文明建设指导委员会于2003年9月11日决定，将中央印发《公民道德建设实施纲要》的9月20日确定为"公民道德宣传日"。此后每年的这一天，全国各地都要举办各种形式的活动，更广泛地动员社会各界关心支持和参与道德建设，使公民道德建设贴近实际、贴近生活、贴近群众，增强针对性和实效性，促进公民道德素质和社会文明程度的提高，为全面建设小康社会奠定良好的思想道德基础。

2. 社会主义荣辱观建设

2006年3月4日，胡锦涛总书记在参加全国政协十届四次会议民盟、民进联组会分组讨论时提出，要引导广大干部群众特别是青少年树立以"八荣八耻"为主要内容的社会主义荣辱观。"八荣八耻"是："以热爱祖国为荣、以危害祖国为耻，以服务人民为荣、以背离人民为耻，以崇尚科学为荣、以愚昧无知为耻，以辛勤劳动为荣、以好逸恶劳为耻，以团结互助为荣、以损人利己为耻，以诚实守信为荣、以见利忘义为耻，以遵纪守法为荣、以违法乱纪为耻，以艰苦奋斗为荣、以骄奢淫逸为耻。"进一步明确了公民的基本道德规范，对推动形成良好社会风气，构建社会主义和谐社会具有重要意义。

3. 社会主义核心价值体系建设

2006年10月，党的十六届六中全会明确提出要建设社会主义核心价值体系，在全社会引起了广泛关注。其主要内容包括：马克思主义指导思想、中国特色社会主义共同理想、以爱国主义为核心的民族精神和以改革创新为核心的时代精神、社会主义荣辱观。社会主义核心价值体系进一步确定了全党全国人民团结奋斗的共同思想基础。在当前我国人们的思想观念、道德意识、价值取向越来越呈现出层次性的背景下，社会主义核心价值体系的提出旨在引导全社会在思想道德上共同进步，从而成为社会道德的指导性思想。

4. 全国道德模范评选表彰活动

2007年7月，在党中央颁布《公民道德建设实施纲要》6周年暨第5个"公民道德宣传日"到来前夕，中央文明办、全国总工会、共青团中央、全国妇联共同发起评选表彰全国道德模范活动，分为"助人为乐""见义勇为""诚实守信""敬业奉献""孝老爱亲"5个类型。全国道德模范评选至今已举办5届，共推选出278名全国道德模范。道德模范的榜样力量在一定程度上推动了社会道德意识的觉悟。在这一活动背景下，一些省市开展了相应的公务员职业道德模范的评选活动，以强化优秀公务员职业道德的示范作用。

5. 基层党组织及党员的创先争优活动

2007年，党的十七大在关于党的建设的部署中，曾明确提出开展两项活动：一是在全党开展深入学习实践科学发展观活动，二是在党的基层组织和党员中深入开展创先争优活动。

2010年5月，中共中央办公厅转发了《中央组织部、中央宣传部关于在党的基层组织和党员中深入开展创先争优活动的意见》，并发出通知，要求各地区各部门结合实际认真贯彻执行。明确指出，争当优秀共产党员要努力做到"五带头"，即带头学习提高、带头争创佳绩、带头服务群众、带头遵纪守法、带头弘扬正气。其中，"带头服务群众、带头遵纪守法、带头弘扬正义"就是要求党员干部争做公务员职业道德的典范，具有很强的道德意味。自此，全国各地掀起了"创建先进基层党组织、争当优秀共产党员"的热潮。

创先争优活动的开展在一定时期和地区内客观上从工作作风、务实创新、清正廉明等方面较好地推动了公务员道德水平的提升。

6. 干部"下基层"的要求

2011年7月1日，胡锦涛总书记在庆祝中国共产党成立90周年大会上的重要讲话中指出："来自人民、植根人民、服务人民，是我们党永远立于不败之地的根本。""每一个共产党员都要把人民放在心中最高位置，拜人民为师，把政治智慧的增长、执政本领的增强深深扎根于人民的创造性实践之中。"2011年10月，中央创先争优活动领导小组印发了《关于在创先争优活动中进一步推动各级党政机关和干部深入基层为民服务的指导意见》，并发出通知，要求各地区各部门各单位结合实际认真贯彻落实。

"下基层"活动旨在推动各级党政机关和干部坚持以人为本、执政为民理念，深入基层为人民服务。要求各级党政机关和干部要坚持工作重心下移，经常深入实际、深入基层、深入群众，做到知民情、解民忧、暖民心，始终保持党同人民群众的血肉联系。

随着通知的下发，全国掀起了"下基层"活动的热潮，极大地转变了工作作风，对优化公务员形象，提升为人民服务意识具有极大的推动作用。

四、公务员道德规范践行现状调研

公务员道德规范是公务员在履行职责、执行公务和社会生活中必须遵守的基本准则。本部分内容主要调研公务员对道德规范的必要性的认知，以及公务员道德规范的完善程度、执行情况等。

(一) 公务员道德规范的必要性

较2013年的调研数据而言，2015年认为"政府有对道德准则的实际需求"的数据下降了15％，表明在公务员群体中，将公务员的管理诉诸制度的人比例在增加，诉诸道德的人在减少。相对应，持不确定的人数较2013年增加了10％。这部分人是处于"认同"与"不认同"道德准则之间的公务员，说明公务员道德建设处于一个从德治走向法制的过渡阶段。见图2—2。这一方面说明公务员越来越多地认识到了加强制度建设和制度管理的必要性，但同时也说明公务员道德规范建设还需要进一步提高队伍主体的道德自律素质。事实上公务员个人以及群体的公务能力、责任、廉洁、公信力以及公务形象，与公务员的制度性规范相关，也和公务员个体的道德素质相关。公务员在履职过程中，能否负责任地处理好各种岗位工作中的公共事务管理和公共服务，勤政廉洁，积极作为，在相当程度上取决于公务员的职业道德素质。

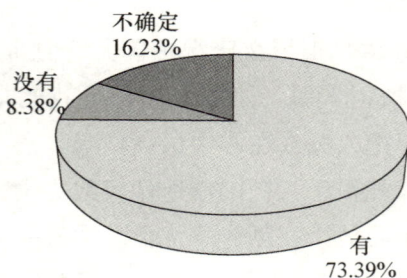

不确定
16.23%

没有
8.38%

有
73.39%

图 2—2   你认为政府有没有对道德准则的实际需求

(二) 道德规范的了解程度

目前，一些地方政府和单位结合当地特点，在制定道德规范方面做了一些尝试。在回答是否知道国家公务员局颁布的《公务员职业道德培训大纲》时，不同地域公务员的回答有很大差别。北京市公务员的知晓率高于其他省份。见表 2—2。

表 2—2

	山西（％）	北京（％）	黑龙江（％）
知道	31.1	68.2	57.1
不知道	68.9	31.8	42.9

对公务员职业道德的了解程度的调查结果显示，约 64％的公务员熟悉公务员职业道德规范的内容，约 36％的公务员回答"听说过"或"不熟悉"。见图 2—3。

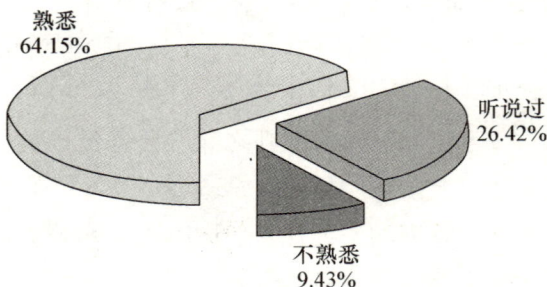

熟悉
64.15%

听说过
26.42%

不熟悉
9.43%

图 2—3   对公务员职业道德的了解程度

对于公务员职业道德规范的作用，约 69％的公务员认为在工作中会经常使用到道德规范，约31%的公务员"有时使用"或"不使用"。见图2—4。

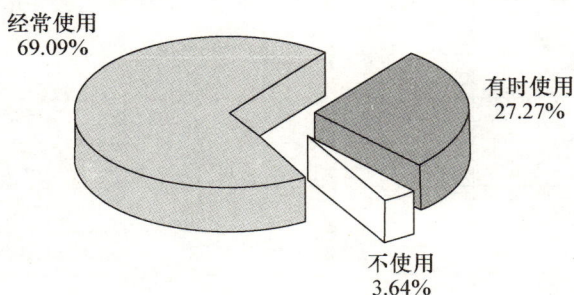

图2—4　在工作中使用职业道德规范的频率

关于道德规范对于解决工作中的道德困境的作用，调查结果显示：约66%的公务员认为"有帮助"，约7%的公务员认为"没有帮助"。见图2—5。这一数据与上述"在工作中使用职业道德规范的频率"的调查结果相近。当然，在访谈中有公务员认为道德规范过于原则化，过于宏观，基本上是理念层面的，对公务员工作中遇到的伦理困境的指导性还有待提升。

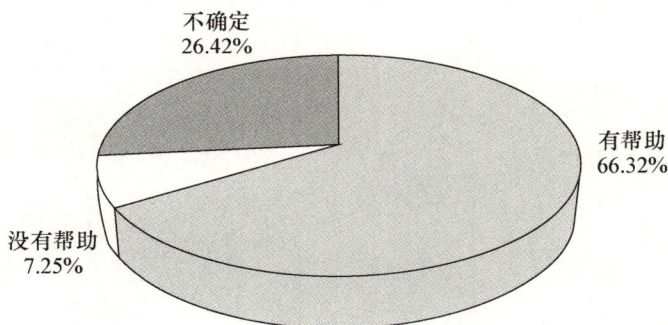

图2—5　职业道德规范对你解决工作中的伦理困境是否有帮助

关于国家公务员局颁布实施《公务员职业道德培训大纲》对提升公务员道德的作用的看法，公务员群体与非公务员群体、不同地区的公务员的看法有一定差异。公务员群体认为有作用，非公务员群体认为作用不大。公务员群体平均认为"作用很大"或"有作用"的占74.4%，平均认为"作用不大"或"没有作用"的占19.9%，还有5.9%的公务员选择"不确定"。与公务员群体相比较，非公务员群体对公务员职业道德培训的效果并不乐观。平均49.9%的非公务员人员认为公务员进行职业道德培训"作用很大"或"有作用"，42.2%的认为"作用不大"或"没有作用"。见表2—3。

表 2—3

		作用很大（%）	有作用（%）	作用不大（%）	没作用（%）	不确定（%）
公务员	贵州省	27.7	52.3	12.9	1.1	6.0
	山西省	22.8	59.0	13.6	1.5	3.1
	黑龙江省	14.5	45.7	29.5	1.7	8.6
	北京市	19.8	55.5	17.0	1.9	5.8
	平均	21.2	53.2	18.3	1.6	5.9
非公务员	贵州省	11.9	40.6	36.4	7.1	4.0
	云南省	10.7	41.4	37.9	6.9	3.1
	北京市	9.8	35.4	30.4	8.0	16.4
	平均	10.8	39.1	34.9	7.3	7.8

（三）道德规范的执行

约71%的公务员"非常认同"和"比较认同""目前我们反腐败的法律制度基本完善了，只是缺少有效的监督和执行"的说法。见图2—6。

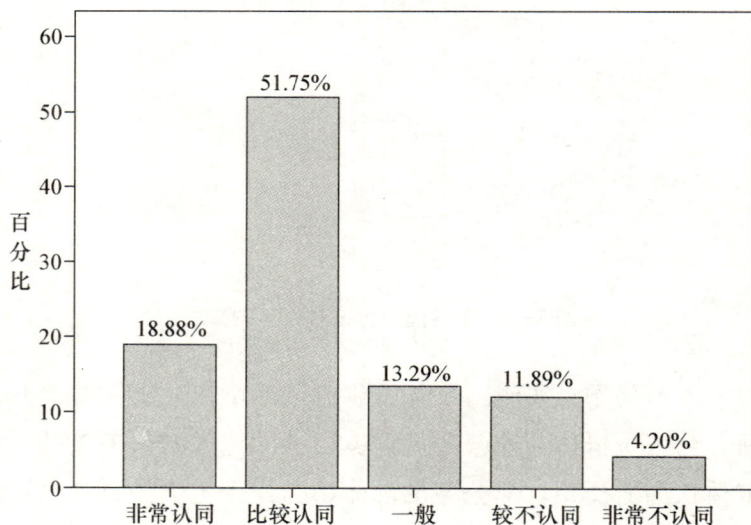

图 2—6　目前我们反腐败的法律制度基本完善了，
只是缺少有效的监督和执行

《关于党政机关县（处）级以上领导干部收入申报的规定》于1995年由国务院办公厅颁发，至其2010年7月11日被废止的20年间，从整体情况看，有关规定的执行现状不能令人满意。在评价有关"领导干部收入申报规定"所起作用之时，有19％的人认为作用大，14％的人认为作用小，而有67％的人认为其作用非常有限；对于该项制度的总体评价，认为好的只占10％，认为较好的占25％，而认为一般的占53％，认为不可行的也占12％。在回答"目前实施的领导干部重大事项报告制度执行得如何"时，有12％的人认为很好，26％的人认为良好，41％的人认为一般，21％的人认为不好评价；对于其是否能真正起到监督作用，19％的人认为能，48％的人认为基本能，18％的人认为不能，15％的人认为不好评价。

当然，政府在执行《关于党政机关县（处）级以上领导干部收入申报的规定》方面，取得了较大的进展。针对当前领导干部廉洁自律方面出现的新情况新问题，国家进一步规范了对领导干部报告个人有关事项的制度。2010年，中共中央办公厅、国务院办公厅印发《关于领导干部报告个人有关事项的规定》，进一步细化了领导干部个人有关情况报告的细则，并且加强了相关部门的监督执行。对于拟提拔为副处级及以上干部、拟列入后备干部的人选考察对象、拟转任重要岗位人选考察对象等，都要开展个人有关事项报告重点抽查核实。并且规定了具体的时间和比例，如"随机抽查在二季度开展，比例为10％"。这就大大强化了此项规定的可执行性与效果。

道德规范执行效果不理想的原因，一方面源于道德规范本身的适用性和可操作性，另一方面源于监督、执行的体制、机制不完善。

（四）道德规范的制定与法制化

道德规范有其自身的特点，要使其得到有效的实施，需要探讨其发挥作用的特点，有针对性地加强道德规范建设，其中重点需要关注道德规范的制定与法制化两个方面。

1．道德规范的内容：可接受性和可执行性

对于目前我们的公务员行为规范和职业道德要求，绝大多数公务员认为缺乏可操作性的指导。人事部2002年就颁布了《国家公务员行为规范》，包括：政治坚定、忠于国家、勤政为民、依法行政、务实创新、清正廉洁、团结协作、品行端正。这些规范具有很强的指导性，但是，不同地区经济、政治、文化发展状况不同，公务员的执法环境、生活习惯、娱乐习惯等各不相同，导致公务员职业道德领域存在的问题也各不相同，因而各个地区根据其现实需求制定更细化、更具操作性的规范非常必要。

（1）可接受性

大部分公务员认为，公务员职业道德准则提供了一套适当的标准来指导他们的行为。但是他们也承认，不同地区和不同工作场所需要的政策不同，因而必须要有

特定机构中具体的职业道德准则来补充。

检验道德准则的可接受性的标准在于，准则中内含的理念实际上有没有得到实践。很多公务员认为现行的公务员行为规范和职业道德规范过于原则，过于宏观，没有细化的标准和可操作性，因而使其可接受性减弱。职业道德规范是"倡导性"的规范，而如果对违反了道德规范的惩罚措施没有细化，就很难落实。

（2）可执行性

"你认为公务员道德准则得到严格执行的条件是（按重要性选择 3 项）"这一2013 年调查问题中，给出了如下 6 个选项：道德准则与公务员的价值观相一致；建立对违背道德准则行为的秘密汇报的保护机制；遵守或违背道德准则的行为的奖惩机制；道德准则要明确，具有可操作性；领导干部要带头严格执行道德准则；道德准则和制度政策一致。绝大多数公务员认为，要增强道德准则的可执行性，最需要加强的三个条件是：道德准则与公务员的价值观相一致；领导干部要带头严格执行道德准则；道德准则要明确，具有可操作性。道德规范如果与公务员的价值观不相符，就会导致言行不一，知行分离；领导干部不带头执行，规则就不可能执行；道德准则没有可操作性，也就没有执行力。当然，其他因素也都对道德准则的执行起着非常重要的作用。没有对"告密行为"的保护机制，不道德行为就很难被发现；没有对不服从或违背道德规范的行为的可操作性的惩罚机制，就不会有威慑力。见图 2—7。

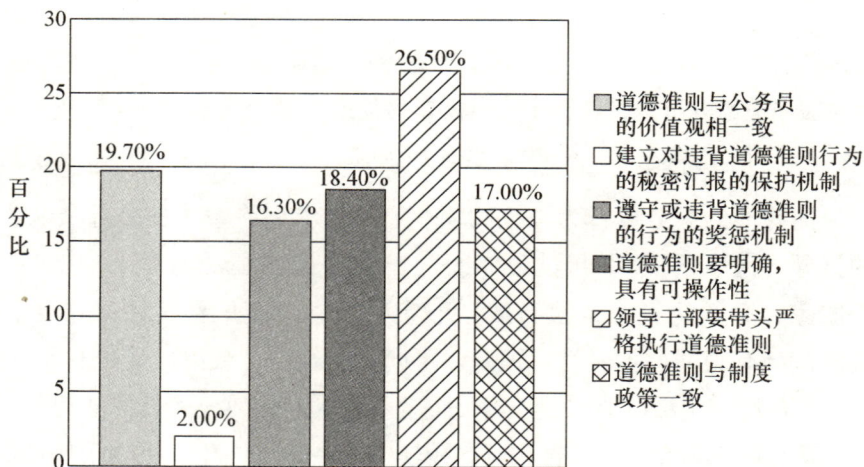

百分比

- 19.70% 道德准则与公务员的价值观相一致
- 2.00% 建立对违背道德准则行为的秘密汇报的保护机制
- 16.30% 遵守或违背道德准则的行为的奖惩机制
- 18.40% 道德准则要明确，具有可操作性
- 26.50% 领导干部要带头严格执行道德准则
- 17.00% 道德准则与制度政策一致

图 2—7 你认为公务员道德准则得到严格执行的条件是

2015 年的调查结果与 2013 年的结果接近，被选前三位是：道德准则与公务员的价值观相一致；道德准则要明确，具有可操作性；道德准则和制度政策一致。见

图2—8。道德准则与制度政策的一致性对于道德准则的执行作用体现在，在行政领域，如果倡导的行为得不到制度政策的支持，就可能出现阳奉阴违，说的和做的不一样的情况。比如，我们在道德准则中强调对党、对人民、对组织的忠诚，但是现实中，忠实的人有时由于不会变通迂回，不知道如何应变解决矛盾回避冲突，工作中有时反而得不到上级的认可。

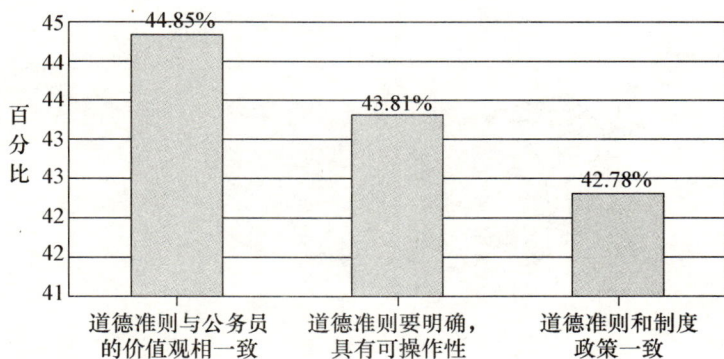

图2—8 你认为公务员道德准则得到严格执行的条件是

2. 以法律和行政命令的方式颁布伦理准则

虽然有三成多的公务员认为道德准则的制定应倾向于强化其约束力，"惩戒、打击不道德行为"是提高公务员道德水平的有效方法，但是，以法律和行政命令的方式颁布伦理准则并不被公务员认同。见图2—9。很多公务员认为，强调法律和行政命令与道德准则的区别依然是必要的。把伦理领域的问题转到法律领域，以强制的手段解决伦理问题，这种策略不利于培养公务员的责任感，而且并不一定有效。伦理准则并不仅仅要求简单遵从，它们要求公务员在现实中做出判断，并为自己的决策担负主观和客观的责任——这是伦理准则与法律、行政命令的区别所在。

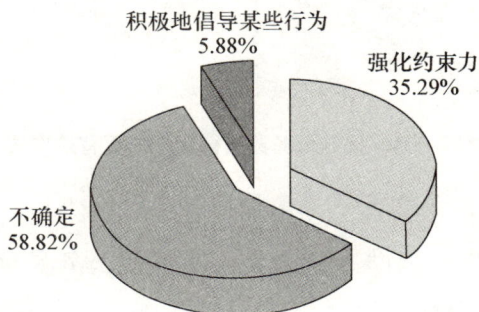

图2—9 公务员职业道德准则的倾向

因而，以法律强制的方式提升公务员的道德水平并不能得到公务员的广泛认同。调查结果显示，仅有约44％的公务员认同把职业道德准则以法律和行政命令的方式颁布，近40％的人明确表示"不认同"，还有约17％的公务员"不确定"。见图2—10。这与人们对道德规范法律化的认识不清，不能理解道德与法律之间的界限有关。

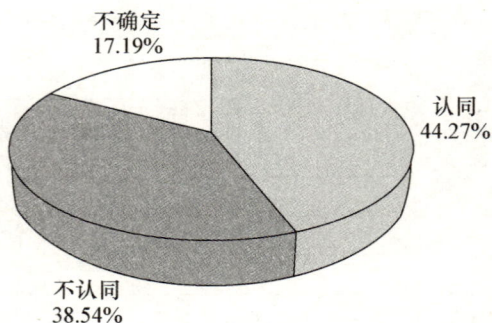

图2—10　你是否认同把职业道德准则以法律和行政命令的方式颁布

与此相应，认为"惩戒、打击不道德的行为"与"倡导和鼓励道德的行为"是最有效的提升公务员道德水准的方法的比例与"认同"和"不认同"以法律和行政命令的形式颁布职业道德准则的比例非常接近，分别是44％（44.27％）和36％（38.54％）。此项调查和上一项调查可以相互印证。见图2—11。

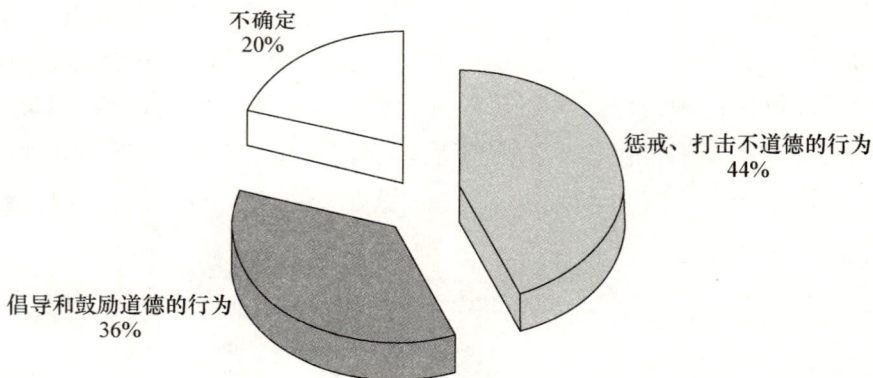

图2—11　提升公务员道德水平的更有效方法

3. 绝大多数公务员赞同制定《公务员财产申报法》

《公务员财产申报法》是世界各国公认的规范公务员道德行为的法律，以法律的形式要求公务员申报财产已经成为一种惯例。大多数公务员赞成申报财产。见图2—12。

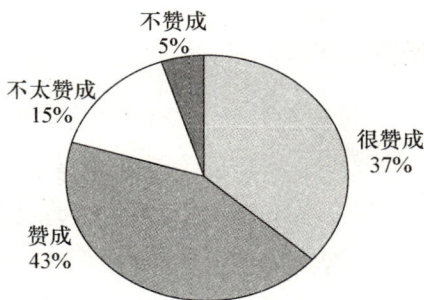

图 2—12 你是否赞成制定《公务员财产申报法》（公务员）

总之，虽然国家制定了比较明确的公务员道德规范，但改革开放市场经济、社会转型期以及社会道德价值观多元化等因素也使公务员处于多种规范和观念的冲突中。有效的公务员职业道德规范要突出两个特点：一是可接受性，二是可执行性。目前我们现有的道德规范虽然比较完善，但可接受性和可执行性并不是很理想，道德规范执行的效果并不理想。虽然大多数公务员赞同对违反公务员道德的行为给予惩治，认为道德规范应倾向于外在约束。但是，以法律和行政命令的方式颁布伦理准则并不被公务员认同，强调法律和行政命令与道德准则的区别依然是必要的。把伦理领域的问题转为法律领域的问题，以强制的手段解决伦理问题，这种策略不利于培养公务员的责任感。伦理准则并不仅仅要求简单遵从，它要求公务员在现实中做出判断，并为自己的决策担负主观和客观的责任——这是伦理准则与法律的区别所在。

五、公务员道德规范建设的有效机制

改革开放以来，为解决公务员道德问题，中央和地方都出台了一系列的道德规范，一些反腐败的道德规范以法规的形式出现。但是，公务员的道德问题似乎并没有因此得到解决，反腐败的形势依然严重。为此，我们在制定公务员道德规范，推进公务员道德立法的同时，还需要从道德的深层内涵上来思考公务员道德问题，跳出公务员道德规范的范围来解决公务员面临的道德问题。换言之，公务员道德水准的提升并不能单纯地以制度的约束与国家的强制力为保障，更不能陷入"制度崇拜"。

"制度崇拜"的滋生及蔓延在客观上割裂了物质文明、制度文明及精神文明三者间的辩证统一关系，忽视了行政文化及道德文明的培育，会导致道德规范建设中的认知与实践相分离。为此，除了应加强公务员道德规范本身的可执行性、可操作性外，还应从以下思路来推进道德规范作用的有效性。

（一）建立分层次的公务员道德规范体系

说到道德，我们经常谈论价值观，而且止于观念层次，带有哲学清谈的味道。"忠于国家、服务人民、恪尽职守、清正廉洁"的公务员道德规范，涵盖了公务员道德的几个重要方面，包括了公务员与国家、人民的关系的规范和职业道德修养的重要方面。但这只是一个方向，表达的是一种理念，没有可操作性。公务员道德建设需要理念，但不能止于理念，还需要一些倡导性的可操作性的规范，同时，还要有惩罚性的纪律和法律作为倡导性规范的保障，要有底线要求。目前世界上很多国家都将公务员伦理道德要求规范化，以禁止性规定为主，不务虚言，便于操作，并付诸立法。美国《行政部门雇员伦理行为准则》对公务员收入、收礼、职权行使、利益冲突诸多方面进行了细致的规范，比如外来的礼品什么能够接受、什么不能接受，政府雇员相互能够赠送价值多少的礼品，都有详细规定。我们的公务员行为规范名为"规范"，实际上是道德倡议，只具有价值理性，缺乏工具理性；长于价值标榜，短于制度设计和底线约束。为此，应建立分层次的公务员道德规范体系。

公务员道德规范应分为由低到高的三个层次：第一个层次，也称为底线要求，其特点是义务性和强制性，表达的是公务员最基本的义务和要求，通常应以"禁止"的方式表达，以立法的形式实施。主张道德立法并不是要将有关行政道德的一切内容都以法律的形式固定下来，强制执行。行政道德立法有其特定的内容，它特指那些关乎公共权力运行及对腐败的防范具有根本意义的道德规范。《中国共产党纪律处分条例》和《中国共产党廉洁自律准则》接近国际社会道德法的内容，都是要强化对领导干部底线道德要求的制度化、准则化、纪律化。第二个层次，即态度层次，是基于职业责任层面的道德要求，其特点是责任性和主动性，表达的是公务员基于对职业精神领会的情况而主动承担的责任和要求，以"应当"的方式表达，以道德规范的形式实施。第三个层次，即价值层次（精神层次），体现的是公共行政的基本精神和理念，应当贯穿于行政活动的每一个环节，每一个公务员都应当以此为价值追求，政府的政策和社会制度都应当体现这种基本的理念与精神，如公平、正义等价值观念。[1]

（二）重视道德规范执行中的个体机制

荀子说："故法法而不议，则法之所不至者必废；职而不通，则职之所不及者

---

[1] 参见部爱红：《中国行政伦理法制建设与制度反腐》，载《玉溪师范学院学报》，2005（1）。

必队（坠）。故法而议，职而通，无隐谋，无遗善，而百事无过，非君子莫能。故公平者，职之衡也；中和者，听之绳也。其有法者以法行，无法者以类举，听之尽也；偏党而无经，听之辟也。故有良法而乱者有之矣；有君子而乱者，自古及今，未尝闻也。"[1] 制度的运转，良好社会道德风气的形成，都离不开个人的良知。任何规范制度都不能代替个体的德性与良知。

在我国行政管理实践中，从中央到地方，各级政府制定了多层次的道德规范并以法律和行政措施为保障，要求公务员遵守。然而，道德与法律规范、行政规范的不同之处正在于其可选择性而非强制性，在这个意义上，以强制的方式推行道德规范，将道德行为变成强制行为，剥夺了个人道德选择的机会，实际上是取消了道德。关于这一问题，我们也进行了问卷调查，在回答"为提升公务员道德水平，你认为哪种方法最有效"这一问题时，超过半数的公务员还是认为倡导和鼓励道德的行为是最为有效的方法。见图2—13。

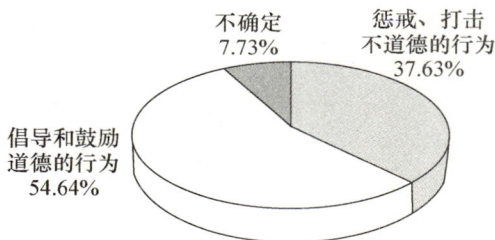

图2—13　为提升公务员道德水平，你认为哪种方法最有效

在公务员道德建设中，应将道德规范体系的建设与激发人们内在的道德动机和道德信仰相结合，建构道德修养的个体机制，透过对修养传统的回归，培养和造就精神的守望者。

(三) 强化道德规范执行的社会舆论机制

道德发挥作用的途径是内在的良知和外在的舆论。道德的约束力还表现在他律方面，道德规范虽然是一种选择性的规范，但并不意味着违背了就不受惩罚。特别是现代民主社会，公共行政人员如果背离了公共利益，就会受到舆论的谴责，同时，公务员对于涉嫌违背公共利益的行为，如果不能做出合理的解释，就需要承担相应的道德责任，甚至引咎辞职。一些社会清廉度比较高的国家和地区非常重视政府诚信建设，在全社会形成了不宽容利益冲突的社会道德氛围。最典型的例子，莫

---

① 《荀子·王制篇》。

过于香港地区黄河生和梁锦松触犯利益冲突受处罚的例子。黄河生曾担任香港税务局长，他的妻子郑丽容在湾仔开设了一家税务公司，为大小公司提供各类报税服务。因该公司熟悉香港税务，所以能为客户减轻税务负担和罚款。此事被媒体披露后，成为香港社会聚焦的热点。经过近两个月的调查，特区政府最终的处理结果是立刻终止合约，以取消黄河生原有的九十多万元酬金作为惩罚。另外一个典型案例，是曾经在香港政商两界叱咤风云、被人称为"财爷"的梁锦松，也是因为没有及时报告利益冲突，黯然辞职。黄河生和梁锦松最终都没有受到刑事监控，但都为其行为失当付出了代价。在香港，官员不仅严禁收受贿赂，而且还要在日常生活和工作过程中避免给人留下"徇私"的印象。涉嫌利益冲突，即使还没有达到违法犯罪的程度，但只要造成对政府和公务员个人诚信的损害，公务员也会引咎辞职，以表示对市民负责的态度。

第三篇　公务员理想信念问题研究

据中共中央组织部最新统计数据，截至 2015 年 12 月 31 日，全国 23.3 万个机关单位已建立党组织，占机关单位总数的 99.6％，我国公务员中共产党员人数已占总人数的九成以上。在我国，政治素质是一名合格公务员应具备的最基本素质。树立远大的共产主义理想，坚定正确的政治方向是公务员政治素质的核心。加强公务员道德建设，必须首先解决好世界观、人生观、价值观这个"总开关"问题。习近平总书记在庆祝中国共产党成立 95 周年的讲话中强调："坚持不忘初心、继续前进，就要牢记我们党从成立起就把为共产主义、社会主义而奋斗确定为自己的纲领，坚定共产主义远大理想和中国特色社会主义共同理想，不断把为崇高理想奋斗的伟大实践推向前进。"[1]

一、理想信念是公务员正确行使公权力的精神力量

我国公务员群体是中国共产党领导下的执政队伍，全心全意为人民服务是其宗旨，这与中国共产党的宗旨具有根本一致性。历史和现实表明，理想信念是共产党人精神上的"钙"，更是公务员行使公权力和执行人民意志的精神支撑，没有理想信念，或是理想信念不坚定，精神上就会"缺钙"，就会得"软骨病"。

（一）理想、信念、信仰及中国共产党的理想信念

马克思曾经说："蜘蛛的活动与织工的活动相似，蜜蜂建筑蜂房的本领使人间

---

① 习近平：《庆祝中国共产党成立 95 周年大会上的讲话》，载《人民日报》，2016-07-02（1）。

的许多建筑师感到惭愧。但是，最蹩脚的建筑师从一开始就比最灵巧的蜜蜂高明的地方，是他在用蜂蜡建筑蜂房以前，已经在自己的头脑中把它建成了。"[①] 列宁说过，人的意识和精神在反映客观世界的同时，也在创造客观世界。理想是人们在实践中形成的、有可能实现的、对未来社会和自身发展的向往与追求，是人们的世界观、人生观和价值观在奋斗目标上的集中体现。

理想源于现实又超越现实，是一种推动人们创造美好生活的巨大精神力量。信念是人们在一定的认识基础上确立的对某种思想和事物坚信不疑并身体力行的心理态度和精神状态。信念是知、情、意的有机统一体，是人们追求理想目标的强大推动力，它使人能够克服万难、百折不挠地追求自己的理想。

信仰处于信念的最高层次，是信念的最高形式，在信念系统中居于支配和统摄地位。信仰内涵丰富，从不同的学科角度进行界定，定义不同。"从本体意义（哲学）上来说，信仰表达的是一种主体对自己与世界关系的终极价值理解和追求。宗教意义上的信仰，一般指对本宗教最高神的信奉。政治学意义上的信仰，主要表达的是社会特定人群的意识形态，以及这个群体的精神观念、态度、价值等。"[②] 我们这里所指的理想信念与信仰具有一致性，也就是说，中国共产党人的理想信念是一种政治信仰，它是对马克思主义的信仰，是共产主义远大理想和中国特色社会主义共同理想的统一。这就要求共产党员特别是领导干部要做共产主义远大理想和中国特色社会主义共同理想的坚定信仰者和忠实践行者。

中华文明是世界古代文明中唯一始终没有中断、连续发展至今的文明。在五千多年的历史长河中，中华民族生生不息，创造了光辉灿烂的中华文明，为整个人类社会的文明进步做出了不可磨灭的巨大贡献。在这一过程中，中华民族历经磨难、饱经困苦而又始终保持着旺盛的生命力，均得益于我们中华民族有着不屈不挠、生生不息、顽强奋斗的精神。特别是近现代以来，无数共产党人和仁人志士为了改变中国半殖民地半封建社会的地位，为了追求民族独立和人民解放，不怕流血牺牲，靠的就是坚定的理想信念。

（二）我国公务员的理想信念与共产党员的理想信念具有一致性

《中华人民共和国公务员法》规定，公务员是指"依法履行公职、纳入国家行政编制、由国家财政负担工资福利的工作人员"。公务员制度坚持以马克思列宁主

---

① 《马克思恩格斯全集》，中文1版，第23卷，202页，北京，人民出版社，1972。
② 葛晨虹主编：《中国社会道德发展研究报告2014》，44页，北京，中国人民大学出版社，2015。

义、毛泽东思想、邓小平理论和"三个代表"重要思想为指导，贯彻社会主义初级阶段的基本路线，贯彻中国共产党的干部路线和方针，坚持党管干部原则。因此，我国的公务员制度与西方的公务员制度有着本质区别，具体表现为：

一是基本性质不同。我国的公务员制度是党的组织路线和干部制度的一个组成部分，是为政治路线服务的。西方的公务员制度则强调公务员在行使公权力的过程中"政治中立"和"价值中立"。

二是管理原则不同。我国的公务员制度始终坚持党管干部原则，公务员队伍是执政党管理国家的行政团队。西方国家则强调公务员管理系统的独立性和自主性，不受政党干预，与党派脱钩，文官不对任何党派负责。

三是选人标准不同。我国始终坚持德才兼备的用人标准。德才兼备是我们党在长期革命、建设和改革中形成的选拔和使用干部的重要原则，是我们党一贯坚持的干部工作方针。长期以来，中国共产党在选拔和使用干部时，一直强调要德才兼备，并把坚定的理想信念和政治立场以及正确的政治方向放在首位。而西方国家在公务员用人标准上则把专业知识和业务能力作为用人的主要条件。

四是宗旨不同。我国的公务员作为人民群众的公仆，代表人民群众执行国家公务，行使公权力。这就决定了中国共产党领导下的公务员队伍必须以全心全意为人民服务为宗旨，认真履行职责，努力提高工作效率，忠于职守、勤勉尽责、遵守纪律，恪守职业道德，接受人民监督。与我国不同，西方的公务员体系是单独的利益集团，与政府是雇佣关系。

五是公务员队伍的组成成分不同。我国的公务员群体中的绝大部分成员是中国共产党党员，这在一定程度上保证了中国共产党作为执政党，其纲领、路线、方针、政策能够得到更加彻底的贯彻和执行。同时，成员组成成分的一致性也增强了公务员队伍的凝聚力和稳定性。而这正是西方公务员制度所欠缺的。

此外，十二届全国人大常委会第十五次会议于2015年7月1日表决通过了《全国人民代表大会常务委员会关于实行宪法宣誓制度的决定》。明确规定，各级人民代表大会及县级以上各级人民代表大会常务委员会选举或者决定任命的国家工作人员，以及各级人民政府、人民法院、人民检察院任命的国家工作人员，在就职时应当公开进行宪法宣誓。宪法宣誓誓词共70个字："我宣誓：忠于《中华人民共和国宪法》，维护宪法权威，履行法定职责，忠于祖国、忠于人民，恪尽职守、廉洁奉公，接受人民监督，为建设富强、民主、文明、和谐的社会主义国家努力奋斗！"

由此可见，无论是从我国公务员制度本身，还是从我国公务员队伍的组成，以及相关国家机构基层党组织的构成情况都可以看出，我们国家的公务员队伍与西方国家的公务员有着本质的区别。这就决定了对马克思主义的信仰，对共产主义远大理想的追求，以及对中国特色社会主义共同理想的坚守，始终是我国公务员队伍存在和发展的重要精神力量。

（三）理想信念在公务员正确行使公权力中的重要作用

毛泽东同志说过，人是要有一点精神的。党章明确规定，中国共产党的最高理想和最终目标是实现共产主义。党章同时明确规定，中国共产党人追求的共产主义最高理想，只有在社会主义社会充分发展和高度发达的基础上才能实现。坚持共产主义远大理想和中国特色社会主义坚定信念，同时也要充分认识到实现共产主义最高理想和中国特色社会主义共同理想的长期性、艰巨性和曲折性，这既是对全体中国共产党人的要求，也是对中国共产党领导下的公务员队伍的要求。中国革命、建设和改革的实践表明，理想信念在公务员行使公权力过程中始终发挥着精神支撑、精神动力的重要作用，同时，坚定的理想信念也是我国公务员的价值追求。

第一，理想信念是精神支撑。人的精神世界就像一座大厦，缺少支柱就会瞬时倒塌。共产党员拥有坚定的理想信念，就能够禁得住诱惑，受得住考验，不畏艰险，勇往直前。正如邓小平同志所说："在我们最困难的时期，共产主义的理想是我们的精神支柱，多少人牺牲就是为了实现这个理想。"中国共产党走过的95年，也是无数共产党员坚守理想、坚定信念、执着追求的95年。革命时期的李大钊、方志敏、黄继光，建设和改革时期的焦裕禄、谷文昌、杨善洲，新时期的邹碧华、罗阳、李保国，他们之所以能够铸就时代的精神高地，其根本原因就在于理想信念的坚定。正如近期流行的一句话：敌人的竹签是竹子做的，而我们共产党人的意志是用钢铁铸就的，是打不垮的。在这些英雄人物中，有很多就是公务员中的杰出代表。

第二，坚定理想信念是攻坚克难的精神动力。任何理想的实现，都不是一蹴而就、一帆风顺的，往往充满了荆棘和坎坷。理想越远大，实现过程越复杂，遇到的困难和曲折也越多，需要的时间也就越长。理想实现的长期性、艰巨性和曲折性，决定了人们在追求和实现理想的过程中，必须要有坚定执着的信念。进步的理想信念是人类社会发展和进步的重要精神力量。古人说："志之所趋，无远弗届，穷山距海，不能限也。志之所向，无坚不入，锐兵精甲，不能御也。"意思就是，如果志存高远，意志坚定，就能为了理想而顽强拼搏，条件越是艰苦，越能迸发出战胜困难的力量。革命理想高于天，在革命、建设、改革各个历史时期，之所以有无数共产党员为了党和人民的事业英勇牺牲，甘于奉献，支撑他们的就是马克思主义的信仰。

第三，坚定理想信念是价值追求。理想信念决定着一个人能不能站在更高的位置，以更广的视角看待人生，看待社会，看待世界。理想是否高远，信念是否坚定，决定着一个人的行为选择是否以人民的利益为根本出发点，是一个人世界观、人生观和价值观的"总开关"。无论是共产党人还是公务员，如果没有理想信念，或者理想信念不坚定，回答不好"我是谁、为了谁、依靠谁"的问题，就容易导致政治上的变质、精神上的贪婪、道德上的堕落以及生活上的腐化。正如习近平同志所指出的："现在，形式主义、官僚主义、享乐主义和奢靡之风为什么盛行？为什么不断有人沦为腐败分子甚至变节投敌，走向犯罪的深渊？说到底，还是理想信念不坚定。"①

总之，公务员群体是执政党领导下的执政队伍，为人民大众谋幸福是中国共产党的政治信仰，也是其执政理念取向。公务员作为人民群众的公仆，是代表人民行使公权力。历史和现实表明，理想信念是共产党人的精神之魂，更是党员干部行使公权力和执行人民意志的精神支撑和价值导向。今天，公务员要想真心实意地为群众服务，履职尽责，就必须首先保证理想信念的精神在场，解决好"总开关"问题。

二、公务员理想信念的现状及存在的问题

据《2015 年度人力资源和社会保障事业发展统计公报》显示，截至 2015 年年底，全国共有公务员 716.7 万人。其中，依照相关法律和干部管理的实际需要，县处级副职以上职务的公务员约占公务员队伍总数的 10%。如果仅将 716.7 万这个数字与我国 13 亿人口和接近 8 亿劳动人口相比较，我国公务员占比仍处于较低水平。下表数据显示，自 20 世纪 90 年代公务员考试改革以来，我国公务员考试人数总体呈上升趋势。尤其是 2007 年以来，中国出现了公务员热。调查数据显示，公务员已成为我国大学生最热衷的职业，每年的公务员考试也成为"中国大考"之一。见表 3—1。

表 3—1　　　　　　　近十年国家公务员考试报考情况数据表

	招考职位	招录人数	审核通过人数	参考人数	最终比例
2016 年	15 659	27 817	139.46 万	93 万	33∶1
2015 年	13 474	22 248	129 万	105 万	70∶1
2014 年	11 729	19 538	152 万	99 万	51∶1
2013 年	12 901	20 839	138.3 万	111.7 万	53∶1
2012 年	10 486	17 941	130 万	96 万	53∶1
2011 年	9 763	15 290	141.5 万	90.2 万	59∶1
2010 年	9 275	15 526	144.3 万	92.7 万	59∶1

① 习近平：《在全国组织工作会议上的讲话》（2013 年 6 月 28 日），见《十八大以来重要文献选编》（上），339 页，北京，中央文献出版社，2014。

续前表

	招考职位	招录人数	审核通过人数	参考人数	最终比例
2009 年	7 556	13 566	105.2 万	77.5 万	58 : 1
2008 年	6 691	13 787	80 万	64 万	46 : 1
2007 年	6 361	12 724	74 万	53.5 万	42 : 1

资料来源：http://www.yjbys.com/gongwuyuan/show-512251.html。

伴随世情、国情、党情的深刻变化，加之公务员队伍构成的高学历化、年轻化和多样化，我国公务员群体的价值取向日渐呈现出多元化趋势。事实表明，我国公务员队伍中的绝大部分成员都具有坚定的理想信念，都能够在现实工作中做到全心全意为人民服务，但也有一些公务员出现了理想目标模糊、动力不足、"四风"问题突出、迷信鬼神、贪污腐败严重等理想信念淡薄、动摇，甚至坍塌等问题。

第一，有些公务员理想目标模糊。从中国共产党诞生之日起，实现共产主义就是党的最高理想和最终目标。党章明确规定，中国共产党人追求的共产主义最高理想，只有在社会主义社会充分发展和高度发达的基础上才能实现。中国共产党之所以叫共产党，就是因为从成立之日起我们党就把共产主义确立为远大理想。少知而迷、无知而乱，现实工作中，一些党员和公务员对共产主义远大理想和中国特色社会主义信念认识不足，或有一定的理论认知，但在思想上、心理上并不认同，这势必导致一些公务员出现目标模糊的问题。

比如，中央"八项规定"实施以来，公务员队伍出现了所谓的"离职潮"。异地、辛苦、工资低、压抑、提拔无望、没有一技之长，一些公务员形象地将这种心态比喻为"围城"心态。还比如近期网络流行的各种"有情怀"的公务员辞职信，其实质都是对共产主义远大理想这一目标认识模糊。确实，社会变化带来的价值取向多元化，以及自身需求的现实化，使得我们每个人都有权利选择自身价值的实现方式，也享有选择职业的自由。但我国公务员自身的特殊性，决定了我国公务员的职业理想和职业目标与共产党员的远大理想具有一致性。因此，进入公务员队伍，如果仅仅是看中了公务员工作的稳定性和较好的福利待遇，甚至是"灰色"收入，离职势必成为这些公务员的选择。

第二，有些公务员工作动力不足。理想因其远大而为理想，信念因其执着而为信念。缺乏理想信念或理想信念不坚定，势必导致工作动力不足。比如，有些公务员在工作中拈轻怕重，安于现状，不愿吃苦出力，满足于现有学识和见解，陶醉于已经取得的成绩。"清茶报纸二郎腿，闲聊旁观混光阴"成为一段时间内社会大众对公务员工作的描绘。

据中国社科院政治学研究所调研显示，基层公务员中普遍存在不同程度的职业倦怠感。调查组分别从"情感耗竭""人格解体""成就感低落"三个维度对基层公务员的工作倦怠情况进行了分析研究，发现79.89%的基层公务员存在轻度工作倦怠的现象。其中，"情感耗竭"主要反映的是由于工作而导致的个人的疲劳、衰竭状态，特别是情绪方面的不良反应；"人格解体"主要反映的是个人对待工作对象的负性工作态度和不良的人际关系；"成就感低落"主要反映的是个人对工作胜任感和工作成就感的降低。[①] 基层公务员作为党和国家路线、方针、政策的最终执行者，同时也是党为人民服务的最后一公里，其职业倦怠感的存在势必影响政策的落实、服务的态度和质量。还有一些党员领导干部夸大建设和发展中国特色社会主义过程中遇到的困难、问题以及面临的危险和挑战，对实现中国特色社会主义缺乏信心，尤其在涉及中国特色社会主义道路、理论、制度等重大原则问题上立场不够坚定、态度不够坚决。

第三，有些公务员存在着突出的"四风"问题。总体上看，当前的各级公务员队伍在贯彻和执行党的路线、方针、政策方面，在践行全心全意为人民服务的宗旨方面是良好的，尤其是涌现出了一大批如谷文昌、杨善洲等的优秀基层公务员，在发挥先锋模范带头作用的同时，也赢得了广大人民群众的肯定和拥护。但我们也必须看到，面对世情、国情、党情的深刻变化，我们党内和公务员队伍中脱离群众的现象大量存在，集中表现在形式主义、官僚主义、享乐主义和奢靡之风这"四风"上。其中，形式主义主要是指知行不一、不求实效，文山会海、虚浮于表，贪名逐利、弄虚作假；官僚主义主要是指脱离实际、脱离群众，官本位突出，对群众漠不关心，唯我独尊；享乐主义主要是指精神懈怠、不思进取，贪图享受、玩风盛行；奢靡之风主要指铺张浪费、挥霍无度，生活奢华、骄奢淫逸，甚至以权谋私、腐化堕落。"奢靡之始，危亡之渐"，如果任"四风"在党内和公务员队伍中横行，后果将不堪设想。

比如，有些地方的公务员，以会议贯彻会议，以文件落实文件，工作浮在面上，甘做机关盆景。还比如，一些地方的公务员队伍，官僚主义作风严重，存在"门难进、脸难看、事难办"的现象，甚至有些人将"吃、拿、卡、要"作为获取个人收入的手段。还有一些地方的领导干部，经常出入高档会所，住高档酒店，吃高档菜，追求名牌，追求西方腐朽生活方式，等等。近期，网络频频曝光的个别领导干部下乡救灾怕湿鞋，竟出现下级背上级的荒唐现象。究其原因，就是这些领导干部的官僚主义思想根深蒂固。他们的这种行为不仅伤害了群众的感情，也严重影

---

① 参见葛晨虹主编：《中国社会道德发展研究报告2014》，90页。

响了我们党和公务员在人民群众中的形象。

第四，有些公务员不信马列信鬼神，热衷封建迷信活动。新修订的《中国共产党纪律处分条例》对党员组织参加迷信活动的处罚做出明确规定。共产党员是有共产主义觉悟的先锋战士，是坚定的马克思主义者和唯物论者，无论什么时候，都不能丢了这个魂，迷失在迷信中。但在现实工作中，却有一些党员或公务员，尤其是一些领导干部对搞迷信活动"情有独钟"。

党的十八大以来，在中纪委发布的中管干部严重违纪的多项通报中，可以清楚看到很多领导干部热衷于搞封建迷信活动。比如，有的党员领导干部痴迷于算命看相、求神拜佛，出门选"黄道吉日"，实际工作靠"大师"指点；有的党员干部"台上讲科学发展，台下搞风水迷信"，以"升官桥""粮神殿""镇妖塔"等为典型的各类风水工程频频出现，在造成国家资源大量浪费的同时，也严重破坏了党在人民群众中的威信。

第五，腐败现象严重。腐败是社会毒瘤，任其肆虐而不加治理和防范，势必会亡党亡国。习近平总书记在 2016 年建党 95 周年的讲话中强调指出，我们党作为执政党，面临的最大威胁就是腐败。党的十八大以来，中央坚持"老虎""苍蝇"一起打，重拳出击，高压反腐。据中央纪委监察部网站，截至 2015 年 10 月 31 日，全国已累计查处违反中央八项规定精神的问题 104 934 起，处理人数 138 867 人，其中 55 289 人受到党纪政纪处分。即便在这种情况下，仍有一些党员领导干部在十八大以后顶风作案，不收敛、不收手，给社会造成了极坏的影响。腐败现象与我们党的性质和宗旨是严重违背的，是损害党群、干群关系的重要根源。

三、公务员理想信念存在问题的原因分析

中国共产党 95 年的发展历程告诉我们，没有理想信念或理想信念不坚定，就会守不住一名合格共产党员的道德底线和精神家园，就会失去政治立场，丧失党性原则，就会在风雨或诱惑面前东摇西摆。当前一些公务员尤其是领导干部中存在理想信念动摇、模糊甚至缺失等问题，其主要原因可以归结为如下几个方面。

（一）宗旨观念淡薄，严重脱离群众

"水能载舟，亦能覆舟"，时刻保持同人民群众的血肉关系，始终是我们党立于不败之地的根基。事实表明，一些党员尤其是领导干部之所以出现理想信念的模糊

动摇，究其原因，就在于不能认清作为一名中国共产党党员，无论身处什么位置，永远是劳动人民中的普通一员，全心全意为人民服务是党的宗旨。一名共产党员、公务员，尤其是领导干部，一旦脱离了群众的汪洋大海，形式主义、官僚主义、享乐主义和奢靡之风等沉疴宿疾必定会随之而起。整日沉浸在个人物质利益漩涡中无法自拔的个别党员干部，势必将共产主义的远大理想和中国特色社会主义信念抛之脑后，弃之不顾。因此，党只有始终与人民心连心、同呼吸、共命运，始终依靠人民推动历史前进，才能做到"黑云压城城欲摧"，我自岿然不动，安如泰山、坚如磐石。

始终坚持全心全意为人民服务的宗旨，是我们党的最高价值取向，回答的是"为了谁"的问题。与此相应，党的意识是共产党员和我国公务员的立身之本，回答的是"我是谁"的问题，是共产党员和公务员坚定理想信念的前提。一些党员干部或公务员不守政治纪律、政治规矩，在党不言党、不爱党、不护党、不为党，组织纪律散漫，不按规定参加党的组织生活，不按时交纳党费，不完成党组织分配的任务，不按党的组织原则办事。如一些党员领导干部无视自己的党员身份，妄议中央的大政方针，"当面不说、背后乱说""会上不说、会后乱说"，扰乱人们思想的同时也严重破坏了党的集中统一。还比如近期开展的党费自查自纠工作中，山西22家国企补交党费8 000多万元，天津66家国企补欠交少交党费2.77亿元，除了山西和天津，少交党费的问题在全国范围内也存在。

（二）对共产主义缺乏信仰，对中国特色社会主义缺乏信心，推崇西方腐朽价值观念

公务员特别是党员领导干部理应成为共产主义远大理想和中国特色社会主义共同理想的坚定信仰者和忠实践行者。共产主义是中国共产党的最高理想和最终目标，实现这一目标需要经历漫长的过程，需要一代又一代共产党人为此付出艰辛的努力。一些公务员尤其是党员领导干部没有也不能深刻认识共产主义理想实现的长期性、曲折性和复杂性，对共产主义心存怀疑，认为那是虚无缥缈、难以企及的幻想，信奉甚至散播"共产主义渺茫论"。还有一些公务员甚至是党员领导干部夸大建设和发展中国特色社会主义过程中遇到的困难、问题以及面临的危险和挑战，对实现中国特色社会主义缺乏信心，尤其在涉及中国特色社会主义道路、理论、制度等重大原则问题上立场不够坚定、态度不够坚决。

在当前深化扩大改革开放以及加快完善社会主义市场经济体制的新形势下，一些公务员特别是党员领导干部在面临"四大考验"和"四种危险"时，出现了不同

程度的精神空虚的情况，主要表现为：一是缺乏远大的理想和目标，贪图享受、安于现状；二是缺乏对工作的兴趣和热情，意志消沉、安逸度日；三是缺乏对群众的关心，人情冷漠、敷衍塞责；四是缺乏高尚的道德追求，情趣低俗、玩物丧志等。很多西方错误的价值观念正是在这一情况下乘虚而入，反而成为一些党员领导干部奉行的人生信仰和价值信条。比如，一些党员领导干部深受西方物质主义、消费主义毒害，借出访之名游山玩水，甚至参观"红灯区"和参与赌博。还有一些党员领导干部言必称西方，认为只有西方社会制度才是发展中国的正确方法，对社会主义前途命运丧失信心。

（三）公务员相关体制有待完善，党的相关纪律执行不够严格

伴随改革开放进入深水期，相对于社会政治、经济、文化的迅猛发展，原有的公务员基本制度、运行机制以及管理模式日渐呈现滞后性。公务员体制的不完善，导致了一段时期内各式各样的"潜规则"、权力寻租、"灰色地带"大行其道，官商、官官、官民之间隐藏着大量"见不得光的权钱、权权和权色交易"，社会不公现象日趋严重。党的十八大以来，党中央重拳反腐，"塌方式腐败""山头腐败""裙带式腐败"不断刺激大众神经。更令人痛心的是，很多被查处出来的贪官污吏，大都从基层扎扎实实干起，满怀热情，但受官场不良风气和制度真空的影响，世界观、人生观和价值观发生严重扭曲，理想信念严重缺失，从而走上了违法犯罪的不归路。与此同时，与公务员切身利益密切相关的工资待遇、职级晋升、个人发展等方面的政策不够完善和人性化，也是导致公务员尤其是年轻公务员出现理想信念动摇，甚至放弃公务员岗位的重要原因之一。

诚然，我们党是靠革命理想和铁的纪律组织起来的马克思主义政党，纪律严明是党的光荣传统和独特优势。严明党的纪律是党的凝聚力、战斗力、领导力和执政能力的重要保证，也是一名合格共产党员的底线。我们党拥有由政治纪律、组织纪律、财经纪律、工作纪律和生活纪律等各项纪律所构成的一整套纪律规范体系，并随中国特色社会主义建设需要而不断完善。之所以出现一些党员干部组织观念淡漠、纪律松弛等问题，就在于这些人不能在思想上、政治上、行动上同党中央始终保持高度一致。在对待党的相关纪律时，有令不行、有禁不止，各自为政、阳奉阴违，上有政策、下有对策。那些在中央八项规定执行以来仍在顶风作案的党员干部就是实例。一名公务员不能在思想上、政治上、行动上守住底线，理想信念势必不会坚定，一旦遇到诱惑，就会出现"草上之风，必偃"的现象。

（四）中国传统"官本位"思想的消极影响

江泽民同志曾经深刻指出，所谓的"官本位"，就是以官为本，一切为了做官。"万般皆下品，唯有读书高""十年寒窗无人问，一朝成名天下知""吃得苦中苦，方为人上人""书中自有颜如玉，书中自有黄金屋"等形象描绘，反映了中国几千年封建社会对"官本位"的认同和对权力的崇拜。在封建社会里，官员一般被称为"官老爷""父母官"，老百姓被称为"草民""贱民"。通过官员和老百姓的不同称谓，我们也可以清晰地看出，官员和老百姓始终处于统治和被统治、剥削和被剥削的地位。因此，在官本位思想根深蒂固的社会里，官员的职业价值和人生价值，不是以社会贡献和是否为百姓谋福利来衡量，而是一切以官为本、以官为贵、以官为尊。

中国共产党作为执政党，中国公务员作为中国共产党领导下履行国家职能的公务人员，是人民的公仆，这是由我国公务员的性质和宗旨决定的。但在现实工作中，有些公务员不能摆正自身的位置，深受中国封建社会"官本位"思想毒害，以"官老爷"的身份自居，贪图个人享乐，无视百姓疾苦。还有一些公务员没有认识到权为民所赋，利用手中权力满足个人贪欲。比如，一些党员领导干部甚至是中央的高级领导干部禁不住金钱、女色的诱惑，利用职权贪污腐败，走上了违法犯罪的不归路。还比如，一些党员领导干部不能管住身边人、家里人，纵容甚至指使家属收受贿赂，受到了党规法纪的严厉制裁。

四、坚定公务员理想信念的对策建议

"志不立，天下无可成之事。"理想信念动摇是最危险的动摇，理想信念滑坡是最危险的滑坡。习近平同志强调，一个政党、一个国家的衰落，往往从理想信念的丧失或缺失开始。中国共产党是否坚强有力，不仅要看全党在理想信念上是否坚定不移，更要看每一位党员包括每一位国家公务人员在理想信念上是否坚定不移。历史和现实告诉我们，一名合格的共产党员和公务员要想始终做到全心全意为人民服务，就必须保证理想信念随时在线，无死角，全覆盖。因此，针对我国的公务员群体中出现的一些理想信念不坚定问题，本报告提出如下几点建议。

（一）理论"软"教育与规则"硬"约束相结合

思想是行动的先导，理论是实践的指南。一些公务员之所以宗旨意识不强，理想信念不够坚定，究其原因，就在于对马克思主义没有深刻理解，对历史规律没有深刻把握。这就要求广大公务员尤其是党员领导干部认真学习马克思列宁主义、毛泽东思想、邓小平理论、中国特色社会主义理论，深刻领会党的十八大以来以习近平同志为核心的党中央治国理政的新理念、新思想、新战略，不断提高马克思主义思想觉悟和理论水平，保持对远大理想和奋斗目标的清醒认知和执着追求。每一位公务员始终做到真学真懂真信真用，在胜利和顺境中不骄傲不急躁，在困难和逆境中不消沉不动摇，同时，还要牢固树立正确的世界观、权力观、事业观，以理论上的坚定保证行动上的坚定，以思想上的清醒保证用权上的清醒，在不断增强宗旨意识的同时，始终保持公务员尤其是党员公务员的高尚品格和廉洁操守。

纪律严明是中国共产党执政的光荣传统，每一名公务员都要模范遵守宪法和法律，以及与公务员相关的法规和条例。尤其是党员公务员更要起先锋带头作用，认真学习党章党规，严格遵守党章党规，不仅要领悟党章党规的相关内容，更要使其内化于心、外化于行，真正使其成为每一名公务员尤其是党员公务员做人做事的尺度，做到"从心所欲不逾矩"。理论"软"教育与规则"硬"约束相辅相成，如鸟之两翼、车之两轮，不可偏废。

（二）解决突出问题与建立长效机制相结合

以解决群众关心的突出问题为抓手，坚持开门搞活动，以问题整改注入活力，以问题整改效果为评价标准，将理想信念教育落到实处、落到细处，在有效避免理想信念教育"走过场"的同时，不断提高公务员理想信念教育的针对性和实效性。比如，在全面从严治党新形势下，一些干部中出现了"实改虚"的现象。"实改虚"现象既是我国公务员队伍自我净化的表现，也反映了中央八项规定出台以后部分官员的不良心态。在这些领导干部看来，超发奖金、超配职数等非常规的干部激励手段已经行不通了，导致工作缺少"抓手"，加上权力受到监督和限制，"无油水可捞"已成为常态，于是，这些人就希望能从风险压力大、工作任务重的实职，改任工作清闲但待遇不少的虚职。这些领导干部之所以会有这样的想法和举动，无非是将公务员岗位作为谋取个人利益的手段。这就要求我们结合这一问题，对症下药，了解其真实想法，在坚持批评和自我批评的同时，加强理想信念教育。

解决突出问题，不是"一阵风""一场运动"，不是拉拉条幅、唱唱红歌，更不是谈谈思想、交流感情的茶话会，而是党员理想信念教育的切入口、动员令。在实际工作中，发现问题、分析问题、找出原因、对症下药、解决问题才是目的。与此同时，还要建立公务员理想信念教育的长效机制，结合"反四风""两学一做"等党的理想信念教育活动，不断上紧党员理想信念教育这根弦，确保每一名公务员尤其是党员公务员的理想信念无论遇到何种危险、何种诱惑，都能做到"千磨万击还坚劲，任尔东西南北风"。

（三）榜样示范与警示教育相结合

榜样的力量是无穷的，每一时代的榜样都是时代精神的现实体现，都是个人理想与社会理想、个人价值与社会价值的统一。相对于枯燥的理论教育，榜样示范更加生动、鲜活，很多道德榜样、劳动模范都是平凡的基层公务员，他们不平凡的事迹更容易引起情感共鸣和现实体认，更容易产生良好效果。比如，被誉为中国"保尔·柯察金"的山东省沂源县张家泉村原党支部书记朱彦夫，为人民事业鞠躬尽瘁；被誉为盛开在税收一线"爱廉花"的福建省福州市鼓楼区国税局局长郭爱莲；被誉为"百姓书记"的山东省寿光县原县委书记王伯祥。他们的工作之所以被人民认可，之所以被人民传颂，就是因为他们始终将人民群众的事情挂在心间，始终坚持公务员尤其是党员公务员的理想信念。

公务员的先锋模范是时代的楷模和公务员的镜子。榜样教育的目的是要给广大党员提供现实的学习对象，而警示教育则是要使每一位党员内心都要有所畏惧。通过组织党员干部观看警示教育片、廉政微电影、廉政宣传展等，结合实际工作学习《领导干部违纪违法典型案例警示录》并定期召开组织活动谈体会，尤其是领导干部要通过网站留言、廉政短信提醒等方式时时接受监督，不断提升自律意识和自律精神。

（四）领导干部带头示范与基层公务员教育相结合

领导干部带头示范是我们党进行理想信念教育的重要方法和途径。"其身正，不令而行；其身不正，虽令不从。"领导干部是各项政策措施的制定者、执行者和监督者，其行为有着不同于普通党员的社会影响力和道德感召力。实践表明，领导干部亲身示范的效果往往优于文字宣传和理论说教，而针对领导干部理想信念不坚定的问题进行集中整治，就如"牵住了牛鼻子"，很多问题自然会迎刃而解。基层公务员是中国公务员队伍的主体，是党中央相关决策的最终执行者，同时也是最贴近人民群众和最了解基层情况的人。基层公务员的理想信念是否坚定，是关系到中国共产党执政和生死存亡的大事。对公务员进行理想信念教育，必须抓住基层公务员这一主要群体，守住"最后一公里"。

此外，中国地域发展的不平衡性和"基层语境"的复杂性，决定了我们在进行公务员理想信念教育的过程中不仅要充分把握公务员的整体特征，还要充分考虑到不同地区、不同单位的特殊性，坚持中央整体布局和基层细节落实相结合。这就要求我们在进行理想信念教育的过程中既不能忽视具体细节搞"一刀切"，也不能夸大具体情况，"一叶障目""只见树木，不见森林"。

（五）创新支撑手段与营造良好氛围相结合

充分发挥以互联网为核心的现代传媒技术在公务员理想信念教育过程中的积极作用。各级公务员组织在发挥传统媒体如书籍、报刊、电影、电视、广播在理想信念教育过程中的重要作用的同时，还要充分运用微博、微信群、微信公众号、QQ、论坛、贴吧等新媒体，不断创新支撑手段，多管齐下，打造公务员理想信念教育的立体网络。良好的社会氛围是广泛深入开展共产党员理想信念教育的重要保证。

十八大以来，以习近平同志为总书记的党中央以中央八项规定为切入点，在开展一系列理想信念教育活动的同时，以刮骨疗毒之决心进行反腐败工作，为公务员尤其是党员公务员理想信念教育的进一步开展营造了风清气正的良好氛围。在此基础上，各级党组织一方面可通过开展形式多样的入党仪式教育、誓词教育、家风教育，在党内进一步营造良好的氛围；另一方面，畅通普通群众的监督渠道，发挥普通群众的监督职能，破除党员领导干部与普通民众沟通的多重障碍，发挥全社会的力量，营造良好氛围。

（六）公务员个体道德素质提升与相关体制完善相结合

"打铁还需自身硬。"中国共产党领导下的公务员，首先应是一个脱离了低级趣味，具有高尚道德境界和道德情操的人。实践表明，公务员个体道德素质的高低一定程度上决定了其在行使公共权力的过程中，能否正确处理个人理想与共同理想的关系，能否始终坚持全心全意为人民服务，能否始终保持坚定的政治立场。公务员个体道德行为不端，势必导致其在行使公权力过程中，处处以自我为中心，处处以自我利益为导向。比如，一些公务员群体中流行的"理想理想，有利就想；前途前途，有钱就图"就说明了少数公务员的不良心态。实践证明，公务员尤其是党员公务员的道德素质和党性修养不会随时间流逝而自动提升，更不会先天存在，而是需要公务员个体在理论学习和道德践履中有意识地加强。

公务员既是国家的公务人员，也是拥有利益需求的社会主体。这就要求我们在制定相关政策、法规和条例的过程中，要充分考虑公务员的正当利益需求，比如完善的人才流通机制、公开透明的升迁机制等。尤其要对基层大学生公务员群体给予更多的关怀，对其个人发展提供更广阔的空间。之所以那些有情怀、有文采的公务员辞职信一旦见诸报端就会引起社会广泛关注，之所以有一些公务员产生"理想很丰满，现实很骨感"的慨叹，无不是因为我们的公务员制度和政策还存在着一定的不足，还有待进一步完善。要想吸引更多有理想、有文化、有知识的大学生加入公务员队伍中来，要想让公务员能够始终保持崇高的理想追求，而不是被迫屈从于现实的物质需求，就需要我们不断完善相关制度和体制。

理想信念是旗帜，指引着一代又一代共产党人英勇奋斗，成千上万的烈士为了这个理想献出宝贵生命。理想信念是支柱，一代又一代共产党人能够经受一次次挫折而又一次次奋起，就是因为我们党有远大理想和崇高追求。历史和现实表明，无论是对共产主义远大理想的不懈追求，还是对中国特色社会主义的坚定信念，都是为人民谋幸福。作为中国共产党领导下的公务员队伍，全心全意为人民服务是其根本宗旨，坚定的理想信念既是其职业追求，也是其行使公权力的重要精神力量。人民是中国共产党的执政之基和力量之源，中国公务员尤其是党员公务员只有不忘初心，才能继续前进。

第四篇　公务员道德人格与品德调研报告

人格是社会文化在人心理气质中的总体体现。道德人格是一个人道德心理要素的总和，是道德认知、道德情感、道德意志、道德价值和道德行为的统一。道德心理诸要素并不总是和谐的，它们也常会处于矛盾冲突的不平衡之中。道德人格在其中具有整合的功能，它可以通过自身内在认知、情感、意志和行为等要素的调整化解冲突，使诸种道德心理要素处于动态的平衡之中。但是，当社会结构处于转型和剧烈的变迁中时，社会道德规范会受到巨大的影响，个体的道德心理也会随之出现矛盾与冲突。

每一个时代的行政人格既有其历史的传承性，又有现实的时代性；既有一般社会道德人格的涵盖，也有行政领域独特的组织文化和公务职业道德要求。伴随经济体制转型、社会生活变革、伦理文化变迁，也出现社会道德主体个性彰显、个体权利意识和公平意识骤升等历史进步。但同时也引发与传统义利、理欲价值观念的游离甚至冲突，呈现出道德自我价值的困顿或缺位。经济全球化与转型期社会结构的变化，特别是行政改革与公务员管理制度的变革等，给公务员的行政实践带来了重大影响，公务员原有的道德人格结构被打破，陷入困惑与不确定之中。

一、道德人格的构成和特点

道德人格，指个体人格的道德规定性，是一个人做人的尊严、价值和品格的总和。人之为人，区别于其他生物的最主要的特征即为道德人格。一个人有了稳定的道德人格，会坚守自己的做人原则，否则就可能经不起外在诱惑与威胁，丧失原则。道德人格作为具体人格的道德性规定，是由某个个体特定的道德认知、道德情感、道德意志、道德信念和道德行为有机结合而成的。其中，道德认知和道德情感是基础，道德意志是关键，道德信念是核心，而道德行为是道德人格的外化。构成道德人格的上述要素，是道德主体在长期进行道德交往和道德活动中所形成的道德特质的凝结。

(一) 公务员道德人格的构成

作为一种人格，道德人格与个体的信仰、修养、个性密切相关。有着共同的实践经历的群体有着相似的道德特征，因为他们有着共同的政治、经济和文化生存土壤。公务员道德人格是公务员在长期的行政道德活动中，依据行政道德价值、道德规范的要求，逐步形成的行政道德认知、行政道德情感、行政道德意志、行政道德信念、行政道德行为等在领导干部身上长期稳定的体现和升华，是公务员尊严、价值和品质的总和。

行政道德认知。道德认知是道德人格主体对道德概念、道德关系、道德原理、道德原则和规范的意义的认识和理解，也指在道德实践中，依据社会道德标准和内心道德信念进行道德判断、道德评价和道德选择等思维过程。道德认知包括道德理论认知、社会道德认知和自我道德认知三个方面，道德理论认知包括对道德概念、道德原理、道德规律及修养等基本道德问题的认知，社会道德认知包括对社会道德关系、原则、规范等的认知和对各种社会道德现象的认知，自我道德认知包括对自己的道德义务、责任、境界、能力及修养方向等问题的认知。

具体到公务员的道德认知而言，包括公务员对政府职责及其对公众的道德关系的认识，对"为人民服务"这一公务员尤其是领导干部的职业道德原则的理解，以及对忠于国家、服务人民、恪尽职守和公正廉洁等公务员道德规范的把握，包括公务员是否确立了人民公仆的角色和地位，是否掌握了衡量行政行为的道德标准，是否具备了正确的是非善恶观念和道德判断能力等。道德认知的产生和提高是一个不断发展的过程，由于个体心理发展水平的不同或外部环境的不同，因此在道德知识的掌握上存在着明显的个体差异。对公务员而言，不同时代、不同级别的干部面临的道德问题和道德环境不同，个体的个性特征、受教育程度和成长经历，都会影响个体的道德认知。道德认知水平的高低在很大程度上决定和影响着公务员的道德判断和道德选择能力。道德认知之所以重要，是因为在道德生活实践中有许多现象的善恶界线是很难划清的，如聪明与狡猾、慷慨与奢侈、节俭与吝啬、勇敢与鲁莽、谨慎与胆怯、坚定与固执、忍耐与屈服、忠心耿耿与愚昧盲从等，只凭日常生活中的道德经验是无法判断是非善恶的，特别是在当前社会，价值多元化、利益多元化使公务员面临的选择和诱惑较过去大大增强了，道德认知越来越成为公务员尤其是领导干部道德人格中起关键作用的因素。只有具备较高的道德认知水平，才能在面临一定的道德情境时，公务员能够迅速调集自己的道德知识和观念，对情境中的是非善恶迅速做出正确的判断，确定自己所应采取的行为。

行政道德情感。行政道德情感是指公务员对现实生活中的道德关系和道德行为的好恶等情绪态度，是公务员根据自己的道德判断标准对社会现象的真假、美丑、善恶表现出的喜怒、哀乐、爱憎、好恶的情绪情感体验。从内容构成上来说，行政道德情感包括公正感、责任感、义务感、自尊感、羞耻感、友谊感、荣誉感、集体主义情感、爱国主义情感等。对公务员来说，道德情感的核心是道德责任感。公务员应具有为公众服务的工作激情、敬业精神和乐业意识，具有对国家、对社会、对人民负责的高度责任心和崇高情意。在人的各种高级情感（如理智感、美感等）中，道德情感居于特殊的地位。新公共行政学派代表人物弗雷德里克森认为，行政对于政府公务人员来说并非只是一种专业技术技巧的运用，它更是一种维护政府合法性、社会公平性的"道德努力"。公共管理者的价值取向对政策制定和执行有着深刻的影响，他们理应成为政治生活领域中的"道德人"。道德情感开始于道德认知，但并不是有了某种道德认知，就一定会有相应的道德情感。只有当道德认知同公务员的世界观、价值观和道德理想相结合，才会形成对道德现象的一种爱憎或好恶的情绪态度。道德情感可以以某种情绪强化或弱化自己和他人的道德观念和道德行为，它可以通过一种非理性的方式直接地、迅速地对某种道德现象进行道德判断，使人们的某种行为受到激励或抑制、增强或减弱、持续或中断。道德情感，不仅要诉诸人的理智，要有多方面的陶冶，而且需要在生活实践过程中经过长期地甚至痛苦地磨炼才能培养而成。因而道德情感比道德认知具有更大的稳定性，也更为深刻，更为持久。

行政道德意志。道德意志是人们在践行道德义务过程中所表现出来的自觉克服人性弱点及不良道德因素的顽强毅力和坚强精神。它是由知、情到行转化的关节，是道德人格形成的关键环节。道德意志的强弱，决定着一个人在道德活动中能否坚持正义、战胜自我。公务员尤其是领导干部的道德意志非常重要。有人研究了处级干部领导品德结构，发现有四个维度：个人品德、目标有效性、人际能力、多面性。其实，这几个方面是相互联系的，品德里面就有一个意志问题，而目标是否有效，也取决于领导能不能把计划、规划变为现实。当然这里有工作方法的问题，但更主要的是意志问题。当代公务员拥有的生活空间和社会舞台的复杂性和多变性，更增加了他们道德意志培养的重要性和紧迫性，同时对他们的道德认知和道德意志也提出了更高的要求。这一点不同于改革开放前的公务员，他们处在统一的、不需要选择的年代，而当代公务员尤其是领导干部则面临着太多的选择和诱惑。因此，如果没有正确的道德认知和顽强的道德意志，在纷繁复杂的社会环境中就很难把握自己、战胜自己、超越自己，实现道德境界的不断升华。

行政道德信念。信念是人的行为的引导与支配力量。信念是认识、情感和意志的统一，是人们在生活实践中逐渐形成的对某种观念或事物的高度信服，并付之于执着追求的一种精神状态。公务员的道德信念是指公务员"对道德观、道德理想和道德要求等的正确性和正义性的深刻而有根据的笃信，以及由此而产生的对履行道德义务的强烈责任感"[1]。它是深刻的道德认知、炽烈的道德情感和顽强的道德意志的有机统一，其统一的基础是公务员履行道德义务的社会实践。道德信念是调整人们行为和道德关系的内在基础，构成道德人格的核心。公务员一旦牢固地确立了道德信念，就能自觉地坚定不移地依照自己确定的信念来选择行为和进行活动。无产阶级的伟大领袖和先进的革命战士之所以能够为社会主义事业鞠躬尽瘁，死而后已，一个重要的原因就是他们坚信社会主义事业是正义的，正义的事业是任何敌人也攻不破的。相反，如果公务员理想信念动摇了，丧失了，就很危险了。道德信念虽然看不见、摸不着，但对人的生活有很深的影响，它是人生活和工作的精神支柱。一个人丧失了道德信念，就失去了辨别是非、善恶的标准，就会做出错误的行为抉择。

行政道德行为。道德行为是指个人受一定道德信念支配而表现出来的具有道德意义的外部活动方式。道德行为是道德人格最为重要的外部表现形式，是衡量一个人人格状况的重要指标。当个人按照某种活动方式长期稳定行事而达到自动化水平时，这种道德行为就称为道德习惯。对公务员来说，道德习惯是指公务员的某种道德行为已经成为反复持久的、习以为常的行为方式和生活惯例。道德教育和道德修养的最终目的，就是将道德意识转化为道德行为，并逐渐地养成道德习惯。真正可以称为道德行为的，不仅是能按某种伦理原则和规范去行动，而且这种道德行为已成为自己的日常习惯。道德观念只有深入人们内心的情感和信念中，才能达到"从心所欲不逾矩"的地步，成为人的"第二天性"。孔子说："兴于《诗》，立于礼，成于乐。"就是说道德人格从学《诗》开始，经过道德规范他律阶段，最后达到以

---

① 罗国杰：《伦理学名词解释》，144 页，北京，人民出版社，1984。

按道德规范行事为乐的地步，才可谓"成人"。列宁在谈到国家消亡问题时曾强调指出，社会主义新人道德人格上的突出特点是，他们对于人类一切公共生活的基本规则，已经从必须遵守变为习惯于遵守。不身体力行，再好的道德规范也起不到修身明德的作用。正是在这个意义上，儒家强调"知行合一"。孔子说："学而不行，可无忧与？"荀子也说："不闻不若闻之，闻之不若见之，见之不若知之，知之不若行之。"强调在闻、见、知、行中行最重要。王阳明进一步认为："知善而弗行，谓之不明。知恶而弗改，必受天殃。"意思是知道善而不从善，知道恶而不改正，不但没有任何好处，而且会贻害无穷。

（二）公务员道德人格的特点

道德人格多为人们进入社会道德生活以后，在不断地处理各种道德关系，不断地进行道德实践的过程中被逐渐塑造而成的。公务员在国家社会生活中所固有的特殊性质和地位，决定了其道德人格具有与职业特征和社会地位相联系的特殊规定性。具体地说，公务员的道德人格具有以下特点：

1. 主体性与规范性的统一。人的主体性可以概括为：在一定社会历史条件下，基于实践活动的人的自主性、能动性和创造性。道德人格的主体性，是指道德人格所具有的自觉性、自由性，表明道德人格本质上是有利于人自我完善、自我实现的一种品质。道德人格的规范性是由道德的社会性决定的。道德的社会性要求用具有普遍性的、符合道德必然性和必要性的道德律来约束个人的任性与偏私，规范个人的行为。道德是社会关系的产物，它是人类脱离了动物界并组成社会以后，基于维护社会利益、保证社会秩序、调整社会关系的需要而产生的。道德产生的标志是按照一定的社会目的，调整人与人间关系的行为规范的确定。由于道德规范是建立在社会利益和需要以及群体经验和智慧的基础上的，所以，它一经形成，必然带有某种超越于个体特殊性的社会普遍性，对个体的个性与自主性而言，就是一种约束。但是把道德人格单纯地理解为主体性或者规范性都是不全面的，道德人格在本质上不仅意味着约束与服从，也表达道德主体性自觉和能动创新，当然主体个性能动并不以纯粹的主体个性任意自由为特征。作为个体的人格主体，既是社会伦理中的存在，生活于必然之中，具有规范性；同时又是现实的个体，具有一定的自由能动和创造性。人格主体的这种特殊存在方式决定了人格的本质特征是主体性与规范性的统一。人格不仅是服从，而且更主要的是在于独立和创造。

2. 整体性与个别性的统一。构成道德人格的诸多要素，如道德认知、道德情感、道德意志、道德行为和道德习惯等各种心理、行为要素，以及诸如勤劳、节俭、谨慎等各种美德初看起来似乎自成体系，互不相干，如道德认知和道德行为都有着自身独特的规定性，表现在个体心理时也可以相互分离，道德认知不一定有相应的道德行为。但是，当这些独立的道德要素被纳入人格结构之中，成为人格结构的组成部分后，在它们中间就会形成一种稳定的联系，产生出一种既依赖于又高于各个组成要素的结构，使人格具有各个要素所不具有的特征和运行规律。作为整体的人格结构的特性，不等于各要素特性的简单相加，因为它是一种新的东西，是人格的"新质"。正因为人格具有这种整体性，才给我们评价个人人格的高下提供了可能性。没有一个人具备各种各样的美德，在所有的道德关系中都能表现得恰如其分，合乎道德，但我们依然可以根据其一贯性，整体性地对个人的人格做出优劣评判。一个人格高尚的人偶尔做点坏事，我们会说他与其人格相悖，而不会责备他人格低下；同样，一个人格低劣的人偶尔发一次善心，我们也不会说他人格高尚，只是惊诧他的"良心发现"。道德人格具有整体性，然而，整体是由个别组成的，没有个别就没有整体。正是各个具有独立规定的个别要素构成了人格的整体结构，因而每一种不良品德都会对自己的整体人格造成破坏，同样每一善举都会给自己的整体人格增加光辉。一个人的整体人格正是由一个个具体的个别的要素和德行组成的。也正因为个别要素和善德会逐渐形成和改变整体人格，才为每个人成圣成贤、弃恶从善提供了希望。虽然某一个或某几个善德不能改变人格的全貌，但个别善德积累超过一定限度就会改变人格的性质，所谓积善成德。

3. 稳定性和转换性的统一。与道德本身具有开放与同化并存的特征相联系，道德人格是稳定性和转换性的统一。道德人格归根到底是人们对客观的道德关系的认识和反映，归根到底是主体在社会道德实践中对社会道德要求的内化。道德关系以及维护道德关系的道德规范是随着社会发展变化而不断变化的，道德人格与道德要求、道德关系的相互作用，决定了其是在不断接触与吸收外界信息的过程中丰富和发展的，道德人格的结构在这一意义上始终是一个具有开放功能的结构。道德人格结构内部各要素之间的相互作用，又决定了道德人格在吸收外来信息后能通过一种转换机制，包括调整一些非核心地位的要素以保护核心要素，重新解释核心要素等机制，使整个道德人格的结构在整体上保持平衡。在这个意义上，道德人格又具有消化外来信息的功能，即具有同化的功能。开放与同化，一个是外向的能动性，一个是内向的能动性；一个是促进变化的动力，一个是保持稳定的机制。正是这两种既相矛盾又相统一的机制，使道德人格一旦形成之后，就能在稳定中不断发展。

二、公务员的道德意识与认知

道德意识是道德选择和道德行为自律的前提。公务员是否具有基本的道德意识，是否认知并认同公务员道德规范和品质要求，对于公务员履职做好公共服务十分重要。

（一）公务员的道德意识

公务员在工作中考虑效率的同时，通常也会考虑价值问题，具有一定的道德意识。调查显示，大约48％的公务员会经常考虑"上级决策是否有损于公众利益"，约35％的公务员对"上级决策是否有损于公众利益"问题表现出模糊中立的态度。通常层级较高的公务员在行政活动中考虑道德因素较多，层级较低的公务员考虑道德因素较少。见图4—1。

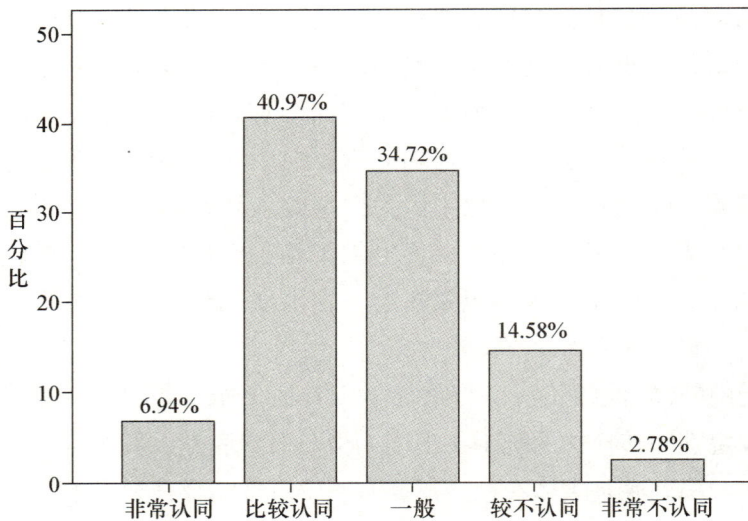

图4—1 我经常考虑上级决策是否有损于公众利益

虽然大多数公务员除了考虑如何尽快完成任务，对任务的价值也会进行思考。但也有约3％的公务员非常认同、约34％的人比较认同"我在工作中只求尽快尽好地完成任务，至于任务本身有没有价值很少考虑"的说法。还有约7％的公务员难以确定。三项加起来的比例达到约44％。表明公务员的道德自主性和价值自觉性并不强，执行上级命令，将行政看作不关价值的公务员占了较大比例。见图4—2。

在回答"领导让你做违规的事，你在选择做与不做时，首先会考虑"这个问题时，约半数（50.26％）的公务员会从"与我的价值观是否一致"的角度进行思考；

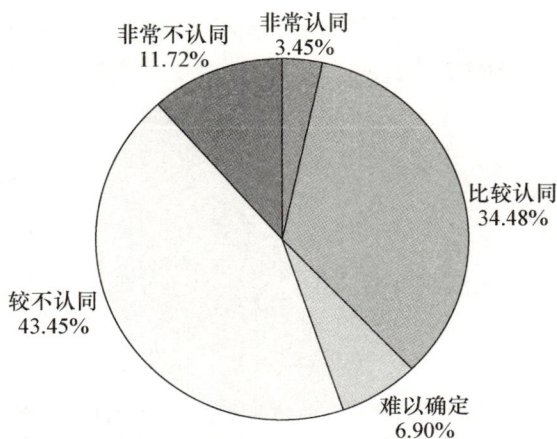

图4—2 我在工作中只求尽快尽好地完成任务，
至于任务本身有没有价值很少考虑

约13％的公务员权衡是否对自己有利，是否在遇到调查时能证明这样做是服从上级的命令；约3％的人考虑"领导与我的关系如何"；约4％的人选择"不论如何都听从领导的"；另外约30％的人"难以确定"。见图4—3。在公务员道德培训的课堂上，多次以"领导如果让你做违规的事，你如何做"为题展开讨论，在回答这个问题时，很多公务员都是从"是否对我有利"的角度来思考问题，只有少数公务员会从道德的角度考虑，思考"应当不应当"和"应当做什么样的人"。较少人从维护公众利益和个人良知的角度来思考问题，说明公务员的道德意识并不是很强，道德思维与理性自利思维相比，显得比较弱。在现代社会的教育体系中，对于品德和人格的教育已经在很大程度上被"成功"所取代。

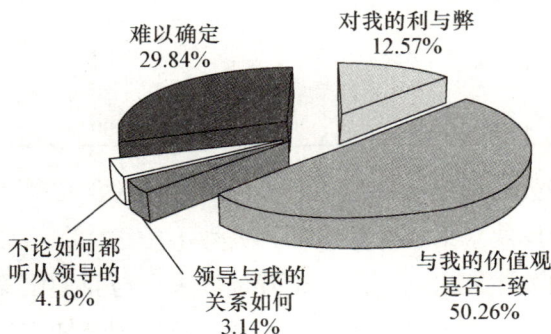

图4—3 领导让你做违规的事，你在选择做与不做时，首先会考虑

（二）道德人格普遍受到关注

道德人格及其价值观追求是公务员道德行为选择的前提和基础，也是公务员与

其他职业人群的内在区别之一。调查结果显示，公务员普遍认为，公务员与企业管理者相比，应当有高标准的道德追求。见图4—4。

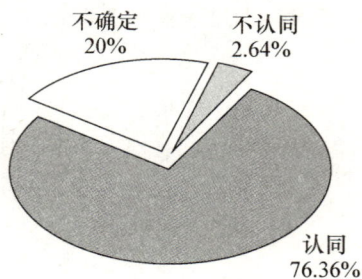

图4—4 对"公务员和企业管理者相比，公务员不仅追求
效率，还应当有高标准的道德追求"的认同程度

关于公务员培训需求的调研也从另一方面印证了公务员普遍关注价值观与人格问题。在回答"你希望在'行政伦理与公务员职业道德'课中了解的内容"这一问题时，公务员选择最多的是"公务员的价值观与人格"和"当代公务员行政道德风险及防范"，其次是"中国公务员职业道德的问题及对策"，而"行政伦理冲突与应对策略"排在第四位。见表4—1。

表4—1

	百分比	排序
公务员价值观与人格	66.7	1
当代公务员行政道德风险及防范	66.7	1
中国公务员职业道德的问题及对策	63.9	2
外国行政伦理理论与实践	61.1	3
行政伦理与公务员职业道德基本理论	52.8	4
行政伦理冲突与应对策略	52.8	4
行政道德和依法行政	44.4	5
中国古代官德	30.6	6
行政伦理与廉政建设	30.6	6

对全国各地公务员的调查结果显示，公务员普遍关注道德人格问题，与公务员个人所处地域、经济发展水平以及职级的相关性不是很大。有领导职务的公务员较普通公务员而言更加关注人格问题。改革开放以来，与我们国家社会经济发展的战略目标相一致，在干部培训中经历了一个由重视政治理论和党性修养到重视经济管理和能力素质的阶段，随着社会道德问题的突显，人格教育受到重视。

(三) 公务员最重要的品德

公务员普遍认为，道德修养对公务员来讲非常重要，在25个涉及个人最重要的品德的选择项目中，正直、责任心、敬业、廉洁、大局意识被认为是最为重要的品德。我们对北京市优秀干部成长规律的研究也证实了这一调查结果。我们访谈和调研的 200 位优秀的处级和局级干部，都认为"人格魅力"是影响公务员成长的重要因素。其中，以上品德被认为是道德人格的要素。见图 4—5。

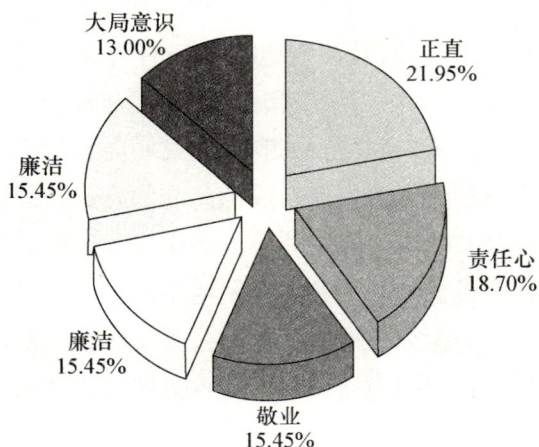

图 4—5　公务员认为最重要的前六项道德要素排序

特别需要说明的是，上图中可以看出，在选择第一重要的排序中，排在第四、第五位的都是廉洁（廉洁以 15.45％并列）①。在 25 个品德选项中，廉洁以约 62％位于第一位。见图 4—6。说明廉洁被公务员认为是最重要的品德。

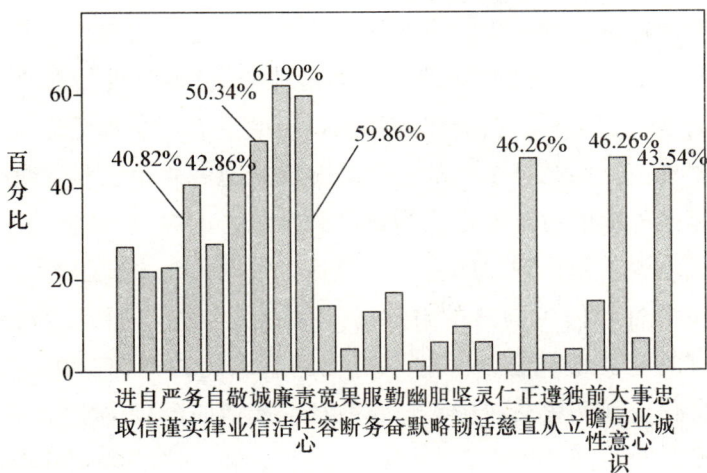

图 4—6　公务员心目中的道德品德重要性

---

① 本题是让学员在 25 个选项中选择 6 项重要品质，按重要性排序，结果将廉洁排在第四、第五位的人数相同。

三、公务员的道德人格现状

新公共行政学派代表人物弗雷德里克森认为，行政对于政府公务人员来说并非只是一种专业技术技巧的运用，它更是一种维护政府合法性、社会公平性的"道德努力"。公共管理者的价值取向对政策制定和执行有着深刻的影响，他们理应成为政治生活领域中的"道德人"。亚当·斯密在《道德情操论》中指出，"道德人"应富有同情心、正义感（合宜感）和行为的利他主义倾向。政府公务人员应有道德意识，以公众利益为准绳履行他们的责任，成为高尚的官员。但现实的情况是，每一个怀着道德理想的人在公共行政实践中并不能完全实践道德，而是常常陷入做与不做道德的事和如何做才是道德的行为的实践困境中。

这部分内容主要了解和探究政府组织内部公务员在行政活动中的道德行为，了解公务员在公务活动中是否严格遵守道德，是否会遇到道德困境。

（一）冲突矛盾的道德心理

道德人格是自我内在所具有的稳定的道德意识和道德行为，反映了个体与道德价值相关的态度、行为和习惯，是一个人的整体道德面貌。健全的道德人格应当具有稳定性、持续性和坚定性，它以基于个体道德信仰基础的道德自律为基础，较少受外界环境变化的影响，孟子所赞赏的"富贵不能淫，威武不能屈"的大丈夫气概就是指人格的稳定性。康德指出，道德的本质是人们心中的自律。马克思也十分重视道德的自律性，认为"道德的基础是人类精神的自律"。现代意义上的道德自律是道德主体借助于对自然和社会规律的认识，借助于对现实生活条件的认识，自愿地认同社会道德规范，并结合个人的实际情况践行道德规范，从而把被动的服从变为主动的律己，把外部的道德要求变为自己内在良心的自主行动。只有真正实现了道德自律，才可以说具备了独立的人格。但是，中国传统文化虽然也重视慎独，重视道德自律的重要性，但中国式的自律并非独立的自由，而是"自我反省"的自律，是一种内省的道德修养方法，并不是强调意志的独立与自由。就人格特征来讲，中国传统文化更强调服从权威。与农业社会相适应的中国文化的动机模式是依赖型而非自主型。改革开放以来，个体的自我意识和人格的独立性得到了一定的觉醒，但并没有从根本上改变中国人的人格特征。对行政人员而言，其道德自律和独立性被外在的上下级关系所左右，表现为缺乏对普遍原则的尊重和对稳定人格的追求。

　　道德人格既是道德客体自觉接受和内化道德规范的结果，又是接受德性熏染的心理基础。成熟的道德人格，既体现为道德认知与道德行为的统一性，也体现为道德行为的一贯性和稳定性。人们根据一个人一贯的行事风格和道德信念，可以判断在面临道德选择时他的选择标准和行为方向，具备了这样的确定性，这个人的人格才是健全的。但是，当前行政道德人格呈现出矛盾与冲突的样态，其明显表现就是：台上一个样，台下一个样；人前一个样，人后一个样；说的一个样，做的一个样。道德人格的诸因素缺乏统一性和整合性。

　　1. 多元多样的行政理念

　　领导道德人格冲突的表现之一就是行政理念的多元多样。行政理念是指公务员及社会大众基于对"行政"的本质和特性的认知而产生的行政思想、观念、意识和价值等。我国目前的行政理念可以说是一个多元并存的复合体，它既被深深打上传统行政理念的烙印，又表现出现代文明的迹象；既保持中国的特色，又吸收了西方民主政治的因素。主要表现为：

　　（1）"官本位"理念与"民本位"理念并存

　　"官本位"是一种以官为本、官为贵、官为尊为主要内容的思想意识。"官本位"作为一种行政理念，适宜其生存的土壤是封建社会高度集权基础上的权力关系。新中国成立后，建立了社会主义制度，但是中央集权的政治体制和高度垄断的计划经济没有从根本上改变"官本位"的土壤。虽然我们建立了人民代表大会制度，确立了"为人民服务"的"民本位"理念，但是现实中"官本位"的思想意识依然在很大程度上支配着人们的行为选择。调查结果显示：对"公务员工作中最常见的不当行为"这一问题，在包括"以权谋私""追求享乐""责任意识淡化""官本位意识严重""唯上不唯下"等八个选项中，"唯上不唯下"和"官本位意识严重"分别以75％和45％占据第一位和第二位。在社会文化层面，公务员仍然是最为热门的职业，公务员报名考试的人数逐年上升的现实也证明了这一点。但是，也应当看到，近年来，随着改革开放的深入，对于政府"服务"本质与政府发展趋势的认识，以及对科学发展观"以人为本"的理念的宣传与和谐社会的构思等都为"民本位"的行政理念提供了可借鉴的思想资源和文化根基。特别是在思想和认识层面，"以人为本"的理念、公仆意识以及服务型政府的理念已成为行政系统内外被广泛认可和接纳的思想。

　　（2）"人治"与"法治"理念并存

　　我国的传统行政文化是与传统的农业社会相适应的。以儒学思想为核心的伦理型文化是一种人治型文化，它带有极大的含糊性和随意性。我国从计划经济向市场经济的转变，为法理型行政文化的上升提供了契机，但是传统的人治理念还作为一种理念和习惯影响着行政管理实践。传统的"人治"观念还在相当一部分公务员行政观念中根深蒂固地存在，公务员对于"法治"的精神并不是十分理解，对依法行政存在着似是而非的认识。相当多的公务员认为行政法是管老百姓的法，倡导依法行政就是要求行政机关要按法律管束老百姓。对于"依法行政就是我们要依照法律对公众进行管理"这一说法，37%的人选择了"非常认同"或"比较认同"，30%的公务员选择"难以确定"，33%的公务员选择"较不认同"或"非常不认同"。行政主体把法律作为一种手段用来管理公共事务，强调的是行政相对人应服从行政机关的管理，其实质是把法律作为行政的一种从属性工具。与此同时，有51.8%的公务员认为权力对公正执法的干扰最大。公务员中尤其是领导干部中以言代法的现象还在一定程度上存在。对于"上级的决策即使明显错误或违法，下级也会执行"这一说法，32%的公务员选择"非常认同"或"比较认同"。应当说，改革开放以来，公务员依法行政的意识有了很大提高，但是"人治"的意识还在脑海中存在，还处于从传统的"官治"向"法治"转化过程中。

（3）"集权命令"理念与"参与合作"理念并存

传统社会中皇权的高度集中使行政活动中权威观念影响至深，民主意识难以得到体现。在传统社会，政府与公民的关系是"命令（管制）—服从"的关系，行政权力高度集中，行政行为是行政机关作为主权者对公民所作的命令。但是，在现代社会，行政关系的理念发生了重要的变化，政府与公民的关系不再是命令与服从的关系，而是服务与合作的关系，行政行为是行政机关在公民的参与下所作的一种服务行为。这一观念在理论上已经确立并得到认可，但是在现实的行政活动中，重命令轻服务的现象不仅表现在政府及其行政人员的理念中，也体现在他们的行政行为中。

在传统计划经济条件下，政府是人民的政府，是高度集权的政府。各种资源的配置由政府以命令的方式下达，对公共行政事务的决策往往由政府自上而下决定，很少关注公众的实际需求和意愿。然而，市场经济条件下，由于公众的需求日益多样化、层次化，政府"一厢情愿"地决定与公众利益相关的重大事情，结果往往是好心难办好事，有时甚至办了违背公众的期待和要求的事。迫于公众需求与政府管理之间的矛盾，政府在理念上必须实现由"集中命令"向"参与合作"的转化，由集权型到参与型行政文化转变是社会发展的一个趋势。参与型行政文化不仅是以行政主体积极参与为特征，而且行政客体对主体的行为内容及方式也会积极施加自己的影响。现代社会的发展日趋强调参与型的管理，强调被管理者的能动作用。为适应现代化行政管理的需要，应培育现代参与型的行政文化。

（4）廉政意识与腐败观念并存

廉政是行政道德文化中最核心的部分。调查结果显示，绝大多数公务员和公众都有着正确的廉政价值观，他们并不认同"能搞腐败是本事，不会谋私是无能""查到了就是贪官，查不到就是廉吏"的说法，79％的公务员和72％的公众认为这种说法不正确。但也应当看到，有20％的公务员和近30％的公众的廉政价值观模糊，对这种说法持同意或不确定的看法。绝大多数公务员和公众都对腐败持否定态度，他们看到和听到重大腐败案件和道德丑闻时的反应是感到愤怒，但是，在一定程度上存在对腐败容忍度增加的危险。86％的公务员和63％的公众对于单位或部门领导通过钻法律和政策的空子为本单位或部门谋取私利的做法不认同，但是有近一半的公众认为公务员利用职务之便为自己和自己相关的人谋取一点便利是可以理解的。在对腐败问题的看法上，公务员和公众都不同程度存在矛盾的心理。绝大多数公务员不认同"办事就得花钱"的说法，对于"宁要腐败而干事的官，不要廉洁而不干事的官"的说法持否定态度。但也有约15％的公务员与约17％的公众对这一观点持有点赞同的观点，还有约36％的公务员和约45％的公众对这种说法持"不太赞同"（而不是不赞同）的观点，这就反映了一种倾向和矛盾心理，人们反对和痛恨腐败，但是也不赞同不做事的庸碌的官员。

权力腐败问题在一定时期表现严重，廉政公信力就在一段时期不断下降。如果人们对反腐败失去信心，那么他在心理和行为上就会失去对腐败的强烈抵制，甚至同流合污。调查结果显示，51％的公务员对战胜腐败持乐观心态，29％的公务员回答说不清，20％的公务员持悲观态度。58％的人认为"近年来人民群众对党和政府的信任度与过去相比降低了"。这一调查结果表明腐败的严重性和廉政建设的重要性和迫切性。

2. 知、情、意、行分离

（1）伦理理想追求与道德现实选择相脱节

官员道德中存在的最为突出的问题就是伦理理想追求和道德现实选择之间存在着矛盾与悖论。一方面，公务员对于社会生活中的诸如见死不救、人情冷漠等道德问题深表忧虑，怀着批评的态度，在道德认知上认同社会主义、集体主义和为人民服务的价值追求；另一方面在道德现实选择中个人主义与个体取向也十分明显，在现实中行为明显受经济和功利导向影响。

调查结果显示，当代中国公务员群体道德价值观的主流合乎应然的道德标准。绝大多数公务员重视个人品德、家庭伦理与国家伦理。对于一些省市出台公务员道德规范，将对配偶不忠等家庭道德及一些不健康的生活方式列为禁令的举措，赞成的公务员占80％以上。在职业道德方面，90％以上的公务员认为恪守职业道德非常重要；或个人对社会有义务，应恪守社会公德。对于有人采用假离婚的方式从拆迁、买房、分房中获利的行为，近80％的公务员认为这是不道德的行为，在河北、贵州等省这一数据高达89％。表明公务员在道德观念上，对于违背传统道德的观念持否定态度。但是，这些数据只是观念，与人们在现实中的行为存在不一致性。在现实的道德选择中，尤其是面临现实的难题与伦理冲突时，功利主义与个人主义是现实的选择，表现为社会伦理中过度的个人主义，家庭伦理中责任感的缺乏，以及职业伦理中的集体利己主义。有近一半的人并不把钻政策与法律的空子谋取个人利益看作不道德的行为，认为只要符合政策和法律就行。2015年调查中，约55％的人对于"在卫生部门工作的公务员，利用职务之便，找医院有关人员帮助挂号"表示理解。虽然公务员在道德价值观上主张德性论，但是在著名的"救生艇"案例中，绝大多数公务员都采取了功利主义的选择，这种现象应当看作伦理观与道德行为冲突的重要诠释。

（2）道德认知与道德行为相脱节

道德人格是一个知、情、意、行的统一体。教育家陶行知说："行是知之始，知是行之成。"知行合一是道德人格健全的重要标志。但现实的情况往往是，认识、态度与行为并不一定统一。通常，人们做与不做某事的意愿与是不是做某事之间并不完全统一。在道德领域，知行统一显得尤其重要，以至于康德把"道德"称为"实践理性"。调查结果显示，公务员群体目前存在突出的知行不一、言行分离的问题。一些领导干部在不同的场合使用不同的语言，特别是媒体不断曝光的官员的各种腐败和道德堕落行为对公务员的道德、政府的公信力造成很坏的负面影响。公务员知行分离现象表现为：

公务员知晓道德规范但不遵守。热爱祖国、服务人民、清正廉洁、恪尽职守是公务员皆知的道德规范，但是公务员在行政活动中却并不能严格遵守。比如，"服务人民"是公务员最根本的价值取向，也是公务员都明了的道德规范，但是在公共服务过程中，公务员服务意识淡薄、不尽职责的现象依然存在。再如公务员要廉洁奉公，不得贪污腐败，是早已有之的道德底线，也早已为人们广泛知晓。不仅如此，对违反这些规定的不良行为，社会管理者还不断从制度层面想出种种举措加以防范、惩治，可时至今日这些规定仍被不断违反。

明白伦理但不讲道德。如果从道德认知水平上来对公务员进行评价，公务员的道德水平高于其他群体。但是，联系道德行为进行评估，就会发现他们普遍存在高认知低行动的特征。公务员知道与公众的关系是仆人与主人的伦理关系，服务与被服务的关系，应当遵守为人民服务的伦理规范，可在行政活动中，却把伦理关系颠倒过来，高高在上，把自己看作主人。应当说，在公务员群体中并不缺少道德理论家，缺少的是道德实践家。《中国道德文化传统理念践行情况调查报告》显示，从当前社会道德文化传统理念践行指数来看，农民群体的评分最高，国家公务人员的评分最低。在道德文化传统理念各维度践行评分中，从道德需求来看，"耻"与"廉"被认为是当前最重要的两个理念，但恰恰实践状况最差。

有道德知识没有道德情感。道德知识转化为道德行为，需要将知识内化为情感。道德情感是与道德需求相联系的一种体验，当人的思想意图和行为举止符合一定社会准则的需要时，就感到道德上的满足；否则，就感到悔恨或不满意。在道德知识转化为道德行为过程中，道德情感是纽带和动力。如果这里出现了断裂，道德知识就不能转化为道德行为。缺乏足够道德情感的推动，道德认知就诱发不出外显的道德行为。公务员成长过程中，过多地追求政绩和效益，忽视了价值的引导和情感的培育。在处理与服务对象的关系中，虽然理论上知道应当怎么做，但是因为没有对服务对象深切的情感，没有真正从情感态度和价值观层面确立起对群众的情感，因而很难变成主动而快乐的行为，也很难真正做到以人为本。

（二）表现各异的人格障碍

当一个人的道德人格的各种要素不能成为一个统一的整体，人格就会出现不平衡和不稳定，就会出现人格障碍。要素之间的结构不同，表现也就不同。现代社会公务员队伍尤其是一些官员的典型人格障碍有以下几种。

1. 双重人格

近来落马的官员有一个比较普遍的情况，即可能在前一刻，他们还在某个会议上大讲党风廉政建设，后一刻竟成了党风廉政建设的反面教材。一方面这些官员善于自我包装，在各种公开场合强调自己不贪不腐，显示自己的清廉无私；另一方面他们却贪污受贿、无视法纪。这是典型的双重人格。双重人格是指一个人具有两个相对独立并相互分开的人格。双重人格在病理学上属于一种心理障碍的精神疾病。从某种意义上说，双重人格就是人的自我意识、自我体验和自我控制不能协调一致、积极互动而导致的行为问题。

有的领导干部对待工作实行双重标准。虽能按照为官一任、造福一方的要求，致力发展、勤奋工作，但为了个人利益又热衷于形象工程、面子工程；面对各项目标任务，虽有抓住重点、脚踏实地干好工作的热情，但不乏为完成目标任务挖空心思、弄虚作假、骗取组织信任与荣誉的行为；深知密切联系群众的重要性，但又不直接与群众联系，对群众真正想什么、盼什么心中不清楚；迷信"用人民币解决人民内部矛盾"，不注意用真挚的感情、良好的作风贴近群众，不顾群众心理感受，野蛮地用钱打发群众，用搪塞推诿的态度怠慢群众，用权力压制的方式威慑群众；台上讲的与台下做的不一样，人前说的与背后议的不一样，说一套做一套。

从岗位职务变化情况看，在被查处的高级领导干部中，双重人格往往形成于其居于特权岗位、掌握实权的时期。他们中许多是童年苦难、青年奋斗、中年上升、晚年堕落。在他们的人生履历和从政旅途中，很多人原来本质不错，都有过昔日的辉煌，表现出非凡的才干，否则是不可能走上领导岗位的。这些人青年时候发奋成才，为人谦虚谨慎，做事干脆，作风果断，很有人格魅力，是众人眼里的"好人""能人"；中年不断进取，能干事、会做人，是领导眼里的"能臣""亲信"；然而，随着年龄的增长、职务的变化，从说话没用到大权在握，从无人关注到众人追捧，由"小绵羊"变成"大老虎"，双重人格不断暴露，官味十足，目中无人，为所欲为，发展成为毁誉参半的"好贪官"。许多地方公开要求，只要是为了地方发展，能争到项目、要到资金，不在乎花多少钱，以至"跑部进京"成为风气。在各路人马糖衣炮弹的大肆进攻下，一些处于特权部门、特权岗位的特权领导，人格发生蜕变，最终堕落为腐败分子。

造成人格分裂的原因通常有四。一是这些官员执政宣言与执政动机的二元对立。一些人口中的马列主义不过是升官发财的敲门砖，吓唬老百姓的龙头拐。他们讲市场经济，自己手中的权力却不愿意经受竞争的考验。他们自己不进市场，还希望沿袭封建的近亲繁殖。据《新民周报》2007年第52期刊登的潘多拉的文章称，仅安徽皖北一个地区，近年就有18名县委书记因卖官落马。明明是一己私利，却偏要冠之以组织意图。二是职责位置与个人品行往往二律背反。对权势之人肯低头哈腰谄媚拍马，你就能青云直上；反之，你不识眼色不会来事，就没有好果子吃。投机钻营者大富大贵，老实本分的人无出头之日。有权有势就是德高望重，拥有财富者就是社会精英。一切社会病变的生成全因执政者不是贤人，固然有一定道理，近亲繁殖、买官卖官的人确系个人品德有问题的固然不少，但也不排除受体制之累。三是民众的监督名存实亡。官员只要效忠上级，即可得到提拔重用。这一情况无疑与监督无效有关，有人将这一尴尬局面形容为："上级监督下级太远，同级监督同级太软，下级监督上级太难，组织监督时间太短，纪委监督为时太晚。"四是市场经济发展中的资本逻辑与不够完善的公权力地带所生成的权钱交易机会较多。在市场经济发展的资本逻辑中，官员无法抵御物欲诱惑，而现实的执政体制中监管漏洞又较多。市场经济改革使社会的一切领域都商品化，但是竞争机制并没有在政治领域建立起有效的机制，官员对上负责而不对下负责，公共权力被一些官员当作商品出卖。

在市场经济条件下，追求私人利益被赋予了合法性，无论是社会还是个体都将自己定位为个人利益最大化的理性经济人，但每个人都承担一定的社会角色，在以社会分工为基础的社会角色扮演中，也需要对一些私利的追求有所制约。特别是作为社会财富的分配者和公共责任的承担者的公务员，其职业特点决定了他们在行使公共权力时必须以公共利益为目标，不能以追求私利为目的。因为，一旦行政人员将私人领域的经济人特性运用到公共领域，就意味着公共职权会被转化为追求私利的工具。或者说，当某个体接受了公务员职业时，在他工作范围内，就不能拥有追求个人私利的权利，不能以谋取个人利益最大化为目的，所谓当官就别想致富，致富就别想当官。即对行政职业的认知只能是为了实现公共利益，而不能掺杂个人权利在其中。但是，由于市场经济意识对权力领域的渗透，导致公务员自我认知发生偏差，把理性经济人的自我认知移植到公共领域，致使一些人把公共权力也商品化了。行政审批型的政府职能行使方式、自上而下的干部才能考核机制致使市场经济所要求的公平竞争机制并没有形成。追求利益的自我认知与管制型的政府管理体制相结合，是造成领导干部双重人格的体制根源。

2. 官僚主义中的工具人格

韦伯率先对官僚制进行了批评，提出了他的官僚制理论，随后西方学术界出现了对官僚制批判的热潮，认为"官僚制的主要受害者是其雇员"，并提出了"官僚人格"的概念。罗伯特·K. 默顿认为，官僚组织至少产生了四个关于官僚人格的基本特质：运用技能的灵活性不足，过度强调规则，谨小慎微、保守，非人格化的、按图索骥的思维方式。安东尼·唐斯进一步阐述了默顿的理论，他将官僚划分为五种类型：权力攀登者、保守者、狂热者、倡导者和政治家。官僚制的职权体系是行政人员所依存的政府组织形式，如果把依照职位、岗位进行权力分配的官僚体制看作一个金字塔模型，那么每一名行政人员可比拟为这个严密体系内的一个分子球体，众多分子球体在严格的体制规范下组成了牢不可破的金字塔组织，每个行政人员的职位、职务都被井然有序地给予分工，他们只需根据规定各司其职、各尽其责。由此，行政人员成为维持官僚制这台机器运转的一个零部件，其主观能动性受到最大的限制，致使他们养成了遵规守纪的工具理性人格。工具人格是指在现代社会中，由于官僚制对形式理性的极度张扬，组织的统一性取代了行政人员个人的独立性，压抑行政人员个性的发展，使得行政人员失去自我独立意识以及自我发展自由而造成的一种失去个体特征被形式化了的人格。近代西方社会官僚制的确立和发展推动了西方工业文明和经济的繁荣，但是，官僚制的弊端也不断地暴露出来。官僚制对行政人员人格的摧残，造就了"训练的无能，目的和手段的混淆，非人格化的严重导向"，产生了官僚制的异化现象，行政人员的人格严重扭曲，从而导致了行政低效。

美国著名组织理论家沃伦·本尼斯列举了官僚体系的十大缺点：妨碍个人的成就和个性成熟；鼓励盲目服从和随大流；忽视非正式组织的存在，不考虑突发事件；陈旧的权力和控制系统；缺乏充分的裁决程序；无法有效地解决上下级、部门之间的矛盾；内部交流、沟通受到压制、阻隔，创新思想被埋没；由于互相不信任和害怕报复而不能充分利用人力资源；无法吸收科技成果与人才；人的个性被扭曲，个个变成阴郁、灰暗、屈从于规章制度的"组织人"。葛德塞尔认为，官僚制度催生了一个非人性化的新物种，或者说新型人格。"从心理层面说，这种新型人格是属于理性主义专家类型的，它没有情感也缺乏意志"，它丧失了独立思考的能力，他们的良知被上级的意志所代替，他们行动的自由受到规则与司法的制约。总的后果就是官僚个人的身份被削弱了，个人的潜力没有得到实现。

在内心道德感被全然剥夺的工具人格中，人们丧失了基本的同情心和情感反应能力，只有上级的意志保持了下来。按照现代官僚制工具理性的价值取向，公务员只是官僚机器的一个零件，他所能选择的只有最忠实地遵循官僚机器的效率原则，因此他认为自己是"道德中立"或"道德无涉"的。当公务员以"道德中立"为自己的一些缺乏同情心和创造性的行为进行自我辩解时，其实是表达了现代行政伦理的深层困境。

工具人格在现代官员的人格特征中也非常普遍。在日常工作中服从组织和上级的命令是官员的基本职业素养。但是在一些特殊的时代，如果丧失了自我的良知和判断，就会沦为恶势力的工具。根据纽伦堡原则①，个人不仅要为自身的自主违法行为承担责任，也要为执行任何违法的计划、阴谋的命令而承担后果。该原则提醒我们：尽管我们是命令的执行者，但我们绝不能只是将自己视为执行的工具而弃守应有的道德底线和良知。

针对官僚人格问题，有些学者从伦理角度进行了充分探讨并提出了解决之道。威廉·H. 怀特在《组织人》中论述了组织中基本的个人伦理自主性。他认为，当

---

① 纽伦堡原则是确定哪些行为构成战争罪的一系列指导性原则。由联合国国际法委员会制定，并将二战后针对纳粹党成员的纽伦堡审判所依据的法律原则编撰为法典。

前我们处于一个组织的时代，人都变成了"组织人"，"组织人"的实质就是要求其对组织认同，从而使社会及组织对个人的压制在伦理上得以合法化。因此，怀特反对组织控制组织成员的个人价值观、世界观和行为，主张保持一种组织生活中的个人主义，坚持个人德性的首要性。理查德·斯科特和大卫·K.哈特通过现代组织中的"角色等级"分析，认为"组织控制"已经改变了美国的价值观，必须通过"职业人物"改造现代组织，重建"个人控制"以避免"集权主义"。这与韦伯的观点不谋而合。阿勒多·格雷罗·拉莫斯则主张以一种"解释性的人"替代完全屈从于经济原则的"操作性的人"，即通过社会系统的分析和再设计，实现对"组织的限定"，即限制自己对组织的忠诚度，并以一种有意识的、积极的和系统的方式参与组织活动，从而限定组织对自己职业行为的控制。

在一些官员和机制中，官僚主义习气严重，脱离群众，玩忽职守，忘记了共产党为人民服务、为群众谋利益的执政初心。周恩来同志曾在1963年党中央、国务院直属机关负责干部会议上根据新中国成立后十多年间干部队伍状况，着重讲了反对官僚主义的问题，并列举了20种官僚主义。[①] 我们党开展的党的群众路线教育实践活动的主要任务，就是聚焦行政作风建设，集中解决形式主义、官僚主义、享乐主义和奢靡之风这"四风"问题。官僚主义等"四风"是违背我们党的性质和宗旨的，也是当前群众最深恶痛绝的问题，也是损害党群官民关系的重要问题根源。

3. 权力主义人格

权力主义人格是由一组相互关联的人格特征组成的人格类型，是指一种以权威取向为依归的人格特质。权力主义人格的第一个特征是依附性。依附性与权威性是一体两面，没有依附性，就没有权威性。1980年8月，邓小平在《党和国家领导制度的改革》中说："不少地方和单位，都有家长式的人物，他们的权力不受限制，别人都要唯命是从，甚至形成对他们的人身依附关系。……不应当把上下级之间的关系搞成毛泽东同志多次批评过的猫鼠关系，搞成旧社会那种君臣父子关系或帮派关系。"[②] 官场潜规则横行无忌的背后，既有强势人物在暗中撑腰，也因为一帮喽啰官员在推波助澜，不然潜规则就成不了大气候。反过来，一些官员的奴性意识又助长了强势人物的权力主义人格。

在中国目前某些行政组织中，上级领导权威对公务员等级升迁的影响力度与范

---

① 参见《反对官僚主义》，见《周恩来选集》（下卷），418～422页，北京，人民出版社，1997。

② 《邓小平文选》，2版，第2卷，331页。

围巨大，于是有些公务员出现了"非自主行为"，仅为自己政治前程思考，将作为职业品质的服从性扭曲为眼睛向上，唯上级意志是从。"一些谙练于官场的公务员就遵守上级行政长官的不道德命令和违法命令。他们跟着感觉走，以职业化、高效化的姿态，简单按照上级命令行事。"其后果是造成集体的、"合理"的行政伦理失范，对公共权力形成可怕的腐蚀。

权力主义人格的第二个特征是双面性。其最主要的特征就是大与小、强与弱以及虚与实的不统一，随地位的变化而变化，缺乏一以贯之的稳定性。所谓大与小的不统一，是指品质小与意志大。当处于非权威地位时，其人格更多表现的是小的一面；当处于权威地位时，其人格与意志便呈张狂态。其中"小"是手段，"大"是目的。"小"表现的是压抑，"大"表现的是释放。所谓强与弱的不统一，表现为外表强与内心弱。当人格处于非权威态时，外表与内心相比，内心弱占主导地位；当人格处于权威态时，外表与内心相比，外表强占主导地位。"弱"本身来自对权威者的恐惧和权威者自身的"虚"。"强"本身来自权威者维护权威的需要和非权威者自我表现的需要。所以，"强"是形式，"弱"是实质。所谓虚与实的不统一，是指物质实与精神虚。一方面，对非权威者而言，对权威的需求本身就是一种精神虚的表现，而精神的虚往往又会诱致人们通过物质的实来弥补。另一方面，对于权威者而言，由于没有了依附性，也许相对非权威者而言更为空虚，这时，权威者会充分利用自己的权威特权，通过物质的实来弥补自身精神的虚。在不同的环境条件下，这种"实"与"虚"的矛盾总是存在的，但会呈现不同的强弱状态。

权力主义人格的第三个特征，是醉心于推行权力意志，蔑视法治，失却底线。心理学家弗洛姆总结过一种"权力型人格"，就是指一个人强烈渴望别人顺从自己的意志，一旦不顺从就会让他怒火中烧、暴跳如雷，顺我者昌、逆我者亡。"权力型人格"的逻辑是"命令—服从""投入—回报"的逻辑，权力主义人格在政治生活中的表现就是让自己的下属和治下的国民、居民整天围着自己的想法转，他们把人格权威凌驾于法律权威、制度权威之上，一切以领导个人的意志为上，法律对权力的限制作用和对权利的保护功能弱化。由此，以权力意志代替法律意志，以公共权力侵犯公民权利，谋取个人非法利益的腐败行为也就会大量生成。极权人格官员对待一切规则，都以自己的需要为转移任意取舍，绝不尊重宪法法律，没有底线，只按照自己的意愿行事。

改革开放以来，我国政治民主化进程不断发展，权力主义人格形成的社会环境和制度环境都发生了许多变化，这一切是否预示着我国普遍的权力主义人格已开始消解？处于权力旋涡中的公务员与普通人相比，是否具有更强的权力主义人格？这也是我们调研的内容之一。

调查结果表明，公务员与非公务员相比，具有明显的权力主义人格倾向。[①] 权力具有的巨大能量以及它给权力拥有者所能带来的巨大利益，容易激发公务员对权力的追逐和崇拜，进而产生权力主义人格。在一个对上级负责而不是对下级负责的行政机制中，某些公务员就容易形成对上对下两种面孔的权力主义人格：一方面在工作中刻意地讨好上级领导，对上级的权威言听计从；另一方面在下级和公众面前塑造自己的权威，充分利用职权谋取私利。

不少公务员对上级点头哈腰，但是对下级则轻视敷衍。这种现象既有运行机制的外在原因，也有主体的道德素质和人格心理原因。从心理学上来说，这是补偿心理机制。假如在上级领导面前只扮演唯上是从的角色，而没有找到补偿的对象或者发泄的渠道，那么，就会出现重大心理不平衡，甚至导致心理疾病。近些年来，某些公务员因为需要应对来自上下各方的压力，无法得到精神上的解脱而自杀身亡的案例也时有发生，说明当前中国公务员由于机制和组织作风的不完善，保护机制的不健全，政策法规的模糊性，使他们成为精神压力极大的群体，从而容易使一些人形成不同程度的权力主义人格。

生活中某些公务员以权压法、权钱交易、以权谋私等种种腐败现象的产生，与其手中所掌握的权力资源有一定关系。从某种程度上说，每个人在潜意识里都有一定的权力主义人格。当他本人对外不具有影响力时，其权力主义人格只能被压抑，体现在有限范围内；一旦手中有了实权，由于我国还缺乏对权力的强有力的外在监督制约机制，滥用人民赋予他的公权力的可能性就很大。

（三）道德人格演变趋向

1. 道德选择的功利主义和实用主义趋向

公务员在道德选择中，功利主义的倾向很明显。在回答"有人为了从拆迁、买房、分房中获利，采用假离婚的方式，对这种行为怎么看"的问题时，有 28.31% 的公务员认为"为了现实的利益，必要时自己也会这么做"，有 37.58% 的公务员认为是"政策和法律设计问题，无所谓道德和不道德"，只有 29.64% 的公务员认为"社会不能鼓励这种唯利是图的心态"。表明传统的义务论的道德价值观正在被功利主义价值观所取代。见图 4—7。

---

① 参见仲兵、刘爱芳：《对我国公务员权威人格的调查分析——以江苏部分公务员为例》，载《理论前沿》，2009（24）。

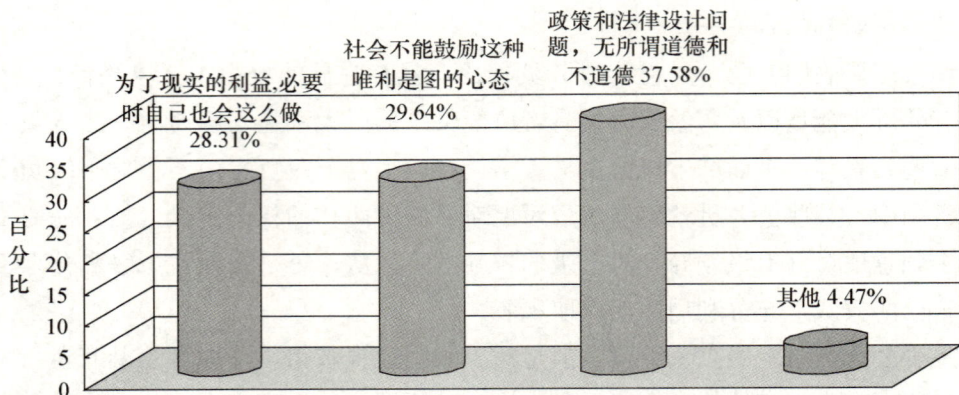

图4—7 有人为了从拆迁、买房、分房中获利，采用假离婚的方式，对这种行为怎么看

有约55％的公务员非常认同和比较认同"如果说真话对我的前途不利，我会选择沉默"，还有约23％的公务员选择"难以确定"。说明有近80％的公务员在自己的前途和坚持"应然"原则之间做选择时，更看重自己的前途；公务员对待道德的功利主义和实用主义倾向比较明显，与传统的重原则、重气节、重操守相比较而言，公务员在面临选择的时候，更多地注重自我保护，更加注重自己的发展与前途。见图4—8。

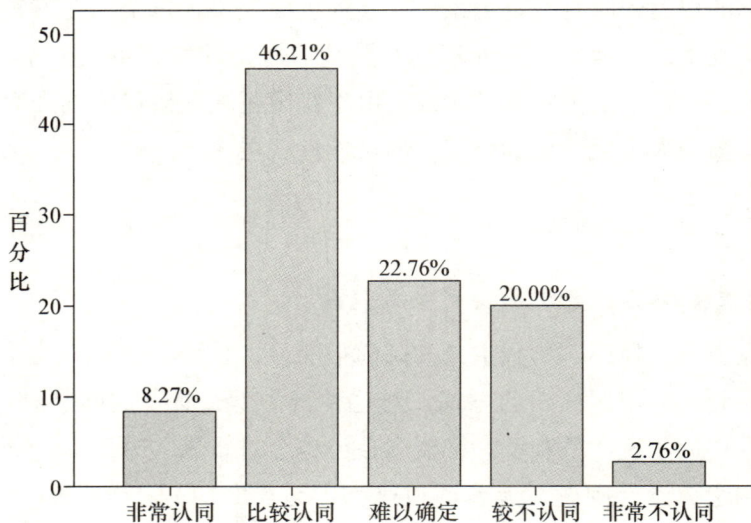

图4—8 如果说真话对我的前途不利，我会选择沉默

2. 人与人关系中的利他意识与公益精神

在人与人的关系中，公务员信奉的做人标准带有明显的利他倾向。近53％的公务员把"多做对社会和他人有益的事"作为做人的标准。同时，近98％公务员有参加公益性社会活动的意愿。表明公务员的公益精神和公共服务意识较强。见图 4—9、4—10。

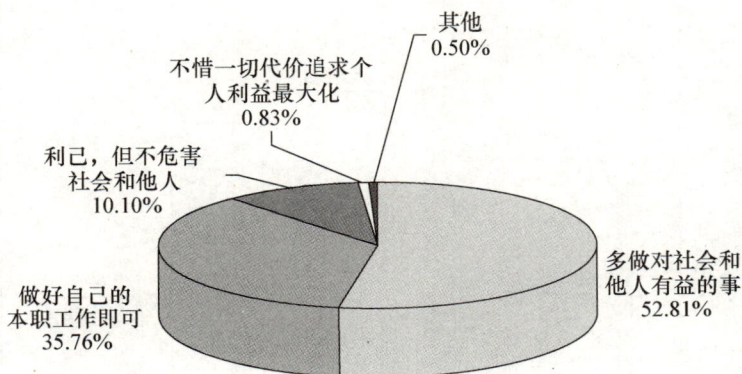

图 4—9　你做人的标准是

其他 0.50%
不惜一切代价追求个人利益最大化 0.83%
利己，但不危害社会和他人 10.10%
做好自己的本职工作即可 35.76%
多做对社会和他人有益的事 52.81%

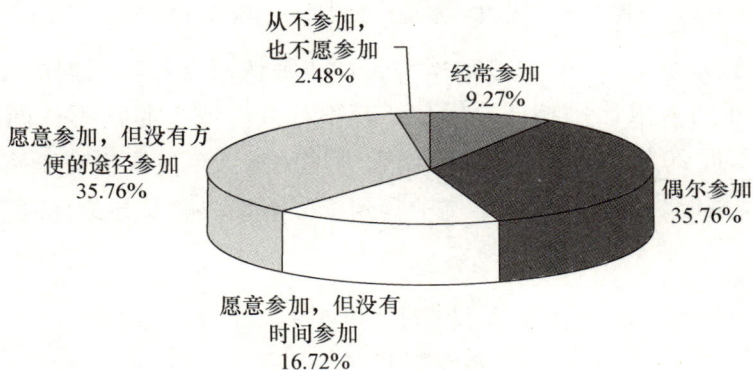

图 4—10　你参加公益性的社会活动吗

从不参加，也不愿参加 2.48%
经常参加 9.27%
愿意参加，但没有方便的途径参加 35.76%
偶尔参加 35.76%
愿意参加，但没有时间参加 16.72%

3. 群己关系中的集团利己主义倾向

集体利益是社会集团全体成员的共同利益，与所在社会的生产资料所有制有密切联系，不同的所有制关系决定了集体利益不同的性质。在社会主义国家，集体利益从一定意义上讲，是指国家和全体人民的利益，同时也指人们所在集体的全体成员的共同利益。改革开放和社会主义市场经济体制的建立，使大一统的公有制体制变为多种经济成分并存的社会主义公有制，改变了集体的形式，在一定意义上"集体利益""公共利益"的概念被虚化，导致公务员原来坚持的集体主义道德原则在一定程度上被集团利己主义所取代。对于"集体利益是一个很模糊的概念"这一说法，2013 年约 43％的公务员非常认同和比较认同，还有约 26％的公务员持中立的态度。见图 4—11。

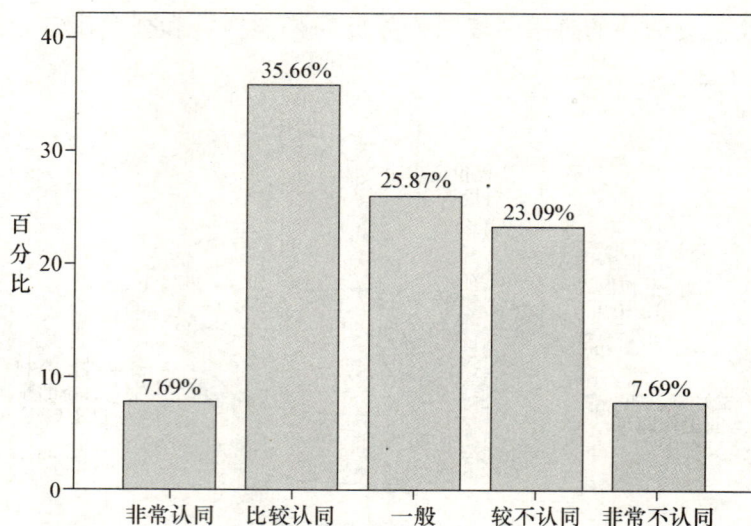

图 4—11 集体利益是一个很模糊的概念（2013）

对这一问题，2015 年的调查数据显示，非常认同与比较认同的比例为 43%，刚好与 2013 年的人数比例相同；但是"较不认同"或"非常不认同"的比例较 2013 年上升了近 20%。说明近年来反腐败力度的加大，使人们对于腐败行为侵害集体行为感到痛恨，也从腐败的案例中看到了分清个人利益与集体利益的重要性。见图 4—12。

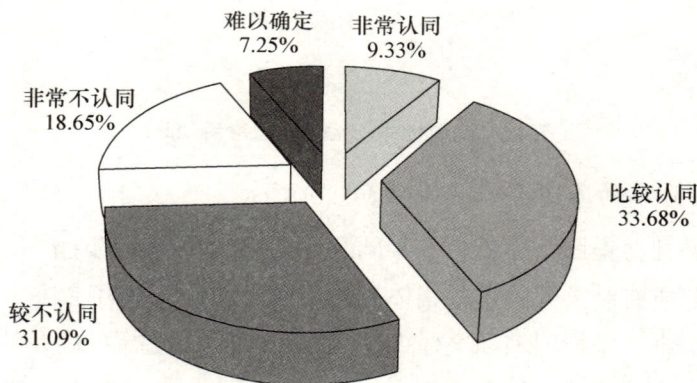

图 4—12 集体利益是一个很模糊的概念（2015）

此外，约 34% 的公务员非常认同和比较认同"我和同事都赞成为单位利益而有选择地执行上级部门的政策"的说法，还有约 28% 的公务员持中立的态度。表明在单位利益与集体利益发生冲突时，维护单位利益已经在一定程度上成为共识。见图 4—13、4—14。

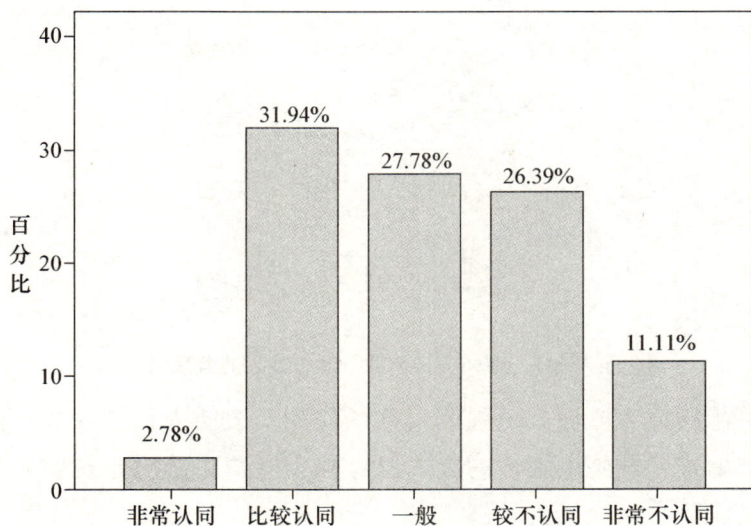

图 4—13　我和同事都赞成为单位利益而有选择地执行上级部门的政策

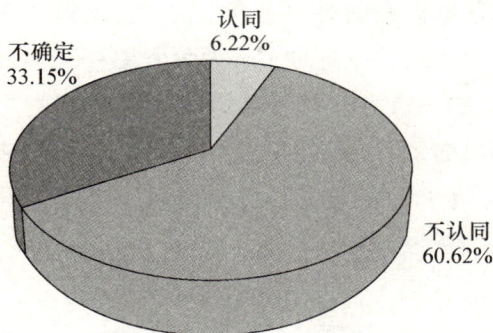

图 4—14　单位或部门领导，通过钻法律和政策的空子为
本单位或部门谋取利益，对这种行为你的态度

4. 道德约束中更重视他律的作用

道德约束靠自律和他律两种途径，是道德修养的两种不同境界，也是公务员道德发展水平与完善程度的重要标志。目前有一半以上的公务员认为人们在没有外在约束和监督的情况下会不同程度地做一些违背道德的事。很多公务员不知道"慎独"这个概念的含义。见图 4—15。

在初任公务员中，有 90% 以上的人没有听说过"慎独"这一概念，更不能正确地解释该概念的含义。这一方面说明公务员的知识结构偏向于现代知识和技术，对一些基本的传统道德概念缺乏了解，也说明公务员的自律意识和能力较弱。对于如何加强反腐败的问题，绝大多数公务员认为应加强体制改革与制度建设，或者说，腐败不是或主要不是一个道德问题，而是一个体制与制度问题。表

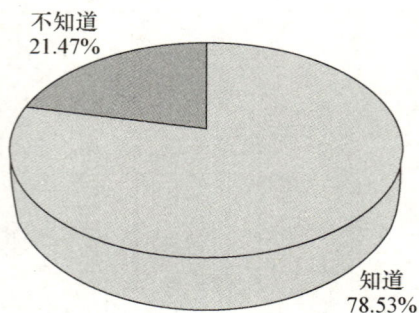

图 4—15　你知道"慎独"这个概念的含义吗

明公务员在道德约束力方面，更强调他律的作用。表明人们正在和已经跳出"良知"型的思维模式，开始以理性的方式思考社会赏罚措施对于调整和规范人们行为的现实意义。

5. 荣辱感、是非观模糊

荣辱感是道德感的基础。在回答"当今中国社会的荣辱感如何"问题时，被调研公务员群体的判定不容乐观。46％的人认为荣辱感存在但已经严重退化，24％的人认为荣辱感很少，5％的人认为没有荣辱感，只有25％的人认为荣辱感存在于每一个人心中。针对公务员的荣辱感强弱，近44％的公务员选择"一般"，近34％的公务员选择"比较强"，近14％的公务员选择"强"，选择"弱"或"比较弱"两项的公务员约占8.8％。见图4—16。

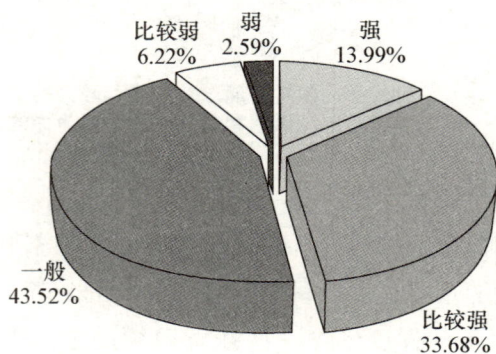

图 4—16　公务员的荣辱感强弱

在荣辱观模糊或荣辱感不强问题方面，公务员群体中最明显的调研例证是公务员对腐败的看法。2013年调研中，在回答是否赞同"宁要腐败但干事的官，不要廉洁而不干事的官"这一说法时，只有48.47％的公务员"很不赞同"，有近16％的官员"赞同"或"有点赞同"，35.71％的公务员"不太赞同"。这反映了人们在荣辱是非观上存在一定的模糊性和错位认识。见图4—17。

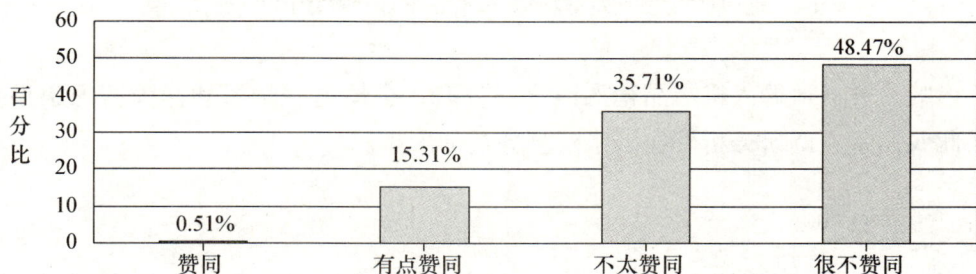

图4—17 "宁要腐败但干事的官，不要廉洁而
不干事的官。"对这种说法（公务员，2013）

2015年的数据较2013年而言，"不认同"与"不太认同"的比例有所下降（相较上图"很不赞同""不太赞同"），"比较认同"与"非常认同"的人数有所上升（相较上图"有点赞同""赞同"）。见图4—18。这一数据表明，十八大以来，在加大反腐败力度的政治生态下，官员"不作为"现象比较严重。座谈中一些公务员也以"福利待遇降低"来解释这一现象。

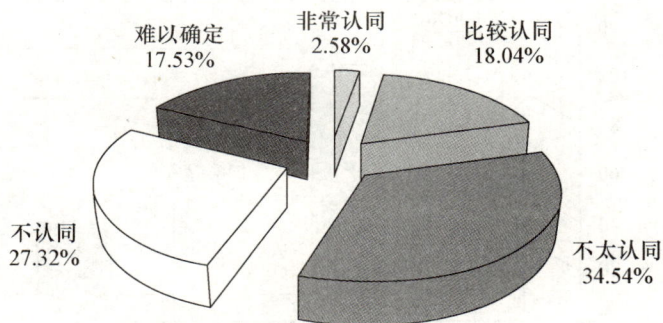

图4—18 "宁要腐败但干事的官，不要廉洁而不干事的
官。"这一说法，你的态度是（公务员，2015）

总之，对于公务员职业道德的总体评价，公务员与公众的评价存在差异。在行政活动中，公务员普遍存在着道德困境。知行不一、言行不一、唯上不唯下和官本位意识严重是目前公务员职业道德中存在的最主要的问题。对公务员来说，虽然个体最终为其行为负责，但是领导重视、职责划分、组织制度、道德规范、高层榜样、决策方式等被认为是影响公务员道德的重要因素。以宣传教育的方式倡导某一种道德规则，较之制度的导向作用要弱一些。公务员之所以不能坚守道德原则，一个重要的原因是行政活动中遵守道德缺乏相应的保护机制。

四、影响公务员道德人格与品德的外在因素

影响公务员道德人格与品德的因素很复杂，个体道德学习和修养努力很重要，但在此我们重点调研分析外在因素对公务员的影响。

（一）社会层面

家庭与学校是道德教育的两个主要场所。父母是孩子的第一任老师，父母的道德价值观通过言传身教融入孩子的思维方式和行为习惯中。学校是孩子社会化的中介，对道德观形成作用重大。家庭和学校对公务员道德价值观的影响是基础而深远的。在回答"哪些因素对道德影响较大"这一问题时，有83%的公务员认为家庭因素起着关键作用，62%的公务员认为学校教育作用很大。

经济与政治是影响道德价值观的两大因素。经济因素和政治因素是影响公务员道德观念的两大因素，在包括经济、政治等选项的问题中，经济因素和政治因素排在了前两位，而且与其他因素相比具有绝对影响力。见图4—19。

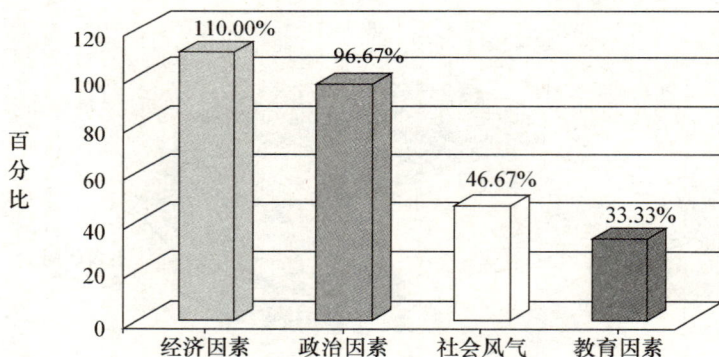

图 4—19 影响公务员行政道德观念的重要因素

社会风气与腐败被认为是主要负面影响因素。社会风气被认为是影响公务员道德的主要社会因素之一，在受访的累计200人的公务员职业道德访谈中，57%的公务员认为公务员道德方面存在问题的主要原因是受到社会不良风气的影响，52%的公务员认为腐败是造成社会道德风气以及公务员道德问题的主要原因。这里涉及官风与民风的关系问题，两者事实上是相互影响、相互制约的关系。因此，解决公务员道德问题也需要从民风入手，需要加强道德文化建设。

权力腐败与贫富分化对道德信念的负面影响。权力腐败与贫富分化问题被认为是当前影响人们社会公正感的主要因素，此外，机会公平不够也被列为是重要的因

素。见图4—20。

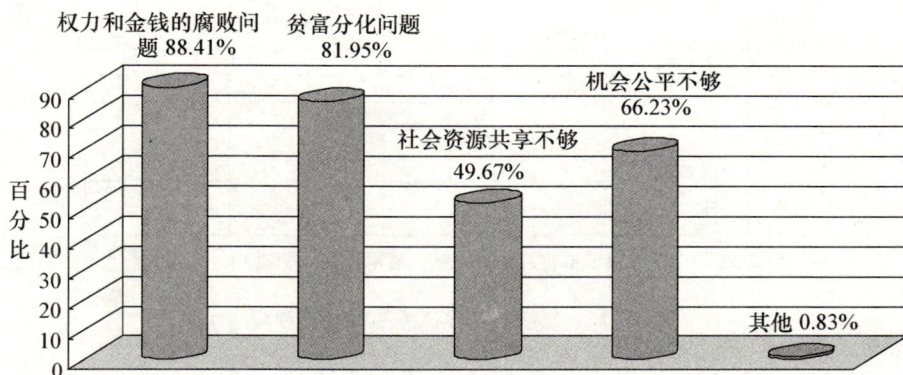

图4—20 你认为当下影响人们社会公正感
的主要因素是（选三项并排序）

"现实生活中两极分化严重"与"中国社会中腐败现象严重"被认为是动摇社会主义信念，影响社会公正的主要因素。社会公正涉及政治领域的权利公正与经济领域的分配公正，这两种公正又是联系在一起的。经济领域的两极分化和政治领域的腐败导致不公正，也是引起公众"公平感"丧失的主要原因，丧失了公平感就会对所处社会制度以及支持社会制度的信念产生动摇。见图4—21。

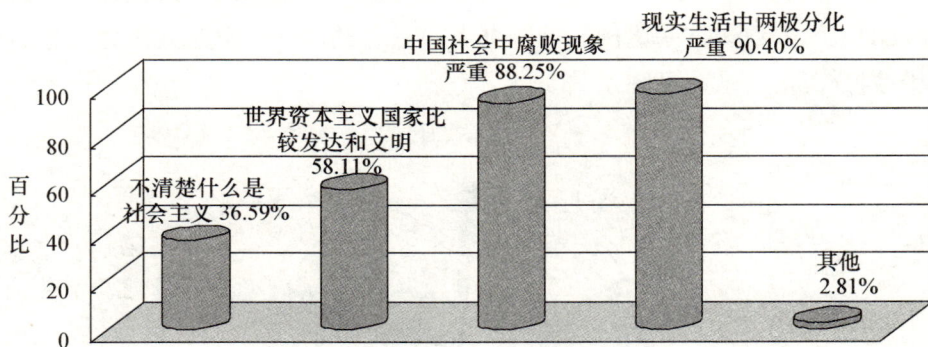

图4—21 有些人对社会主义信念有所动摇，你认为
产生这一问题的主要原因是（选三项并排序）

（二）组织层面

公务员品德的形成受到多种因素的影响。调查问卷中设置了影响公务员品德的三十二个因素，要求选择六项认为最重要的因素。调查结果显示：职责划分、领导重视、用人制度、高层榜样、道德规范与决策方式被认为是对公务员道德具有重要作用的因素。从而，这些方面存在的问题也即是公务员道德领域存在问题的原因。见图4—22。

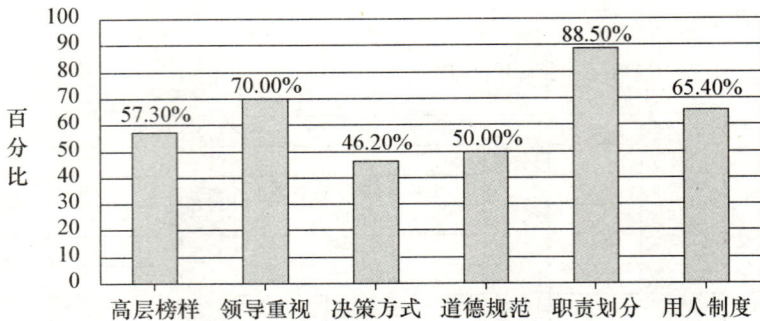

图4—22 影响公务员道德的因素排序表

1. 职责划分被认为是影响公务员道德的主要因素

"尽职尽责、恪尽职守"是公务员职业道德的主要规范和要求。公务员职业道德首先体现在是否能认真地履行职责，公务员职责是否清晰对公务员的职业道德影响非常重要。但遗憾的是，公务员在工作中并没有明确而清晰的职业责任，或者说，他们对自己的职责并不是很清晰。公务员普遍认为，职责不清、相互交叉是导致公务员相互推诿、不主动行政的主要原因，特别是由于部门之间职责不清楚导致的行政不作为并不由个人承担责任，但恰恰在这一领域道德问题比较突出。调查结果显示，约18%的公务员不认同目前"公务员职责和权限划分得很清晰"的说法，加上难以确定的人数，这一比例还可能更大，只有约9%的公务员认为公务员的职责和权限划分得很清晰。见图4—23。

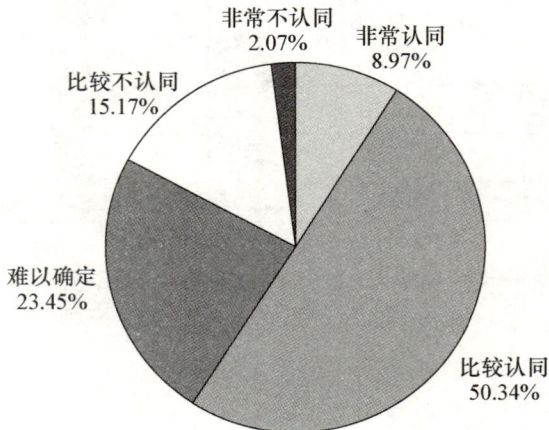

图4—23 公务员职责和权限划分得很清晰

2. 领导重视被认为是影响公务员道德的关键因素

在目前中国行政管理实践中，领导特别是一把手的重视与否对一个组织某项工作的落实情况起着关键的作用。公务员道德建设也是这样。领导重视要落实到行动上，而不是口头上，也不是所谓的会议落实和出台文件。公务员道德建设存在说起来重要、做起来不重要的倾向。近年来，在组织文化中有一种公认的不良风气，就是领导在不同的场合有着不同套话语系统，这是导致虚伪组织文化的重要因素。领导的不重视还表现为对道德行为的沉默，就是当一些有关道德的行为出现时，领导并没有认真地对之进行处理。有时只是口头上做出批评或表扬的处理，并没有给当事人带来实质的惩治或益处。正是这种方式，导致"知行不一""言行不一"的道德问题。

3. 用人制度对公务员的道德选择起着引导作用

对公务员来说，虽然个体最终为其行为负责，但是组织制度特别是用人制度对人们的道德选择起着引导的作用。用人制度对于改变一种旧的道德观和确立一种新的道德观具有重要的导向作用。在政府组织中，公务员大多看重升迁发展，这是他们职业价值实现的最重要的途径。因而，什么样的人得到重用和提拔，他的行为模式就成为榜样。用人标准和制度是最重要的指挥棒。

以宣传教育的方式倡导某一种道德规则，较之制度的导向作用要弱一些，其中，用人制度的作用最为关键。约85％公务员认为道德人品与升迁发展有关系或关系很大，约15％的公务员认为关系不大或没有关系。说明我们的干部选拔制度关注公务员"德"的考核。见图4—24。

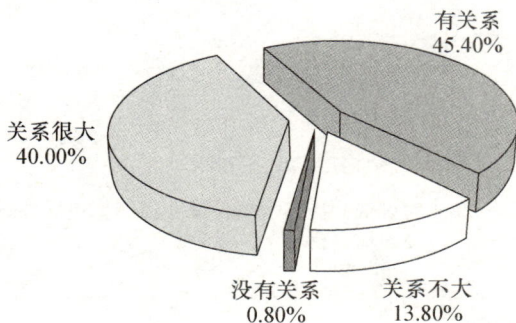

图4—24　道德人品与升迁发展的关系

2015年，对道德人品与升迁发展的关系的看法的数据显示：约20％和约46％的公务员认为两者关系很大和有关系，两项合起来的数据是约66％，与上述调查的数据相比，下降了21％。与此同时，认为没有关系的人数约占5％，而上述数据不到1％。当然，在2015年的调查数据中加了一个"难以确定"的选项，有约10％的人选择了"难以确定"。即便把这个数据加入"有关系"或"关系很大"的人群中，认为两者没有关系的比例还是明显增加，而认为"有关系"或"关系很大"的比例明显下降。见图4—25。

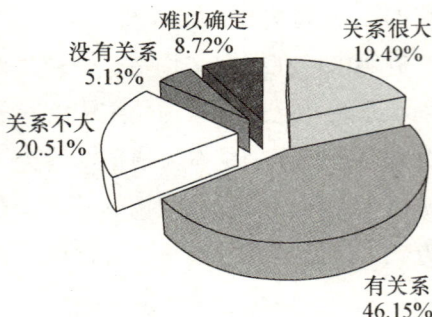

图4—25 道德人品与升迁发展的关系（2015）

4. 高层榜样作用很重要

"政者，正也。子帅以正，孰敢不正！"领导的表率作用一向受重视。关于如何加强公务员职业道德建设，所有公务员（80.77%很认同，19.23%比较认同）都认同"提高公务员职业道德，高层领导必须树立榜样"的说法。见图4—26。

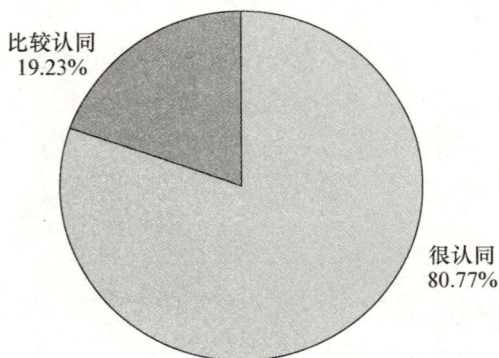

图4—26 对说法"提高公务员职业道德，高层领导必须树立榜样"的认同度

孔子说："其身正，不令而行；其身不正，虽令不从。"身教重于言教，榜样的力量是无穷的。领导干部要求别人做到的，自己首先做到；禁止别人做的，自己坚决不做。领导干部严于律己，才能把本地区本单位的好作风、好风气树起来。但遗憾的是，高层领导在道德榜样方面做得并不令人满意。认为高层领导道德示范作用"比较好"与"不好"的比例大致相当（50.00%和42.30%），说明高层公务员的榜样作用发挥得不尽如人意。见图4—27。

对这一问题的进一步分析，可以说高层领导的表率作用不佳是导致公务员群体道德广泛受到质疑的重要原因。应当说，绝大多数基层公务员都坚守岗位、勤勤恳恳、尽职尽责。但是一些高层公务员滥用权力、损公肥私，而这些公务员一旦发生

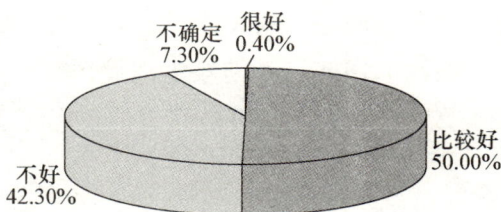

不确定 7.30%　很好 0.40%

比较好 50.00%

不好 42.30%

图 4—27　目前我们高层领导的道德示范作用（一）

重大腐败事件，被广泛传播，对社会影响很大，从而也影响了公务员在公众中的形象。此外，由于高层领导不能严格要求自己，上有所好，下有所效，专断、集权与用人不当导致公务员"唯上不唯下"。公务员道德领域存在问题应采用自上而下的方法解决，而不应当采用自下而上的思路去解决。与其在低层公务员中进行职业道德教育，不如高层领导在行为和作风方面树立榜样，高层榜样就是无言而立竿见影的教育。2012 年 11 月的中国共产党十八大通过了报告，选举产生了新一届中央政治局领导。无论是十八大报告还是新一届领导集体的一些新的举措都透露出一股新风，彰显了一种新的气象。新一届领导集体特别注重改善作风、率先垂范，新出台的中央政治局关于改进工作作风、密切联系群众的八项规定，对包括调查研究、新闻报道、交通出行等方面都提出了具体要求，针对的都是人民群众长期反映强烈的问题，展示了新一届中央领导集体的执政新姿态。从具体内容来看，规定很细很具体，操作性强，这充分体现了新一届领导班子从严治党的决心。这种新气象受到媒体的广泛称赞，公务员都备受鼓舞。在 2012 年年底举办的"北京市区县局级领导干部学习贯彻党的十八大精神研讨班"上，学员们普遍认为这一举措对于加强党的作风建设将发挥关键作用。与上面的相比，认为高层领导的表率作用发挥得"很好"与"比较好"的比例分别上升了 22.40％和 2.85％。这应当看作十八大以来党的作风建设取得的成效。见图 4—28。

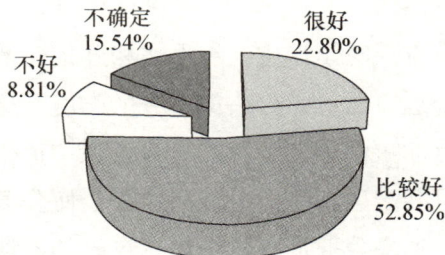

不确定 15.54%　很好 22.80%

不好 8.81%

比较好 52.85%

图 4—28　目前我们高层领导的道德示范作用（二）

但是，2015 年的调查数据显示，对于"改革开放以来，政府及公务员的道德表率作用发挥得如何"这一问题的回答并不是很理想，较目前高层表率作用的评价要低一些，回答"很好"与"比较好"的人数的比例分别下降了约 18% 与约 12%。见图 4—29。说明对这一问题的回答，人们较难把握。一方面反腐败取得了成效，另一方面暴露了大量的腐败现象，对改革开放以来的政府的道德评价不能确定。

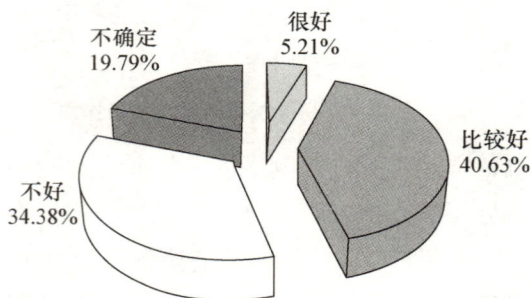

图 4—29　改革开放以来，政府及公务员的道德表率作用发挥得如何

5. 道德规范对公务员道德具有直接的影响

公务员道德规范是否完善，是否得到有力执行被认为是影响公务员群体道德的第五位重要因素。但是，社会道德价值观多元化导致公务员接受的是一些不一致的、模糊的标准，在现实的道德实践中也没有报告和处理伦理问题的机制。大部分组织在处理伦理问题时，法律的方法占主导地位，只要不违背法律，在政策和法律上打擦边球通常被看作一种能力。所以，在问及如果一个人通过钻政策与法律的空子为自己谋取好处是否可以理解时，46% 的公务员认为只要符合政策和法律就行，无所谓道德与不道德。

在谈到国家对公务员道德管理的各种文件和道德准则时，有公务员认为制定的道德准则没有得到严格执行。如果准则得不到执行，比起没有准则还要糟糕。这也导致公务员漠视准则，形成说起来很重要，做起来不重要的情况。

6. 决策方式对组织伦理的形成有重要的作用

民主的、公开的决策方式对于促进组织形成相互信任的伦理文化至关重要。组织成员能够经常有机会表达自己对各种决策事务的态度，这种方式虽然表面上看似与道德无关，但事实上有助于促进公务员的道德意识和道德责任的生成。如果领导专断决策，公务员没有机会表达和思考伦理问题，会使公务员丧失伦理自主性，一切以领导的标准为标准。如果公务员有机会表达自己的看法，参与决策，就会因之产生成就感，会自觉地思考伦理问题，进而生成伦理责任感和使命感。目前，我们的决策方式还不够民主和公开，因而导致行政命令被看得比法律更为重要，出现所谓"黑头不如红头，红头不如笔头，笔头不如口头"的现象。见图 4—30。

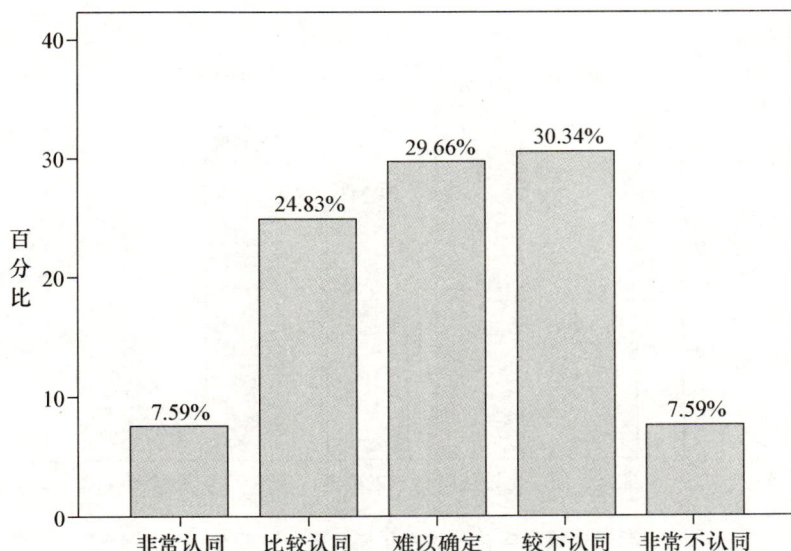

图4—30　上级的决策即使有明显错误或违法，下级也会执行

　　对于单位领导班子集体决策的看法与感知存在较大的分歧，并没有一致的看法。比较认同与较不认同的人数各占约30％，非常认同与非常不认同的人数各占近10％，二者也比较相当。这说明在集体决策的程序这一问题上被调查公务员的感知很不统一，也反映了在集体决策的程序规则问题上没有明确规定，或这种规定比较模糊。见图4—31、4—32。

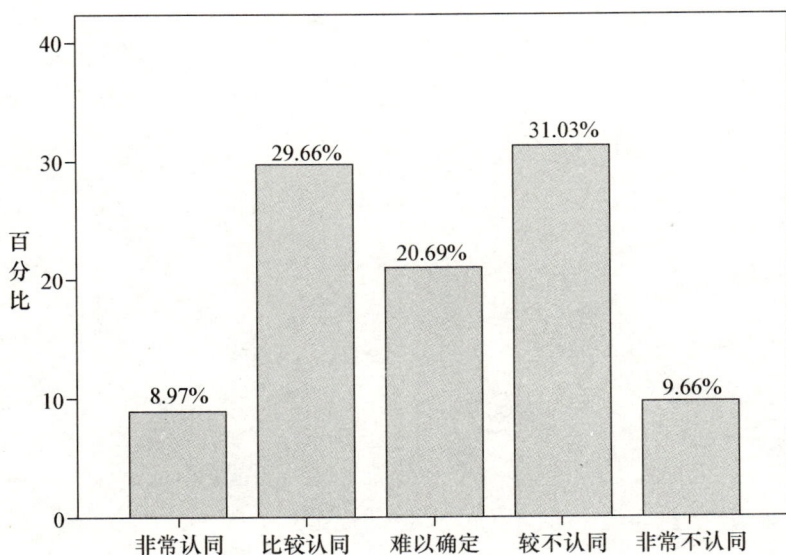

图4—31　在我单位，重大事项都是领导班子集体决策，但决策的程序规则并不明确，也不公开

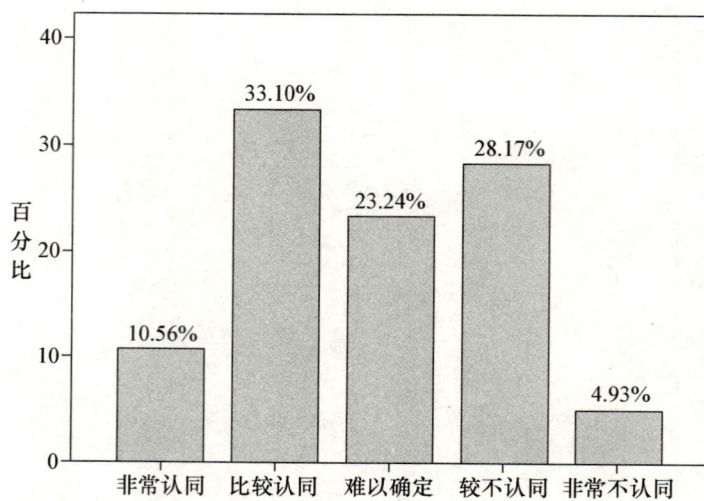

图4—32 决策科学化、民主化还只是一种观念，很难实现

第五篇　公务员道德文化的现状、原因与培育

　　公务员道德文化是指公务员作为组织成员受到组织文化的熏陶，作为社会一员其道德状况受到社会公众期待以及社会法律政策制度的影响，这些因素共同构成了某一社会公务员道德生长的文化土壤。公务员道德状况不仅取决于公务员道德观念的正确与否，道德规范的完备与否，个人道德品德修养如何，而且取决于由社会期待与社会政策法律构成的公务员道德生长的土壤。理解和把握公务员道德文化的现状、原因和发展趋势，对于培育和发展当代中国公务员道德文化有重要意义。

一、公务员道德文化现状

　　公务员道德文化包括组织道德文化和社会道德文化两个方面。组织道德文化是组织成员共同遵守和分享的价值观念和行为选择方式。公务员所处的组织道德文化环境，对公务员的行为方式、价值取向等产生重要的影响。社会道德文化主要是指一定时期由公民的素养所构成的社会环境。当前社会的现实状况、思想观念、法律制度等也对公务员的道德状况提出要求。不论是内部组织道德文化的影响，还是外部社会道德文化的要求，都呈现出多样性、复杂性的特征，这是公务员道德文化的基本现状。

（一）组织道德文化

1. 组织中积极向上的道德文化仍是主流

　　十八大以来，党和国家在反腐败问题上坚持零容忍的态度。习近平总书记在十八届中共中央政治局第一次集体学习时指出，对一切违反党纪国法的行为，都必须

严惩不贷；在十二届全国人大一次会议闭幕会上的讲话中提出弘扬党的光荣传统和优良作风，坚决同一切消极腐败现象作斗争；在中共中央政治局第五次集体学习时强调借鉴历史上优秀廉政文化，提高拒腐防变和抵御风险能力；在党的群众路线教育实践活动工作会议上指出，聚焦作风建设，集中解决"四风"问题。随着惩治腐败力度的不断加大，媒体报道的放大效应和公众权利意识的觉醒等，公务员领域的道德丑闻不断被曝光。党和国家的一系列要求，是从当前国家公职人员队伍建设的实际出发，对公务员群体道德负面评价比例上升的回应。与此同时，政府内部的制度建设、文化氛围也备受关注。政府近年来在干部制度改革、行政文化建设方面做了很多工作。"十三五"规划中也提出深化干部人事制度改革的要求，强调完善政绩考核评价体系和奖惩机制，调动各级干部工作积极性、主动性、创造性，在一定程度上推动了积极向上的组织文化的形成。虽然还存在各种各样的问题，但总体来说，行政组织中积极向上的道德文化依然是主流。一个规律性的现象是，经济发展水平与组织文化的健康程度呈正比。随着我国经济社会的发展和综合国力的提升，组织文化的重要性也越发增强。积极健康的组织文化在优化组织结构、提升组织效率、促进组织发展等方面的重要性，也得到组织内部越来越多人的认同。

针对道德在组织文化中的作用，通过提问"道德没有什么作用，组织文化鼓励实用主义的生存哲学"，以此了解公务员群体对组织道德文化的态度。见图5—1。

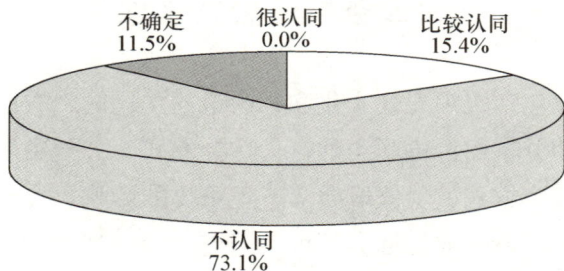

图5—1　道德没有什么作用，组织文化鼓励实用主义的生存哲学

调查数据显示，绝大多数公务员（73.1%）不认同组织文化鼓励实用主义的生存哲学这一说法，仅15.4%公务员比较认同这一说法。以上调查表明，实用主义的生存哲学在公务员群体中并不占据主导地位，七成以上受访者认可道德在组织文化中的作用，因此，可以认为，组织中积极向上的道德文化依然是主流。此外，调查结果表明，公务员普遍具有较高的职业素养，并不从实用主义出发看待自身的工作属性和个人的职业价值。他们认为，公务员不仅需要有较高水平的技术和能力，还需要有较高的道德追求。越是高层的公务员越需要道德感，他们在决策中会更多地考虑伦理因素。

由于我们处在社会转型时期，社会生活急剧变化，新旧道德观念并存，价值追求多样化多元化使公务员的社会道德观念模糊。与此同时，行政改革、城乡一体化改革等政策的不确定性使公务员的工作处于不确定性之中，理想信念遭遇市场经济的冲击，政策制定中不可回避不同群体的利益冲突，行政中政府权力和公民利益的矛盾突显……这一切都把公务员置于伦理选择的两难之中。在这些冲突和矛盾中，绝大多数公务员都保持了职业品格。见图5—2。

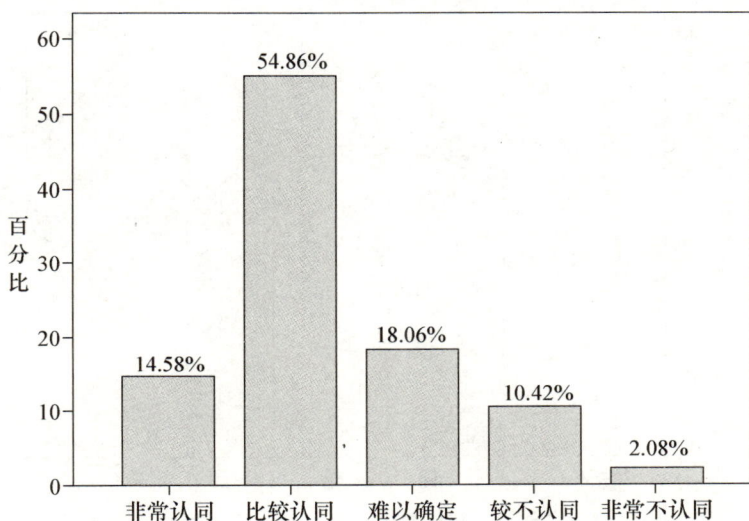

图 5—2　在我单位，每个人都有很强的责任心，对人对事抱着负责的态度

2. 集团利己主义文化应引起重视

利己主义是指把利己看作人的天性，把个人利益看作高于一切的生活态度和行为准则。而集团利己主义则是将集体利益看作高于一切的准则，并以此为标准打压并排挤集体内部的意见和声音。集团利己主义的组织道德文化，不利于集体自身的纠错和革新。习近平总书记在参加十二届全国人民代表大会第二次会议安徽代表团审议时提到"既严以修身、严以用权、严以律己；又谋事要实、创业要实、做人要实"的重要论述，称为"三严三实"讲话。"三严三实"强调组织内部的公职人员既要修身律己，又要办实事，做实诚人。组织的健康发展，归根到底是与个人有关的，组织的整体利益，最终要落实到个人身上，组织内部的个人需要承担起组织健康有序发展的责任。

对"在我单位，即使是出于正义的原因而对单位利益造成损害也会受到排斥，被人认为'不正常'"的问题，约32%的公务员认同这种观点，说明在组织利益面前，尚有较多人不能从更加公正、客观的角度，去正视组织面临的问题和挑战。与此相反，有近七成的受访者并不认同这种观点，表明绝大多数公务员都能克己奉公、勤恳敬业，能够在做人做事方面贯彻"三严三实"的要求。见图5—3。虽然绝大多数公务员能够保持清醒的头脑、负责的态度，但是，集团利己主义的价值取向，仍然需要引起重视。组织内部的集团利己主义文化，对于公务员队伍建设、职能行使、公权力服务于民都有着不可小视的侵蚀作用。因此，当前公务员道德文化建设中，需要防范集团利己主义文化的发展。

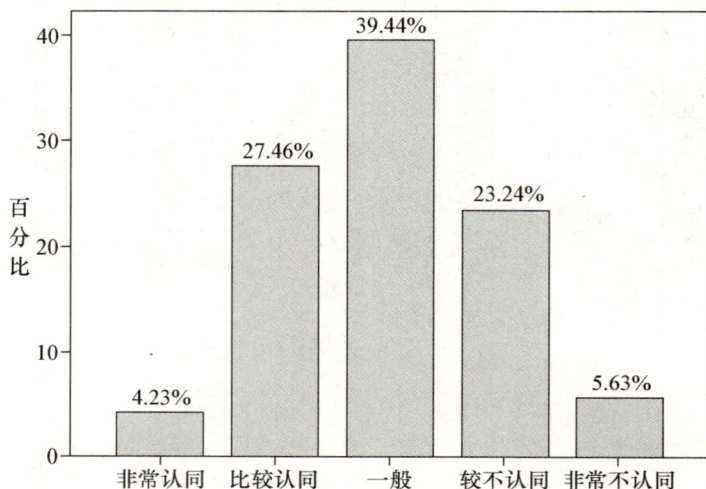

图5—3　在单位，即使是出于正义的原因而对单位利益造成损害也会受到排斥，被人认为"不正常"

3. 一些好的文化正在被侵蚀和改变

"作秀"虽然是个新词汇，近年来却也被用得让人耳熟能详，特别是常常用它来评价定性某些政府部门或者官员的行为。《人民日报》发文评论了两个案例，一个是陕西省公安厅副厅长发微博邀农民工吃饭，一个是安徽芜湖市副市长每天骑车送女儿上学。对此二人的事迹，刚开始有关议论也有"作秀"的调侃嘲讽，后来趋于认同肯定。"秀"是介绍决策、亮明态度、表达情感的方式，"秀"得好，有利于改善和促进政府与社会的良性互动，消除隔阂。然而，很多时候，拙劣乃至别有用心的"作秀"则成为侵蚀传统的良好组织文化的方式。在商业社会，人人都在推销自己，市场化意识在行政组织文化中得到了一定的渗透。在行政组织内部，谦虚谨慎曾经是我们公认的美德，但是有利于这种美德生成的组织文化正在被诸如"好口才""善表演"的文化所侵蚀。

通过对"现在组织不鼓励谦虚谨慎的品德，那些口才好善于表演的人机会更多一些"的调查，我们发现，近66％的公务员认同这种观点，表明当前的组织道德文化中，谦虚谨慎这样一些传统美德已逐渐让位于口才和表演等外在形式。见图5—4。这种转变，一方面反映出公务员队伍中迎合大众、自我包装的不良风气，另一方面也表明传统的好的组织文化正在逐渐失去其支持者和拥护者。当然，公职人员在面向群众时，良好的口才和积极的互动变得越来越重要，这是当前公务员职能转变的重要要求。然而，新的要求不能以"作秀"的形式出现，传统的好的组织道德文化，仍然需要传承和弘扬。

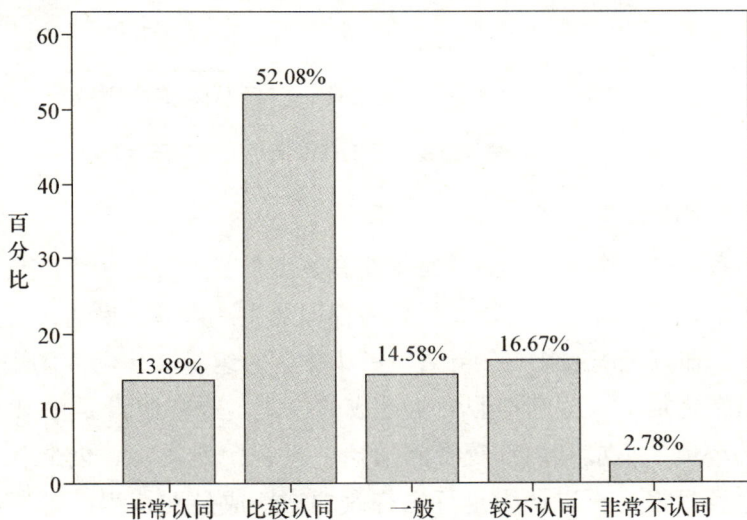

图5—4　现在组织不鼓励谦虚谨慎的品德，那些口才好善于表演的人机会更多一些

此外，近60％的公务员认同"引起领导重视比受到群众拥护更有利于晋升"的说法。见图5—5。在组织道德文化中，"引起领导重视"成为比"受到群众拥护"更重要的价值取向，一定程度上反映了当前扭曲的价值转变。习近平总书记在2014年12月2日主持召开中央全面深化改革领导小组第七次会议上指出："要坚持眼睛向下，脚步向下，尊重基层群众实践，解决群众生产生活中面临的突出问题，务必使改革的思路、决策、措施都能更好满足群众诉求，做到改革为了群众、改革依靠群众、改革让群众受益。"党的群众路线是党的生命线，因此，公务员队伍建设，必须坚持维护群众利益。当前，唯上不唯下的、通过表演创造政绩工程引起领导重视的"作秀"文化在一定程度上侵蚀着勤勤恳恳为人民服务的文化土壤。这种现象必须引起足够的重视，组织道德文化建设中要谨防"劣币驱逐良币"的问题出现。

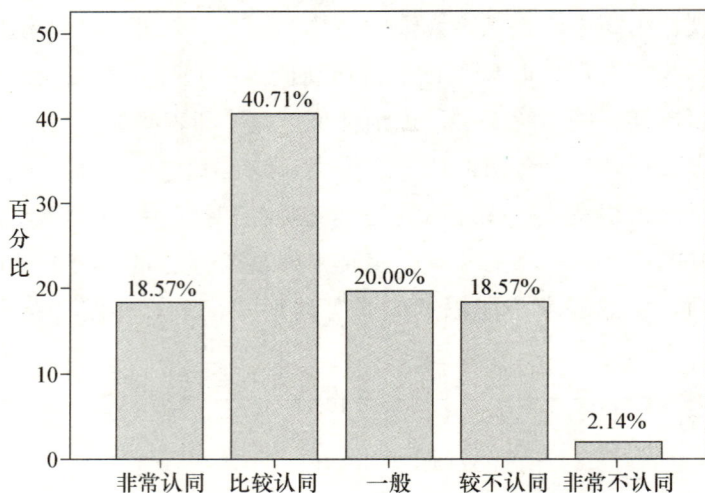

图5—5　引起领导重视比受到群众拥护更有利于晋升

4. 个人很难改变组织文化

国外的学者大多把组织文化看成是组织在长期的生产经营中形成的特定的文化观念、价值体系、道德规范、传统、风俗习惯以及生产观念。麻省理工学院斯隆管理学院教授沙因在《组织文化与领导力》一书中，对组织文化的内涵进行了深刻阐述，指出组织文化是由一些基本假设所构成的模式。这些假设是由某个团体在探索解决对外部环境的适应和内部统合问题这一过程中所发现、创造和形成的。如果这个模式运行良好，可以认为是行之有效的，新成员在认识、思考和感受问题时必须掌握的正确方向。[①] 现实的组织文化与组织成员之间的关系是单向的，组织文化一旦稳定下来，便很难改变。公共部门的价值观、共享的信念、团体规范等都反映了组织文化对于公务员道德具有重要的影响，但公务员个体却很难影响和改变组织文化。

在调查中，我们发现，约64%的公务员非常认同与比较认同"个人力量太渺小了，很难改变组织中的不良风气"的说法，仅有少部分被访者持否定态度。见图5—6。说明在公务员内部，对于组织中业已出现的不良风气，普遍存在难以面对和无法解决的情绪。由于组织文化处于强势地位，公务员往往很难以个人力量对抗其中滋生的问题。这种情绪和观念，对于组织长期健康发展较为不利。因此，在组织道德文化建设中，需要正视"个人很难改变组织文化"的问题，创造条件，完善机制，使公务员有能力对抗组织中的不良风气，维护组织健康的道德文化。

---

① 参见李成彦：《组织文化研究综述》，载《学术交流》，2006（6）。

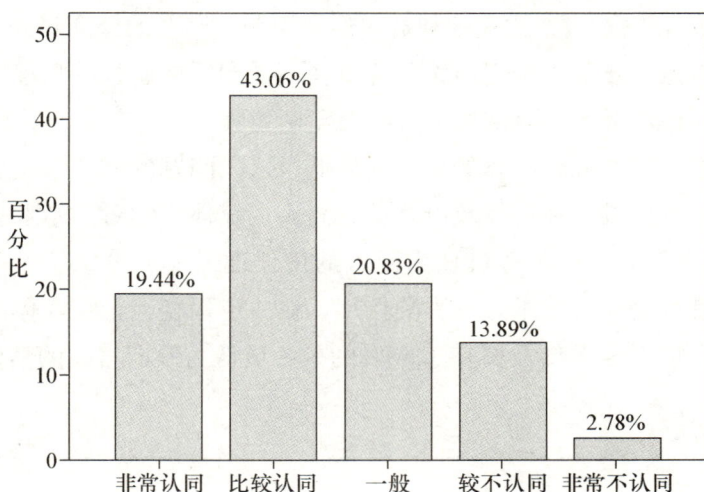

图5—6 个人力量太渺小了，很难改变组织中的不良风气

（二）社会道德文化

近年来中国的一系列社会问题，诸如群体冲突、道德滑坡、社会冷漠、理想缺失、人际紧张、伦理紊乱、精神懈怠等，一是源于管理失效，即制度性的紊乱或决策性的失误；二是源于文化缺位，使得价值判断、认知标准难以达成共识，最终导致道德缺失与道德困境。对公务员群体来说，道德建设既取决于公务员管理的一系列制度建设，也取决于公务员道德建设的社会文化基础。改革开放以来这方面已经发生了很大的变化。

1. 社会公众的监督意识不断增强

十八届四中全会提出全面推进依法治国。习近平总书记强调反腐倡廉建章立制"要着重抓好四个方面的制度建设"。其中针对公职人员，有两点要求：一是要着力健全党内监督制度，着手修订了《中国共产党党员领导干部廉洁从政若干准则》，印发了《中国共产党纪律处分条例》《中国共产党巡视工作条例》，突出重点，针对时弊；二是要着力健全选人用人管人制度，加强领导干部监督和管理，敦促领导干部按本色做人，按角色办事。在党内监督和政府内部监督之外，更要强化社会公众的监督意识。防腐倡廉，既要强化公务员自身的廉政意识，也要从外部加强监督和管理，使公权力真正服务于民、为民所用。

在社会公众监督方面，调查结果显示：95％的公务员认为目前大多数公务员不会以不当方式谋取私利；但只有56％的公众认为目前大多数公务员不会以不当方式谋取利益，44％的公众认为公务员会依靠不当方式获取利益。这一结果并不能等同于44％的公务员会以不当方式获取利益，但它说明，44％的公众对公务员持不信任的态度，也可以进一步认为他们假设公务员在不受到严格监督的情况下会以不当的方式谋取利益。说明社会公众的监督意识在不断增强。

在对"你认为哪类社会群体的信任度最低"这一问题的调研中，公务员与公众的答案存在不一致之处。在涉及政府官员、商人、媒体、学者、企业家和其他六个行业的人群中，47.45％的公务员认为商人的信任度最低，第二位是媒体。公务员认为媒体对于社会公众起了不好的影响作用，在一定程度上正是媒体的放大效应导致公务员的社会信任度下降。只有6.63％的公务员认为政府官员的信任度最低。见图5—7。

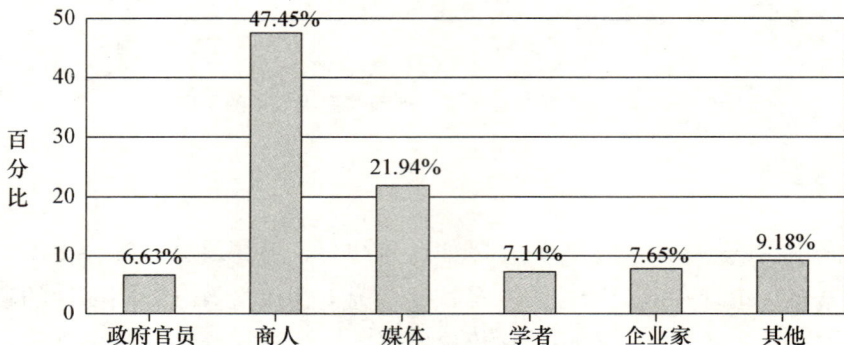

图5—7　你认为哪类社会群体的信任度最低（公务员）

公众对哪个群体信任度最低的回答与公务员有一些差别。有46.11％的公众认为政府官员的信任度最低，排在社会信任度最低群体的第一位；有38.34％的公众认为商人的信任度最低，居于信任度低的群体的第二位；第三位是媒体。这表明，在当代中国，政府官员、商人和媒体是受公众怀疑最多的群体。见图5—8。

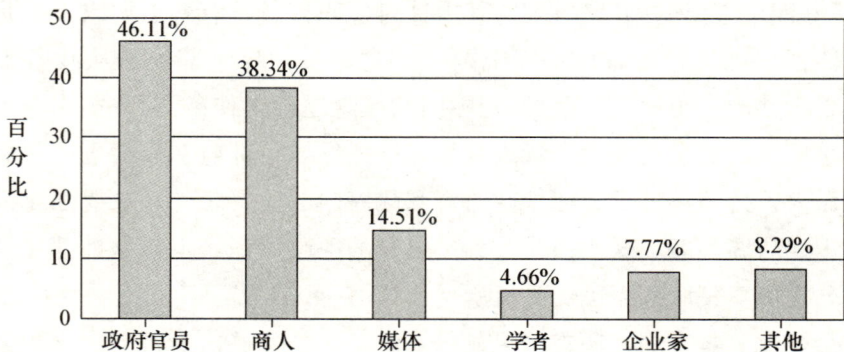

图5—8　你认为哪类社会群体的信任度最低（公众）

这一调查结果表明，在当今社会，公务员群体已经成为社会监督的主要对象，市场领域的不规范、不道德现象使社会公众深受其害。媒体伴随着体制改革，其价值引导作用、社会监督作用与市场化运作方式使之面临着角色困境。与此同时，政府、企业、媒体之间的关系也需要重新审视与定位。

2. 公众对公务员的社会期待不断增强

公务员和公众都普遍认为与其他行业相比，公务员的职业道德水平应当高。"君子之德风，小人之德草"，对于传统文化中官员应在社会生活中发挥道德表率作用的思想和观点，绝大多数公务员和公众都持认同的态度。

但在"现实中公务员的职业道德是否比公众高"这一问题的回答中，公务员与公众有着较大的差异。大多数公务员不认同"公务员的职业道德水准比其他行业低"的说法。约81%的公务员认为实际上公务员的职业道德水准比其他行业要高，但只有约32%的公众认为公务员的职业道德水准实际上比其他行业高。约26%的公众认为公务员的职业道德水准实际上比其他行业低，还有41%的公众持不确定的态度。

在公务员职业道德的评价中之所以出现公务员与公众评价的差异，是因为公务员的职业道德状况与公众对他们的期望之间还有距离。尽管公务员认为自身勤奋努力，但是公众随着权利意识和监督意识的不断增强，对公务员的要求与期待也越来越高。此外，公务员群体中的确存在唯上不唯下的行为趋向，这是导致公务员自身尽职尽责，但不被公众认同的深层原因。见图5—9、5—10、5—11、5—12。

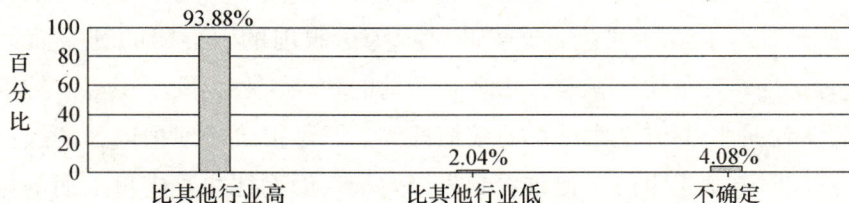

图5—9　你认为，与其他行业的职业道德相比较，
公务员的职业道德水准应当（公务员）

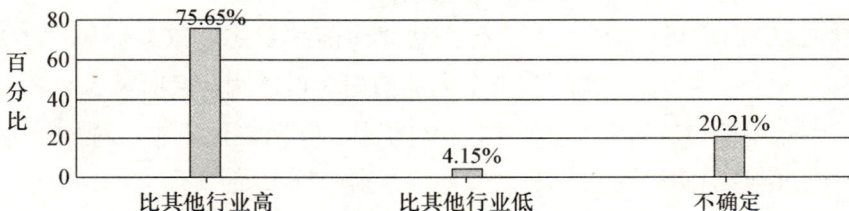

图5—10　你认为，与其他行业的职业道德相比较，
公务员的职业道德水准应当（公众）

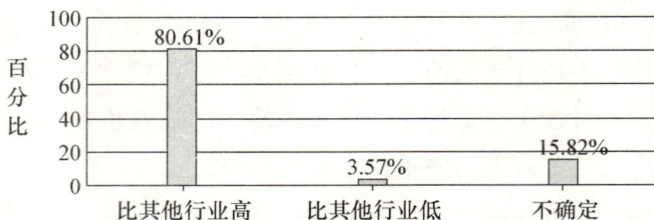

图5—11　你认为，与其他行业的职业道德相比较，
公务员的职业道德水准实际上（公务员）

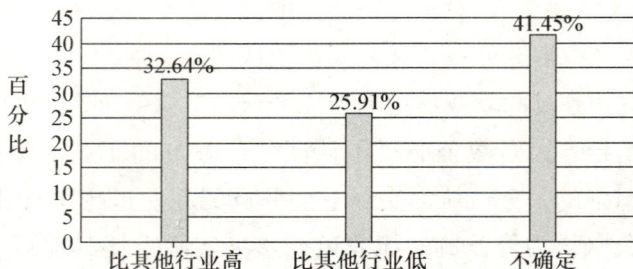

图5—12　你认为，与其他行业的职业道德相比较，
公务员的职业道德水准实际上（公众）

3. 社会道德文化的实用主义倾向

在知识经济时代，利用知识、信息创造价值比获得知识和信息更有意义。同样，今天人们更加注重道德的实用和功利价值，道德的目的意义和价值被隐藏。当前公务员道德评价中的功利主义倾向非常明显。道德评价的依据从重动机转向重效果，在道德评价的依据上更加注重效果和目标是否达到，而不太重视动机与手段道德与否。公务员追求近期利益，追求政绩，为了眼前的、集团的利益而牺牲国家的、长远的利益的现象比比皆是，出现了所谓的政绩工程、面子工程。特别是有领导职务的干部，他们的升迁发展都与政绩挂钩，于是很自然地把地区的经济发展看作首要任务。而道德建设由于很难看到直接效果，因而往往是应付上面的检查。以上表明，实用主义越来越成为公务员的为人处世原则。

当前，道德文化中的实用主义倾向表现为明哲保身的态度占了很大比例。在对"当坚持原则对我不利时，家人或朋友会劝我为前途着想，放弃原则"的调查中，约46％的公务员认同，在坚持原则与个人的前途命运之间，会听从家人和朋友"放弃原则"。接近一半的被访者处于实用主义的社会道德文化之中，说明公务员面临的社会道德文化鼓励实用主义，不主张坚持原则。见图5—13。

实用主义的社会道德文化，对于公务员队伍的腐蚀作用是巨大的。随着市场经济的发展和思想观念的多元化，公务员自身的公众责任意识越来越受到个人主义、利己主义等思潮的影响。因此，不论是从政府绩效考核层面，还是从公务员队伍思想素质建设层面，都要防范实用主义的侵蚀，维护公务员队伍的纯洁性。

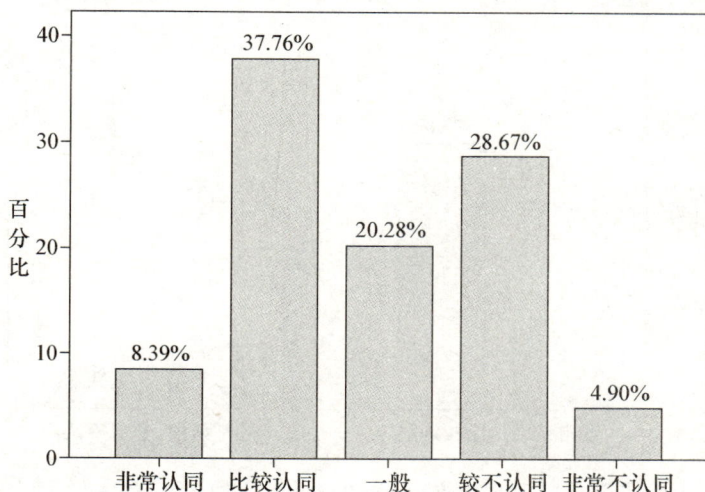

图5—13 当坚持原则对我不利时，家人或朋友会劝我为前途着想，放弃原则

4. 人情文化是道德文化的重要方面

人情历来是中国社会所具有的普遍的价值观念，它不仅是中国人生存和发展的特殊模式，而且是极其重要的为人处世之道。与其他民族和地区相比，中国的人情文化似乎有着更为独特也更为成熟的形态。人情文化自身又是一个复杂的双重性结构体，由之所发生的社会效应也具有并存的二重性——既可能促进人际关系平和，情感谐调，又可能衍生不良的社会现象。① 人情作为中国道德文化中的重要方面，在塑造中国人伦纲常的同时，一旦被滥用，也在一定程度上破坏了正常的社会秩序。对于公务员而言，在人情文化面前，未能把握好度，未能明确好身份，则会出现不可挽回的错误。

对于相当一部分公务员而言，有时候收受礼物并不是出于经济考虑，而是因为当前中国总体上来说还是一个人情社会，拒收别人请托办事的礼物常常被看作不近人情。调查表明，近46％的公务员认同"有时候收受一些礼物并不是出于经济的考虑"的说法，近52％的公务员认同"拒收别人请托办事的礼物常常会被看作不近人情"。见图5—14、5—15。中国人一向强调礼尚往来与报恩思想，公务员群体中依然存在传统上将公共权力的使用看作官员的特权，习惯于对官员的"作为"感恩，而不习惯于将之看作职责和应尽的义务。说明当下中国在很大程度上还是一个人情

---

① 参见涂碧：《试论中国的人情文化及其社会效应》，载《山东社会科学》，1987（4）。

社会，人情文化依然是道德文化的重要方面。

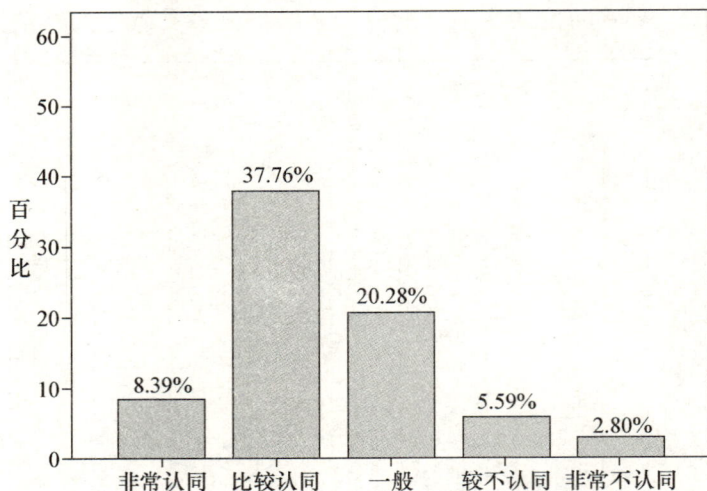

图 5—14   有时候收受一些礼物并不是出于经济的考虑

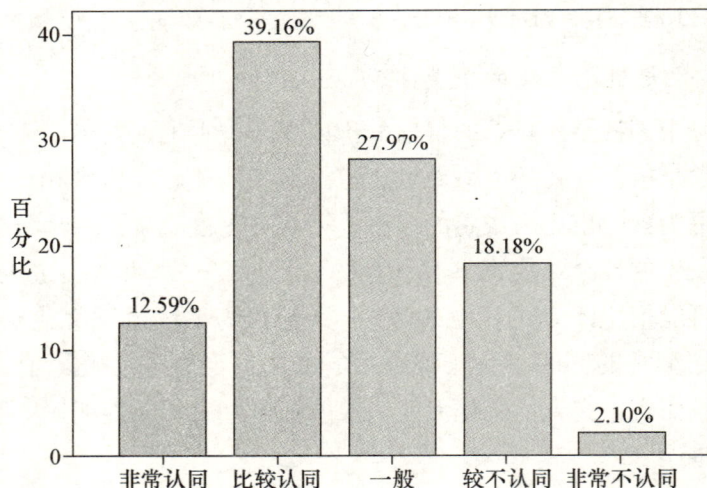

图 5—15   拒收别人请托办事的礼物常常会被看作不近人情

作为当前社会道德文化的一部分，人情文化在很大程度上影响着公务员的为人处世原则。对于将公权力视作个人特权，乃至以此谋取私利的行为，必须从制度和措施层面加以打击和遏制。人情文化作为中国传统文化的重要部分，应该看到其在塑造中国人和中国社会特质方面的作用，更应该将其与当前中国"六位一体"的国家建设结合起来，使其适应我国发展的需要。在公务员组织文化建设方面，更应正确认识人情文化的性质和特点，杜绝以人情之名行个人之私的行为。

5. 公众对腐败的容忍度在提高

中国共产党第十八届中央纪律检查委员会第三次全体会议公报提出，"要坚持以零容忍态度惩治腐败，坚决遏制腐败蔓延势头""严格审查和处置党员干部违反党纪政纪、涉嫌违法的行为，严肃查办贪污贿赂、买官卖官、徇私枉法、腐化堕落、失职渎职案件。坚持抓早抓小，对党员干部身上的问题早发现、早提醒、早纠正、早查处。加大国际追逃追赃力度，决不让腐败分子逍遥法外"。这是继十八大、十八届二中全会以来，党和国家在防治腐败问题上的集中要求。对待腐败问题的决心与腐败事件的危害性密切相关。

对于腐败行为，有两种惩罚机制：第一种是法律的机制，第二种是道德的机制、舆论的机制。过去某一个人腐败被抓起来了，坐牢了，这是法律的惩罚；同时，周围的人都看不起他，这是道德的机制、舆论的机制。但今天的社会舆论环境发生了变化，公众对腐败官员的容忍度在提高。腐败官员被宣判之后，反倒得到更多的同情。在日常的社会生活中，公众对于利用公权谋点小私利，方便自己和熟人也表现出极大的理解。调查数据表明，对于"在卫生部门工作的公务员利用职务之便，找医院有关人员帮助挂号"的行为，只有38%的公众表示不可以理解，相反，47%的被访者表示可以理解。见图5—16。与此相对，2015年最新的调查结果表明，持"可以理解"的人数比例达到54.69%，上升了近8%。见图5—17。

这种变化说明，社会公众对于腐败的容忍度在提高。一方面表明腐败问题正变得愈发普遍和多发，另一方面表明腐败作为一种社会现象，正将社会公众导向一种错误的价值判断中。这种不良的社会道德文化对于公务员履行自身职责，对于维护社会公平正义，对于公务员队伍的廉政建设，都有着较大的破坏作用，不利于实现全面推进依法治国建设社会主义法治国家的目标。因此，不论是党和政府，还是社会公众，需要从制度政策、行为自律等方面打击腐败问题，坚持腐败行为零容忍，坚决维护社会的公平正义。

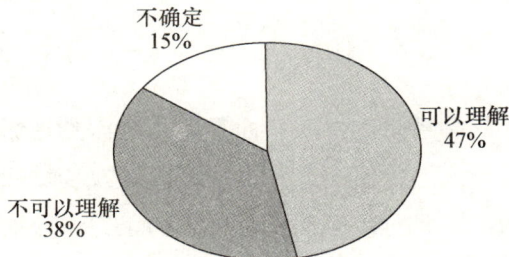

图5—16　在卫生部门工作的公务员利用职务之便，找医院有关人员帮助挂号。对这种行为，你的态度（公众）

不确定
18.23%

不可以理解
27.08%

可以理解
54.69%

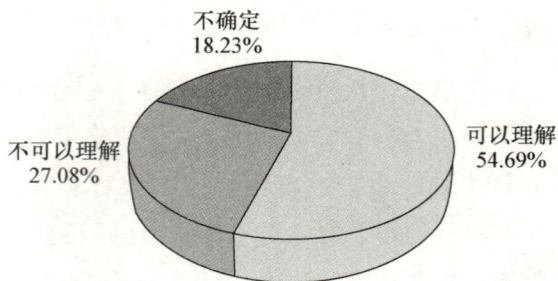

图 5—17　卫生部门的公务员利用职务之便找医院有关人员挂号（公众）

总之，在道德文化方面，组织道德文化与社会道德文化主流是健康的，但是一些不健康的、不利于公务员道德培育的文化正在取代和侵蚀健康的道德文化。组织道德文化中集团利己主义文化、作秀、表演、唯上不唯下的文化正在侵蚀着传统的集体主义、谦虚谨慎、服务人民的文化。社会道德文化中公众的监督意识、社会期望等有益于公务员道德文化养成的健康文化正在增强，同时，依然浓厚的传统人情文化、仍在提高的公众对腐败的容忍度等都是阻碍公务员道德健康生长的文化因素。

二、公务员道德文化现状探源

行政文化的多元并存和冲突与全球化浪潮以及经济社会发展紧密相关，是现代化进程中传统元素与现代元素并存与矛盾冲突的表现。当前中国公务员道德文化现状是由多重原因共同形成的。从全球视角来看，全球化带来的文化观念与中国传统文化观念并存是中国当代行政文化多元、多样、多变和冲突的文化根源；从中国当前社会的特征来看，社会转型和市场经济的发展导致中国传统行政方式与现代行政方式的冲突，是导致行政价值取向和行政心理多元、多样、多变的重要原因；从行政文化建设自身的问题来看，行政文化建设缺乏相应的制度支持，理论宣传、教育和现实制度政策的不协调是导致行政文化多元、多样甚至相互冲突的重要因素。

（一）全球化背景下文化多元与中国当代行政文化多元、多样、多变

全球化不仅促进了社会经济的发展，而且越来越深刻地影响和改变着国家的发展范式和路径，改变着国人的价值观念和文化理念，改变着政府的行政文化。经济全球化和新科技成果的推广，对政府形成了极大的压力，政府必须通过快速提高效能来响应时代的要求。在动力和压力的影响下，发达国家政府管理的理念、价值、伦理等通过学术著作、境内外培训等途径影响着行政人员的理念与行政管理实践。

一方面，发达国家的行政观念与制度如民主社会主义的思想、西方政治制度模式、社会福利保障制度等对公务员群体产生较大的影响；另一方面，与现代社会相适应的行政理念和道德规范又缺乏广泛的宣传与相应的制度支持，从而不能成为具有高度共识的价值观念。一方面公务员长期信奉和坚持的行政理念、道德规范还在发挥作用，另一方面由于规则不时被打破并没有受到相应的处罚从而使传统的道德规范功能下降，道德观念被弱化。正是行政管理理论与实践领域的矛盾现象导致了中国行政文化多元、多样和多变，甚至对立冲突的特征。如，公务员大都在认知上接受了依法行政的理念，但是传统的人情文化还在顽固地发挥作用，使法治的理念不能在现实中得以落实。在坚持原则与个人的前途命运之间，约46％的公务员认同家人或朋友会劝其"放弃原则"，说明公务员面临的社会道德文化鼓励实用主义，不主张坚持原则。同时，人情文化是道德文化的重要方面。相当一部分公务员认为，有时候收受礼物并不是出于经济考虑，而是因为当前中国总体上来说还是一个人情社会。近46％的公务员认同"有时候收受一些礼物并不是出于经济的考虑"的说法，近52％的公务员认同"拒收别人请托办事的礼物常常会被看作不近人情"的说法。对于在卫生部门工作的公务员利用职务之便，找医院有关人员帮助挂号的行为，只有38％的公众表示不可以理解。

（二）社会转型和市场经济发展导致传统的行政方式与现代的游离和冲突

首先，改革开放的深化不断调整着人们的利益关系，推动着人们的思想观念发生各种变化，市场的趋利性、排他性和等价交换原则使得原有的义利观受到冲击，多元多样的价值取向适应利益需求的多样化而产生。市场经济唤醒了人的"利益意识"，公务员价值选择中出现了集体主义与功利主义的冲突。人性是一个各种需求交织在一起的综合体。作为道德的存在，人追求"善"的价值；作为生物的存在，人追求"食色性"的满足；作为理性人，"趋利避害""利益最大化"是人的本能。传统社会，儒家思想强调人的道德存在，抑制人的生物本能和经济追求。革命年代和计划经济条件下延续了传统的集体主义价值取向，抵制功利主义和个人主义的滋生。市场经济条件下，个人利益取得了合法地位，在"社会利益最大化"的功利主义旗帜下，人的"自利"天性和"经济"理性得到了前所未有的释放。由于中国的市场经济没有经历自发、完整的孕育过程，计划经济和源于中国几千年农业经济、历史的权力结构依然在新型的市场经济体系中发挥着作用，现代行政文化观念以及与市场经济相适应的职业精神难以形成。在现实社会生活中，我们实行的是社会主义市场经济，一方面，在价值导向上我们一直坚持社会主义集体主义，另一方面，市场经济的重利性、竞争性、交换性诱发了公务员的个人主义、享乐主义。同时，全球化时代的到来，西方价值观对公务员的思想理念的渗透和影响，导致公务员价值取向的多元、多样和多变。

其次，社会转型导致社会生活的全方位变化，多元化的社会生活格局是公务员价值取向多元、多样和多变的生活基础。随着改革开放的逐渐深入和扩展，经济成分、组织形式、就业方式、利益关系和分配方式多样化格局开始呈现。经济体制、社会体制和道德规范都处于转型阶段，很多制度、规范、机制尚在发展与成长之中，伴随而来的各种思想意识也异彩纷呈。巨大的变化使得人们对未来的把握更加不确定，因此思想观念也呈现出多元、多样和多变。就公务员群体而言，传统社会公务员职业的权威性、稳定性和保障性使他们在拥有优越感的同时，优胜劣汰的竞争法则和退出机制也逐渐建立，公务员的工作节奏不断加快，"首问责任制""限时答复""末位淘汰制"等制度的实施，使公务员工作的压力和挑战越来越大。这些都是导致公务员行政理念、价值和道德多元多样的原因。

最后，以自然经济为基础的行政文化、以计划经济为基础的行政文化和以现代市场经济为基础的行政文化同时并存，并产生一定的冲突。一方面，经过三十多年的改革开放，社会主义市场经济已经有了长足的发展，但是，相对于经济领域的市场化程度而言，中国广大民众（包括公务员）的市场化程度还相当低。作为一个农业大国，农业比重大，非农产业发展落后，小农经济意识浓厚。思想封闭、安于现状、得过且过是相当一批干部工作的作风，官位为上、追逐私利就成为一些干部的工作动力。由于经济社会发展相对滞后，创业机会不多，创业环境不优，受小农经济意识影响的相当一部分群众，也自觉不自觉地接受了"官本位"思想，形成了"做官才有出息、从政才是本事"的社会文化心态。

（三）行政文化建设相对缺乏相应的制度机制支持

行政文化与制度相分离表现为倡导的行政理念、道德没有相应的制度安排，缺乏刚性的引导和约束机制，因而只能停留在理念层面，难以在现实中生根。例如，我们倡导加强公务员职业道德建设，但方式只是加大培训力度。培训只能解决理念认知问题，不能解决行为问题。刚性的制度约束和考评机制才是人们行为的指挥棒。但是，目前我们还没有一部综合性的《公务员道德法》，国家层面颁布实施的道德规范内容宽泛，缺少可操作性，也没有相应的监督考评执行机构。

其一，干部任用制度不完善是传统行政文化向现代行政文化转变的阻碍因素。党和政府一贯以"德才兼备、以德为先"作为选人用人的理念，近年来，中央领导人多次强调"不让老实人吃亏",但是这些理念却因缺少相应的制度安排而得不到落实。在一些地方,"由少数人选人、在少数人中选人"的现象还没有得到根本改变。在我们关于"干部任用制度方面存在的问题"相关问卷调研中,被调查公务员群体中认为现在干部任用方面问题严重,认为主要问题是跑官要官现象严重(占61.2%),任人唯亲现象严重(占48.0%),买官卖官现象严重(占27.6%)。说明绝大多数人对干部选拔的公正性并不认同。正因为如此,行政领域才会形成"唯上不唯下"的文化。

其二是行政制度机制中缺乏应有的伦理精神。改革开放三十多年来,中国行政改革基本上是以效率为目标,没有真正把公平正义的伦理价值作为改革的目标。官民干群关系这一对基本的行政伦理关系也没有相应的制度机制保障和体现。以国内生产总值和政绩为导向的评估体系与以行政权为主导的绩效评估体制,以及以集权和对上级领导负责为特征的官员考核和任免规则都不足以支持政府机制中公平目标的实现,也不足以完全保证官民干群中的伦理秩序。我们倡导为人民服务的价值观以及与此相应的行政道德规范,但由于在一些领域和一些行政机制中缺少相应的政策和制度的支持,公开倡导的行政道德规范往往与官员现实中奉行的潜规则相互脱节,导致一些公务员和官员在行政道德生活中出现规则缺失和双重人格现象。

三、公务员道德文化的培育

十八届三中全会决议把"推进国家治理体系和治理能力现代化"作为改革的总目标,并具体指出:"必须切实转变政府职能,深化行政体制改革,创新行政管理方式,增强政府公信力和执行力,建设法治政府和服务型政府。"没有行政文化的现代化,就没有行政管理的现代化,也就没有国家治理体系和治理能力的现代化。在日益开放和变革的社会条件下,我国行政文化的主流是积极的、向上的,但也应当看到,目前行政文化中存在的非主流、非主态和多变的现象会对行政领域产生重要的影响,应当自觉地开展与当前社会发展相适应的行政文化培育,发挥行政文化的功能。

(一)坚持主导性和多样性统一原则,发挥社会主义行政文化主导作用

社会转型,从社会发展的意义上看,是指社会形态的根本变革。价值冲突是社会转型的外在表现。所有的社会变革和利益调整,都会直接或间接地表现为在观念领域对价值的争夺,反映出社会价值观念变化的趋势。各种社会价值观念都有其存在的土壤。公务员群体是对各种理论接受能力特别强、理论需求比较旺盛的群体,

完全采用强制式的方式进行文化培育，是不可能收到好的效果的。在全球化背景下，在社会阶层多元、价值多元的条件下，要处理好一元和多元的矛盾。在理论上要区分两个概念："在差异性社会中存在的事实层面上思想价值体系的多元化"和"作为国家精神规范层面的意识形态的多元化"[①]。前者是一种事实，后者是一种导向。事实的多元性并不等于导向的多元。价值导向只能是一元的。

在行政文化建设方面，应当坚持主导性和多样性的统一，尊重差异，包容多样，发挥多样化的正面功能。一方面，要以中国特色社会主义理论为指导，建立有时代特色的社会主义新型行政文化体系。要加强社会主义行政理念、行政价值、行政道德的研究，明确其内涵和要求，增强其科学性和现实性。要注重同时加强社会主义主流行政文化的宣传和推广，并将之渗透到行政管理实践中。另一方面，充分发挥多样性的积极作用。现代社会是多元社会，单一的文化不可能存在，也与和谐社会的理念相悖。建设社会主义行政文化，要在坚持一元化的导向的同时，尊重差异，包容多样，最大限度地达成共识。多样化的行政文化对于一元化的指导思想有促进和补充作用，多样化的行政文化有利于增强人们的自主意识、竞争意识、效率意识、平等意识和民主法制意识，激发创造活力，有利于满足人们日益丰富充实的精神需求。

（二）尊重文化建设规律，以科学的理论与方法培育现代行政文化

钱穆先生说："一切问题，由文化问题产生；一切问题，由文化问题解决。"[②]行政文化建设与制度建设的不同在于，它是通过潜移默化、逐渐渗透的方式而实现的，不是通过强制推行能够奏效的。因此，必须研究行政文化建设的规律，不断更新行政管理和行政文化理论，形成现代化行政管理需要的创造性、开拓性的行政文化理论，以适应高效、开拓、开放的行政管理的发展。为此，首先需要积极挖掘和弘扬传统行政理念和行政道德体系中的合理内核，如"民本""清廉"的行政理念，"重义轻利"的行政价值观，追求人格完善和知行合一的道德修养论等，将之与现代行政管理实践相结合，融入现代行政文化体系中。其次，借鉴、吸收国外行政理念和行政道德中合理的、适合中国国情的成分，构建适应全球化和市场经济发展的行政文化体系。最后，要运用现代组织管理心理学和行为科学的最新理论和方法，对行政人员的需求、观念和行为进行科学引导和培育，促进稳定、健康、和谐的行

---

① 任平：《中国哲学社会科学创新要有国家意识》，载《中国社会科学报》，2012-03-23。
② 钱穆：《文化学大义》，3 页，台北，正中书局，1981。

政心理的形成。

（三）加强行政制度建设，营造健康行政文化形成氛围

与行政文化密切相关的制度是干部人事制度。用人制度对于组织文化具有重要的导向作用。在政府组织中，目前公务员的职业发展还是以职位的升迁为目标的，公务员大多看重升迁发展，这是他们职业价值实现的最重要的途径。上级领导的言行是公务员直接的效仿对象，同时，什么样的人得到重用、被提拔，他的行为模式就成为榜样。用人标准和制度是最重要的指挥棒。身教胜于言传，以宣传教育的方式倡导某一种道德规则，较之制度的导向作用要弱一些，其中，用人制度的作用最为关键。因此，要深化干部人事制度的改革，重点解决好干部"如何进"与"如何出"、"如何上"与"如何下"的问题，促进干部管理方式从以职务管理为主向以职责管理为主转变，最大限度地排除人为的不利因素，真正体现用人上的客观、科学、公正、公平。要进一步健全干部考核体系和评价机制，保证那些扎扎实实为群众干实事、真心实意为群众谋利益的优秀干部能够进入组织选拔的视野。要改进民主推荐工作，使那些想干事、能干事、干成事的人才能够推荐得上来，形成以工作实绩和人民群众拥护决定干部命运的体制机制。

加强公共政策与制度的伦理性，发挥公共政策与制度的导向作用。公共政策与制度应充分体现公平与效率的统一，应通过制度化的安排来维护和保证公民的权益。进一步完善分配制度，注重社会公平，完善社会保障体系，保障社会弱势群体，同时，还需要加强伦理规范制度建设。近年来，我国在行政伦理制度化方面取得了一定的成就。但从现实情况看，我国还没有《行政伦理法》或《公务人员伦理法》以及具体的实施法令。为达到行政伦理建设法制化的目的，需要尽快制定完善《国家政务活动公开法》《公务员财产申报法》等法律。这些法律以强制的方式规范公职人员的行为，以预防与惩治的方式对落后的、腐败的行政文化起着抵制的作用。

（四）以培养公民意识为基础，促进健康行政文化形成

培养公民意识，就是要培育公民的社会责任意识、规则意识和正确的荣辱观。公民社会责任意识表现为公民对自己生活的社会和国家积极负责的态度。每个公民不仅自己坚守道德，同时还要以国家主人翁身份监督和约束公务员的行政行为。规则意识是一种界限意识，是衡量社会文明化程度的标志。一个和谐有序的社会，一定是一个进退有序、遵守规则的社会。规则意识是一种以公开、透明、民主、平等为价值指向的现代意识，它反对各种形式的特权，反对一切潜规则与暗箱操作。正

确的荣辱观是现代公民意识的重要心理基础。如果社会普遍存在官本位意识，以享受特权为荣，缺乏起码的荣辱观，崇德尚德的社会氛围就不可能形成。卢梭说："一切法律之中最重要的法律，既不是铭刻在大理石上，也不是刻在铜表上，而是铭刻在公民的内心里，它形成了国家的真正宪法，它每天都在获得新的力量，当其他法律衰老或消亡的时候，它可以复活那些法律或代替那些法律，它可以保持一个民族的精神。"[1] 公民对法律的信心既是法治精神得以贯彻的前提，也是道德生成的基本前提。行政文化培育并不能仅靠公职人员的自觉自律，还要靠公民的积极参与。

---

① ［法］卢梭：《社会契约论》，73 页，北京，商务印书馆，1997。

第六篇　公务员廉政道德状况调查与分析

当今世界各国，不管是发达国家还是发展中国家都面临着艰巨的反腐任务。我国行政领域同样存在着突出的官员腐败问题，这些问题严重危害党政形象和干群关系，影响社会风气和社会的安定和谐。党的十八大报告直接提出："反对腐败、建设廉洁政治，是党一贯坚持的鲜明政治立场，是人民关注的重大政治问题。这个问题解决不好，就会对党造成致命伤害，甚至亡党亡国。"本部分内容注重对公务员廉政道德状况做相关调查与分析。

一、调查目的与方法

廉政道德是指公务员在政务活动中形成的廉政价值、廉政信念、廉政态度、廉政习惯、廉政行为的准则或规范的总和。廉政不仅是公务员的基本道德要求与道德品德，还是一种道德文化。廉政是一个由社会物质生活条件、社会制度以及社会心理特征和社会普遍的规范要求相互结合、相互作用而组成的一个复杂的社会文化系统。廉政已经成为目前世界各国关注的重点和难点问题。国际社会设立了反腐败日，有众多的组织机构和学者研究廉政问题。廉政是一个普遍的难题，但在不同的时空中其表现形式和治理重点各不相同。加强廉政建设的前提是对廉政的现状有一个整体客观的了解，只有这样，廉政建设才能有针对性。本调查的目的在于对当前中国公务员廉政道德状况的现实进行了解，分析其存在的问题，在此基础上提出加强公务员廉政道德建设的思路和对策。

本调查报告主要采用问卷调查法和访谈的形式。廉政虽然是公务员的道德，但与公众的意识和行为方式、社会风俗有着密切的联系，后者的观念和行为作为一种文化会直接对前者的观念和行为方式产生影响。因此，本问卷设计了针对公务员群体与公众群体的两份问卷，分别进行测试，对照两者对廉政问题的不同感知，以把握廉政建设的整体状况。

《公务员廉政道德调查问卷》是在文献查阅、结构化访谈、试调查基础上形成的。通过在北京市委党校、房山区委党校、市总工会干校、门头沟党校等市区和郊区学员中进行访谈、调查，形成了针对公务员和针对社区居民的调查问卷。随后，在北京市、云南省、贵州省等地，在公务员和社区居民中采用随机形式分别发放问卷 500 份，两个群体共 1 000 份。公务员群体收回 500 份，有效问卷 485 份；社区居民群体收回 496 份，有效问卷 479 份。

本次调查收回公务员有效问卷 485 份，其中，男性占 43%，女性占 57%。年龄分布情况为：36～50 岁的占 41%，26～35 岁的占 34%，51～60 岁的占 18%，18～25 岁的占 7%。学历结构为：本科占 65%，大专占 21%，研究生及以上占 13%，高中占 1%。

社区居民收回有效问卷 479 份，其中，离退休人员占 29%，国有企事业单位人员占 10%，知识分子和个体经营者各占 2%，进城务工人员占 1%，其他人员占 56%。年龄分布情况为：36～50 岁的占 31%，26～35 岁的占 24%，51～60 岁的占 23%，60 岁以上的占 11%，18～25 岁的占 11%。学历结构为：博士研究生占 4%，硕士研究生占 25%，本科占 38%，大专占 28%，高中及以下占 5%。

对廉政道德的总体情况、廉政道德规范、廉政道德品德、廉政道德教育的效果以及加强廉政道德建设的途径等问题，我们可从以下几个方面进行调查与分析。

一是公务员廉政道德的总体情况。这是关于公务员廉政道德评价的主体与总体印象的调查，包括对公务员职业道德的总体评价，对目前公务员道德表率作用的评价等。二是公务员廉政道德规范的状况。包括廉政道德规范的完善程度、执行情况以及影响执行的因素等。三是公务员廉政道德品德的状况。包括对廉政文化的认知，以及廉政价值观、廉政态度、廉政行为等。四是廉政道德教育的成效。包括对廉政道德法规的知晓度、廉政道德建设各种活动的效果、公众参与情况等。五是加强廉政道德建设的途径，在调查廉政道德的相关因素的基础上，分别对民主法制建设、领导表率、舆论引导、公民意识与公众参与等进行调查。

二、对廉政道德的总体评价与认识

调查结果显示，公务员对廉政道德与公务员职业道德的总体状况满意度很高，而公众则只有半数多一点的人对廉政道德的状况持满意与比较满意的态度，有近

40％的公众认为廉政道德与公务员职业道德水平比较差。

（一）对廉政道德的总体评价

1. 公务员和公众对廉政道德现状评价不一

从调研结果看，公务员群体对廉政道德的满意度普遍较高，认为"很好"或"比较好"的占到了97％，只有3％的公务员认为廉政道德现状"比较差"。但是，公众对廉政道德的满意度远远低于公务员群体的满意度，认为"很好"或"比较好"的人数占44％，认为"不太好"或"不好"的占到了总人数的56％。同样，在对公务员职业道德的总体评价上，也存在不同的看法。公务员群体认为公务员职业道德状况总体上"非常好"或"比较好"的约占到了调查人数的92％，认为"比较差"的约占8％。公众对公务员职业道德的总体评价远远低于公务员自身的评价，认为"非常好"或"比较好"的约占56％，约38％的公众认为公务员职业道德总体水平"比较差"，约6％的公众认为公务员的职业道德水平"很差"。见图6—1、6—2。

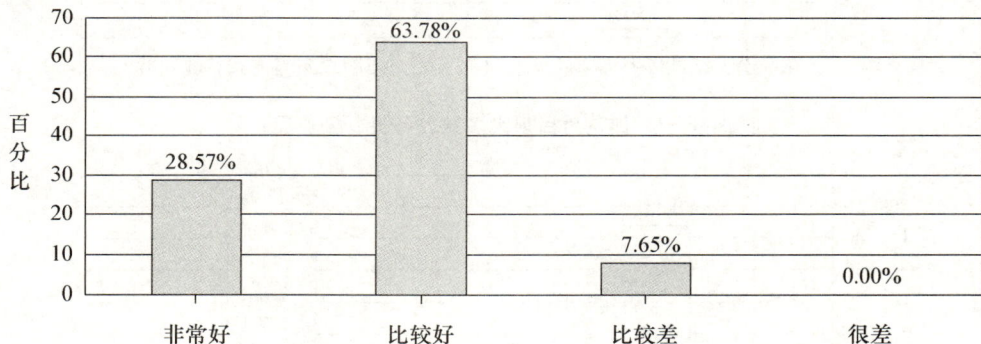

图6—1 你对目前公务员职业道德的总体评价（公务员）

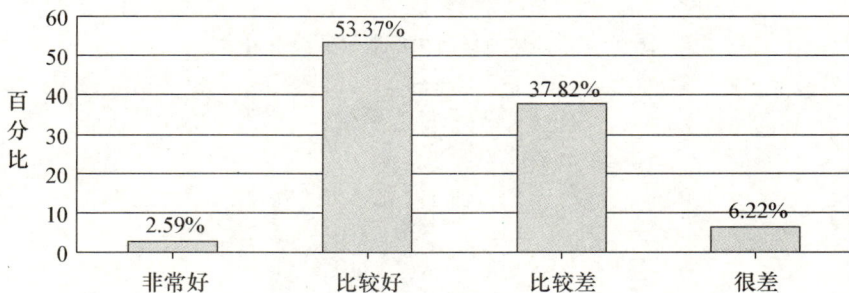

图6—2 你对目前公务员职业道德的总体评价（公众）

对公务员职业道德评价主体不同，结论也不同，说明引入多元主体评价标准具有必要性与合理性。既不能由公务员自己评价自己，也不能完全由行政相对评价，二者应相互结合。

2. 对公务员职业道德的判断

公务员的廉政文化状况很大程度上与职业道德状况相联系，廉政本身就是职业道德的重要组成部分。公务员职业道德状况从一个侧面反映廉政道德的现状。如果大多数人保持良好的职业道德，不以不当方式谋取利益，那么就为廉政道德建设奠定了良好的基础，否则，就对廉政道德建设构成挑战。调查结果显示，约95％的公务员认为目前大多数公务员不会以不当方式谋取利益，但只有约56％的公众认为目前大多数公务员不会以不当方式谋取利益。相近的问题是过去的一年，一半以上的公众与近一半的公务员在工作中看到和遇到过公务员破坏道德准则和政策法规的事发生。见图6—3、6—4、6—5、6—6。

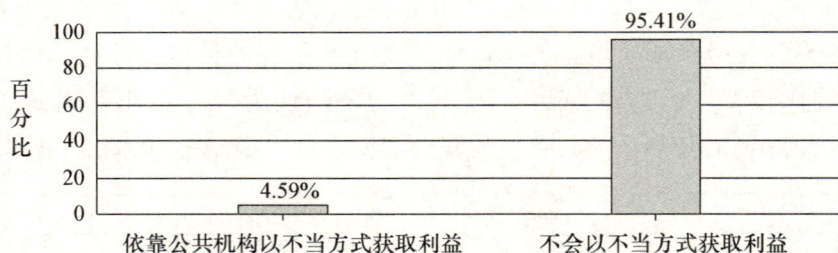

图6—3　你认为目前大多数公务员（公务员）

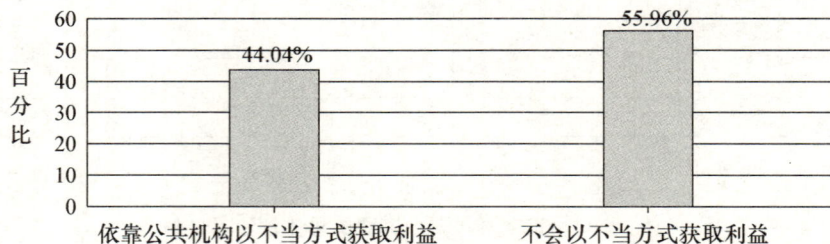

图6—4　你认为目前大多数公务员（公众）

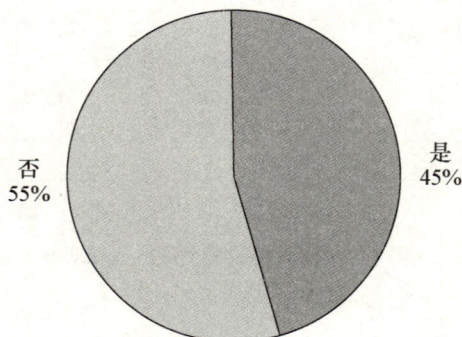

图6—5　过去一年曾看到和遇到公务员破坏道德准则和政策法规的事发生（公务员）

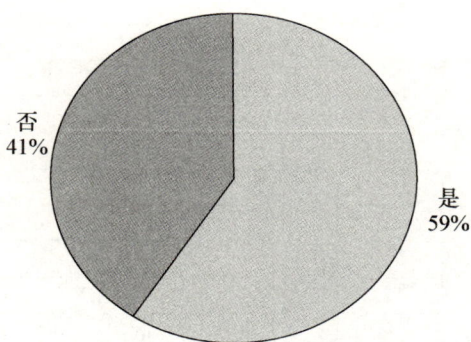

图 6—6　过去一年曾看到和遇到公务员破坏道德准则和政策法规的事发生（公众）

3. 公务员的公信力问题

无法回避的一个现实是，政府官员在公众中的公信力在一些方面和一些领域有所下降，但是一些公务员只把这一问题的责任归之于社会其他群体。在回答你认为哪类社会群体信任度最低的问题中，公务员回答中排在第一位的是商人，第二位是媒体，而公众则把政府官员排在第一位。与此相联系的是，公务员把腐败的主要原因归为官员的贪欲与商人的不法行为。见图 6—7、6—8、6—9。

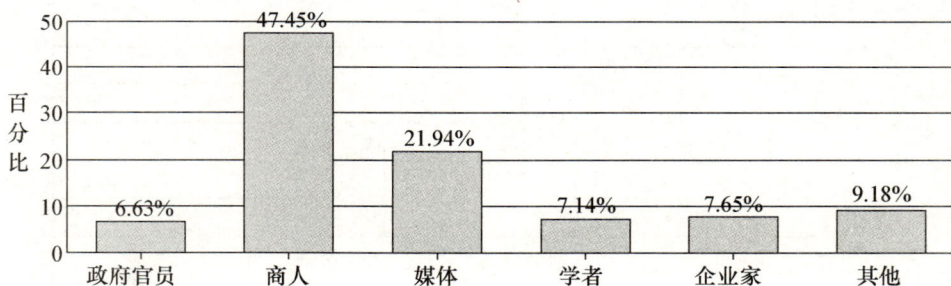

图 6—7　你认为哪类社会群体信任度最低（公务员）

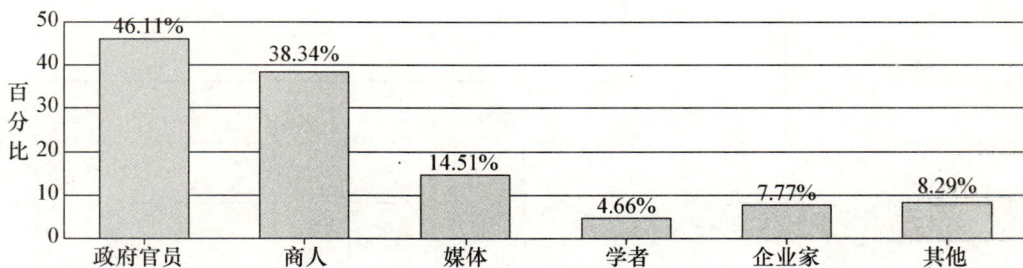

图 6—8　你认为哪类社会群体信任度最低（公众）

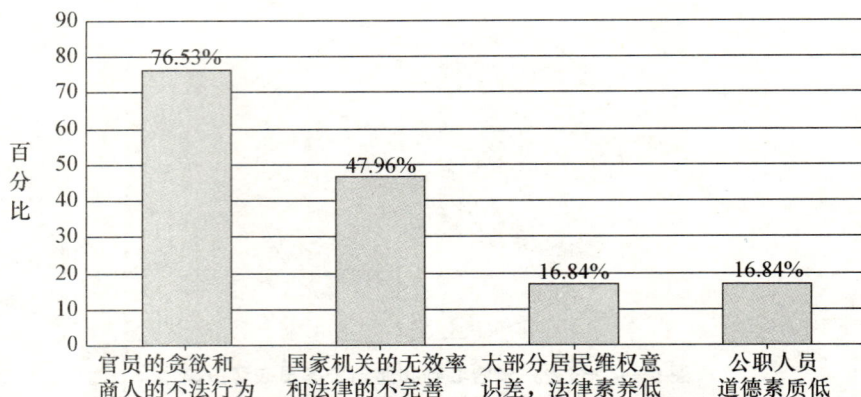

图 6—9　你认为腐败的主要原因是（最多选 2 项）（公务员）

（二）对廉政道德建设的认识

1. 关于廉政道德建设的对象与主体

公务员和公众对廉政道德的对象与主体的排序基本一致：政府、领导干部、普通公务员、社会公众和其他。说明在目前，公务员和公众普遍将廉政与政府和公务员，特别是领导干部联系起来，或者说，认为廉政与政府和领导干部关系较为密切。见图 6—10、6—11。

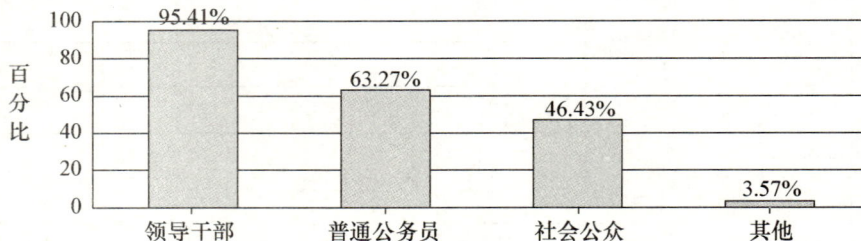

图 6—10　你认为廉政文化建设的主要对象是（可多选）（公务员）

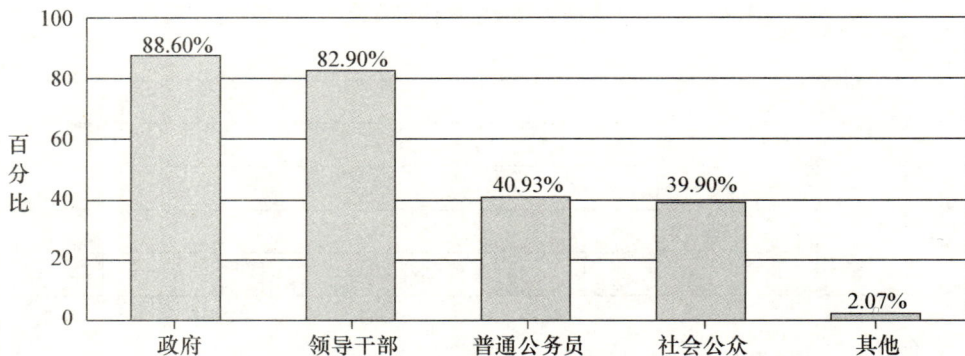

图 6—11　你认为廉政文化建设的主体应当是（可多选）（公众）

2.　廉政道德建设是全社会的事

廉政文化建设的主体是政府和公务员，但并不是说与公众没有关系。北京市公众对廉政文化建设有着较高的积极性和热情，约77％并不认同"廉政文化建设是领导和公务员的事，与普通公众无关"的说法，表明北京市公众的权利意识、反腐败的责任意识都很强，这一点需要在廉政文化建设中充分发挥其作用。见图6—12。

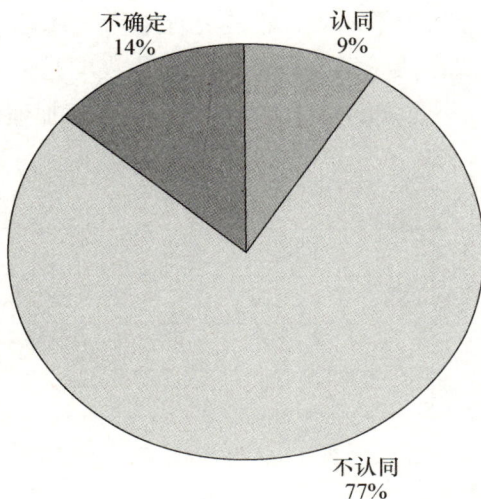

图6—12　"廉政文化建设是领导和公务员的事，与普通公
　　　　　众无关。"你是否同意这种说法？（公众）

3.　对公务员职业道德建设的表率作用的认识

孔子说"君子之德风，小人之德草"，一个社会的道德风尚如何，关键在于处于社会主导地位的公务员群体的道德状况如何。党政机关公务员既是普通公民，又是在社会中掌握着公共资源分配权的群体，这就决定了他们的道德状况对社会其他行业人员的道德具有表率作用。有了党政机关公务员的大力倡导和率先垂范，我们整个社会的道德水平就会不断提高。实践证明，党政机关公务员的职业责任强不强，职业道德好不好，不仅仅是党政机关自身建设的问题，而且是关系到各行各业的道德建设，乃至党风和社会风气能否进一步好转的大问题。

公务员和公众都普遍认为与其他行业相比，公务员的职业道德水平应当高，但现实中公务员的职业道德是否比公众高，公务员与公众的判断有着较大的差异。约81％的公务员认为公务员的职业道德水准实际上比其他行业要高，只有约32％的公众认为公务员的职业道德水准实际上比其他行业高。见图6—13、6—14、6—15、

6—16。出现这种差异有种种原因：其一是公众对公务员工作性质和环境的了解不及公务员自身。公务员主要从自我在工作中的勤劳付出来感知自己的敬业程度，公众则是在他与公务员的接触中从公务员对他的态度中感知他的职业态度，间接地从媒体的报道中了解这个群体的现实状况。其二，不可忽视的是公务员群体中存在着"唯上不唯下"的问题，其工作价值观、工作态度决定了他们虽然付出劳动，但得不到公众的认同。其三，其深层原因与政府职能定位有一定关系。公务员承担了大量政府职能之外的事，导致力不从心，不能兑现承诺。无论如何，对公务员职业道德状况的判断不能只停留在感觉层面，但是公众代表的是一种民意，他是根据公务员这个群体与公众关系这个直观的感受来判断的。公务员加强职业道德建设不能不关注公众的认知。

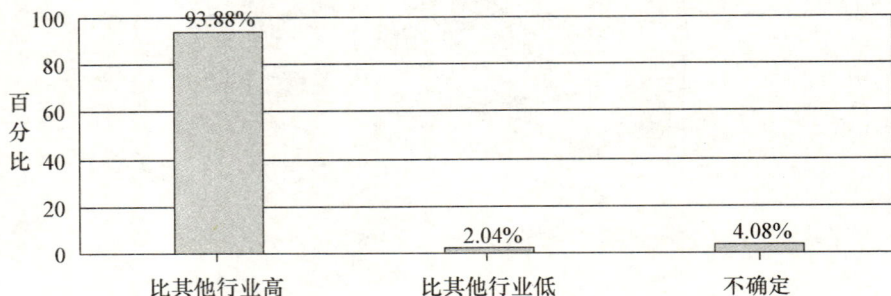

图 6—13 你认为，与其他行业的职业道德相比较，公务员的职业道德水准应当（公务员）

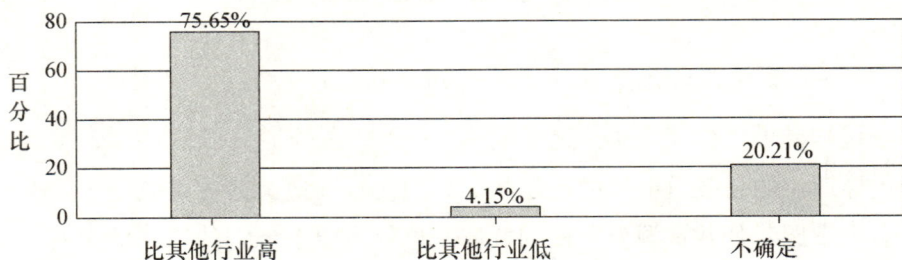

图 6—14 你认为，与其他行业的职业道德相比较，公务员的职业道德水准应当（公众）

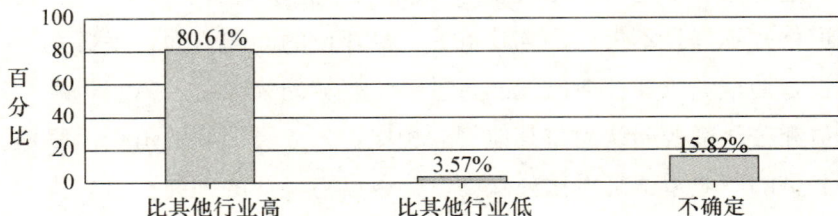

图 6—15 你认为，与其他行业的职业道德相比较，公务员的职业道德水准实际上（公务员）

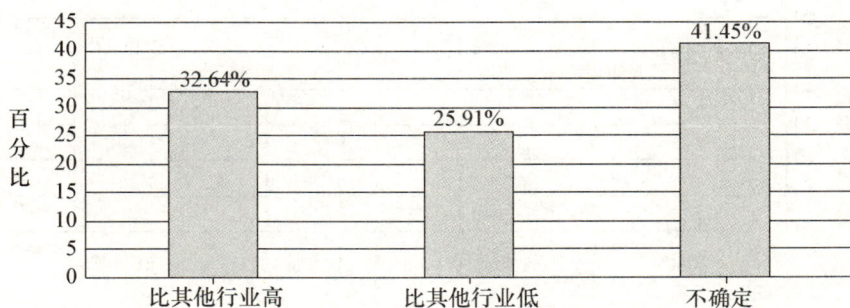

图 6—16　你认为，与其他行业的职业道德相比较，公务员的职业道德水准实际上（公众）

（三）廉政价值观、态度与行为

1. 廉政价值观问题

当今社会，价值认同呈多元化状态，越来越多的人包括一些公务员都认同实惠的处世价值，遇事找熟人、跑官要官成为一些人的行为首选。这也是当代公务员廉政道德建设的现实基础。调查结果显示，绝大多数公务员和公众都有着正确的廉政价值观，他们（约79％的公务员和约72％的公众）并不认同"查到了就是贪官，查不到就是廉吏"的说法。但也应当看到，有约20％的公务员和近30％的公众廉政价值观模糊，对这种说法持有道理或不确定的看法。见图6—17、6—18、6—19、6—20。

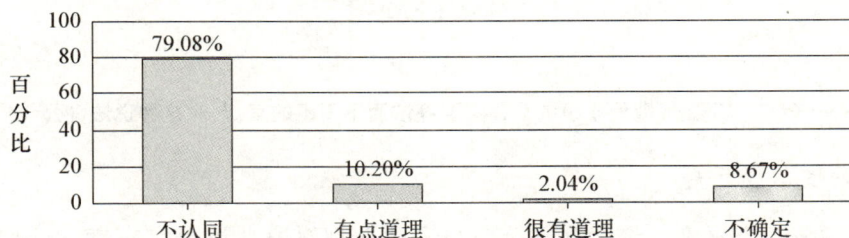

图 6—17　你认为"查到了就是贪官，查不到就是廉吏"这种说法（公务员）

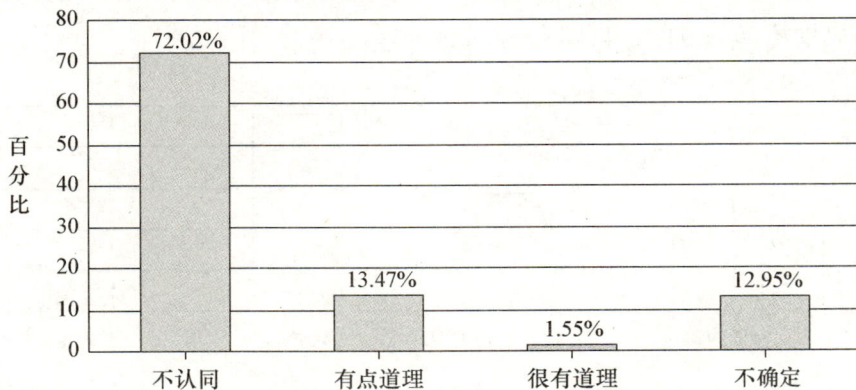

图 6—18　你认为"查到了就是贪官，查不到就是廉吏"这种说法（公众）

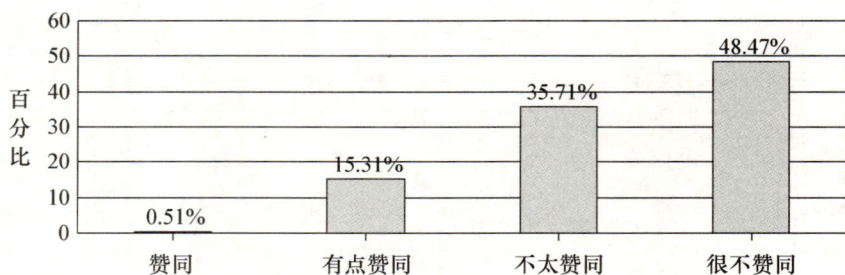

图 6—19　"宁要腐败但干事的官，不要廉洁而不干事的官。"对这种说法（公务员）

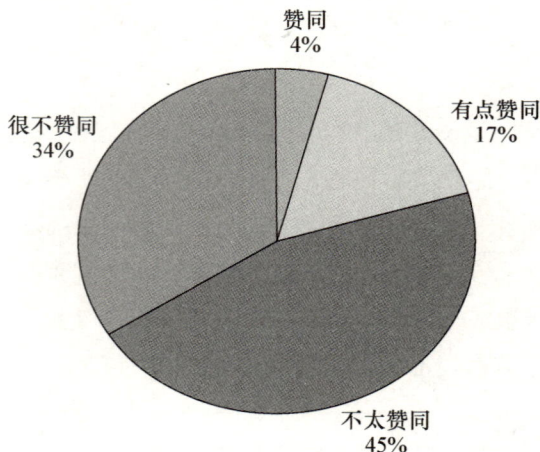

图 6—20　"宁要腐败但干事的官，不要廉洁而不干事的官。"对这种说法（公众）

2. 廉政态度问题

关于腐败的容忍度。绝大多数公务员和公众都对腐败持否定态度，他们看到或听到重大腐败案件和道德丑闻时的最大反应是感到愤怒。但是，在一定程度上存在对腐败容忍度增加的危险。见图 6—21、6—22。

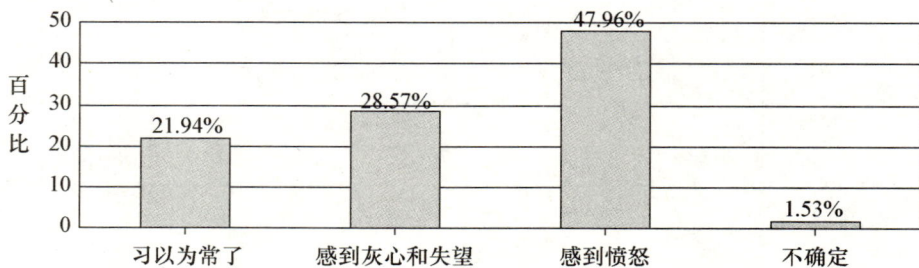

图 6—21　当你看到或听到重大的腐败案件和道德丑闻时候的反应是（公务员）

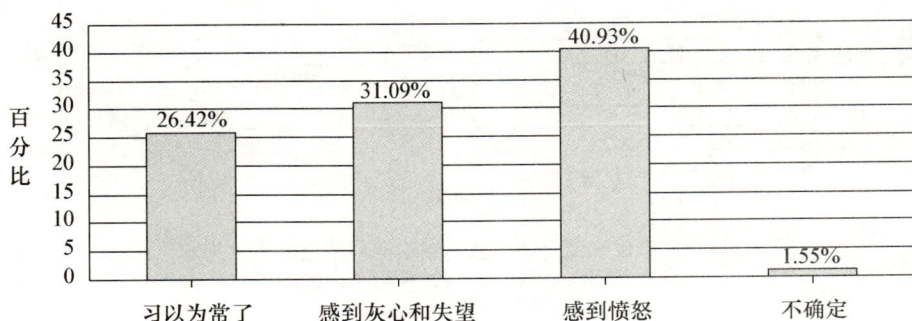

图6—22　当你看到或听到重大的腐败案件和道德丑闻时候的反应是（公众）

在对一些腐败问题的看法上，公务员和公众都不同程度存在矛盾的心理。一方面，绝大多数公务员不认同"办事就得花钱"的说法，对于"宁要腐败但干事的官，不要廉洁而不干事的官"的说法持否定态度。但也应当看到，有约15％的公务员与17％的公众对这一观点持有点赞同的观点，还有约36％的公务员和45％的公众对这种说法持"不太赞同"（而不是不赞同）的观点。这就反映了一种倾向和矛盾心理，人们反对和痛恨腐败，但是也不赞同不做事的庸碌的官员，对人们来说，这是一个两难。另一方面，在现实中，公务员和公众对腐败都有一定程度的容忍。约86％的公务员和约63％的公众对于单位或部门领导通过钻法律和政策的空子为本单位或本部门谋取利益的做法不认同。但是有近一半的公众认为公务员利用职务之便为自己和自己相关的人谋取一点便利是可以理解的。约49％的公务员和47％的公众对于"在卫生部门工作的公务员利用职务之便，找医院有关人员帮助挂号"这样的事持"可以理解"的宽容态度，这说明在我们的现实生活中，在很多人看来利用职权谋取日常生活中的小小便利已经算不得腐败，人们对这种公权私用现象有极高的容忍度，这正是腐败文化的重要表现。对于廉政文化建设而言，必须警惕这种腐败泛化与民俗化的倾向。见图6—23、6—24、6—25、6—26。

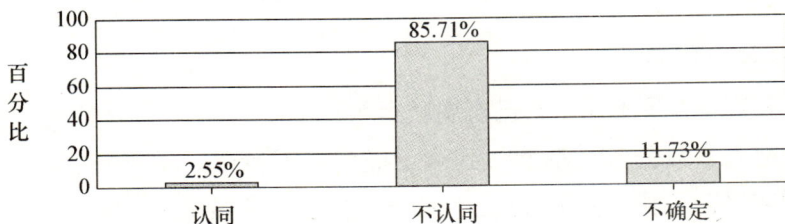

图6—23　你单位或部门领导通过钻法律和政策的空子为本单位或本部门谋取利益，对这种行为你的态度（公务员）

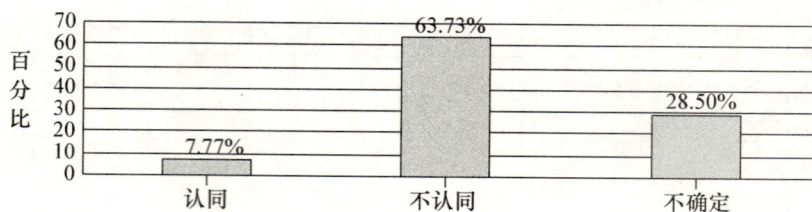

图 6—24 你单位或部门领导通过钻法律和政策的空子为本单位
或本部门谋取利益，对这种行为你的态度（公众）

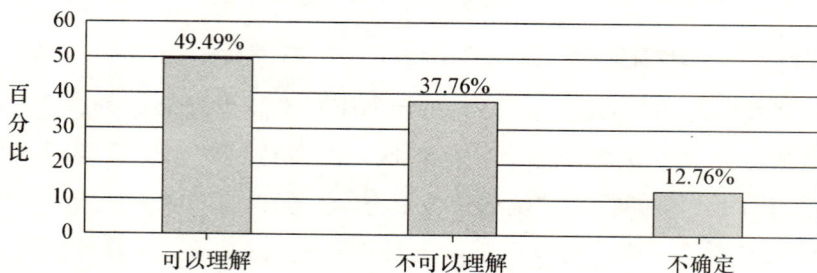

图 6—25 在卫生部门工作的公务员利用职务之便，找医院有关
人员帮助挂号。对这种行为，你的态度（公务员）

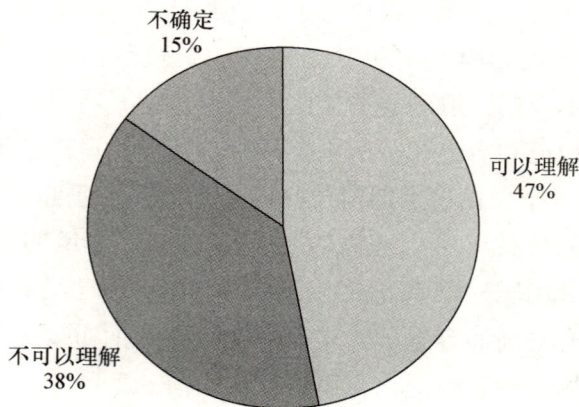

图 6—26 在卫生部门工作的公务员利用职务之便，找医院有关
人员帮助挂号。对这种行为，你的态度（公众）

3. 廉政行为问题

（1）大多数公务员不承认自己有腐败行为

现实中绝大多数公务员都能做到清正廉洁，不行贿，不支持腐败行为与腐败文化。但是在公众中"偶尔为之"的比例是公务员的一倍多。见图 6—27、6—28。

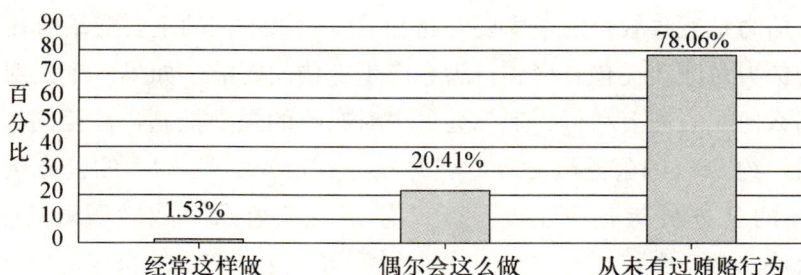

图6—27　为了解决自己的问题，是否有过贿赂别人的经历（公务员）

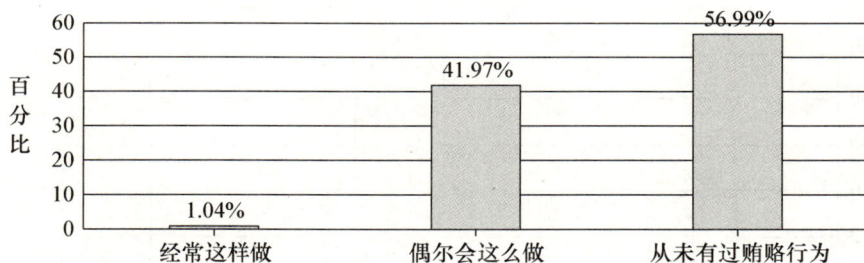

图6—28　为了解决自己的问题，是否有过贿赂别人的经历（公众）

（2）廉政公信力

廉政公信力是指社会公众对廉政价值的普遍认同和自觉遵守。廉政公信力以个人对廉政的信仰和自觉遵守为基础。社会公众通常是根据自己对身边的人，特别是对领导干部遵守廉政规范的观察和感受树立或者泯灭对廉政的公信力的。一般来讲，发生在社会公众视线里的腐败事件越少，腐败受到追究越及时和有力，人们对廉政的公信力就越强；反之，在一个腐败现象大量存在，腐败成为人们生活组成部分的社会里，廉政公信力就越低。

新华社记者采访"河北第一贪"李真如何对待廉洁底线时，李真说："无论是我当秘书还是做局长，我都看到过、接触过这样一些人：他们因为廉洁，不仅生活条件得不到改善，工作上得不到重用，反而还遭到有些人的奚落、嘲笑和排挤。这种现实让我怀疑，究竟是我有了病，还是别人有了病，甚至是社会有了病……进而得出了错误判断：笑廉不笑贪已成社会普遍现象了。"在当今社会上有此想法的绝非李真一人。江西省原副省长胡长清就曾对在国外读书的儿子说："现在国内腐败得厉害……有两个国籍，将来就有余地了。"李真、胡长清之类腐败贪官一边讲反腐败，一边大搞腐败，暴露的正是对廉政建设缺乏信心，不相信党和政府有能力治理和防止腐败。上述事例尽管只发生在少数地区和少数人身上，但作为一种现象，一种具有较强辐射力和影响力的公众心态和价值观念，千万不可小视。当前，廉政教育缺乏公信力是廉政教育的最主要问题和教育效果不佳的主要症结所在。

廉政公信力对廉政文化心理和行为会产生直接的影响，如果一个人对反腐败失去信心，那么他在心理上和行为上就会失去对腐败的强烈抵制，甚至同流合污。调查结果显示，约51%的公务员对战胜腐败持乐观心态，约29%的公务员回答说不清，约20%的公务员持悲观态度。而只有22%的公众对战胜腐败持乐观态度，36%的公众持悲观态度，还有42%的公众说不清。这一调查结果很值得重视，从一个方面表明腐败的严重性和廉政道德建设的重要性和迫切性。见图6—29、6—30。

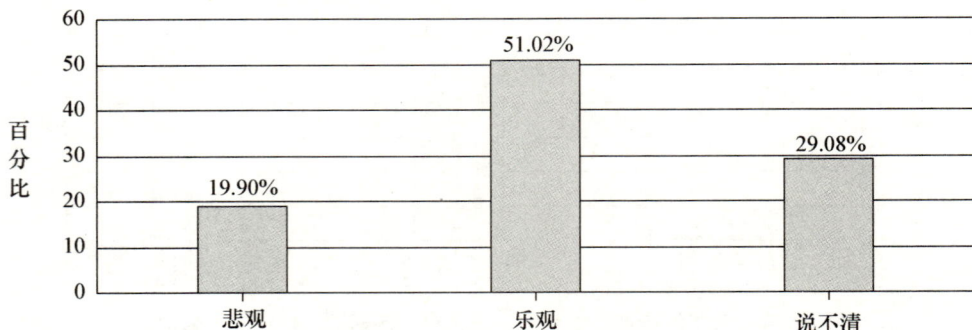

图6—29　你对战胜腐败所持的态度（公务员）

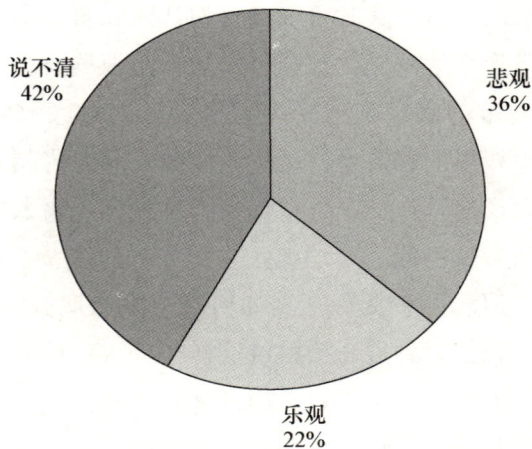

图6—30　你对战胜腐败所持的态度（公众）

（四）廉政法律法规

1．关于廉政法律法规完善程度

调查显示，有约65%的公众和约38%的公务员认为党的廉政法规制度还不太完善。六成多公众之所以认为党的廉政法规制度不完善，与贪污腐化案件不断曝光，腐败数据呈上升趋势有关，因为公众往往忽略了执行层面的原因，而将腐败归之为制度不完善。而公务员较之公众而言，对我们这几年廉政法律法规不断完善的情况有较为客观的了解。见图6—31、6—32。

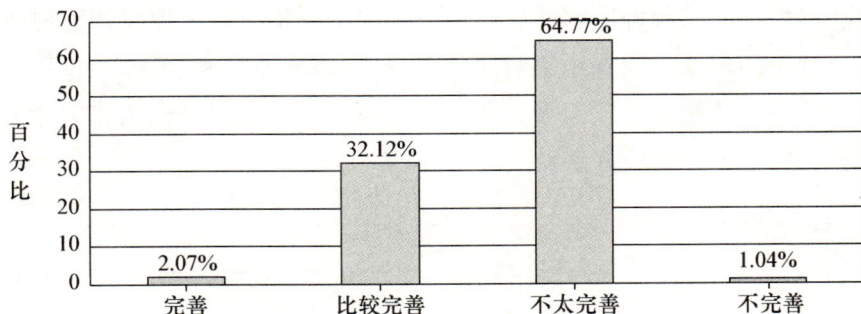

图6—31　你认为目前党的廉政法规制度是否完善（公众）

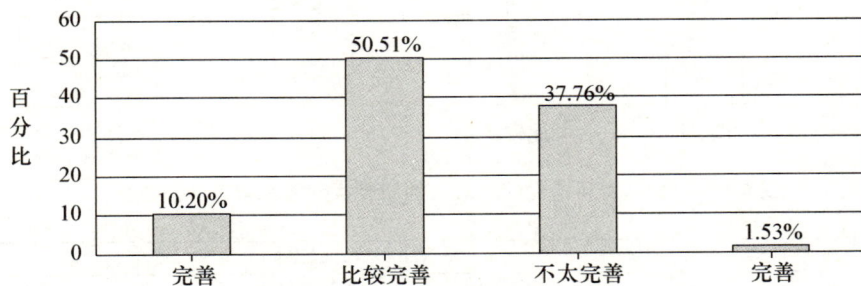

图6—32　你认为目前党的廉政法规制度是否完善（公务员）

2. 关于廉政法规制度的知晓度

近年来，中国共产党出台了许多反腐败的法律法规，其中最主要的是《中国共产党党员领导干部廉洁从政若干准则》，该准则是党内反腐败的最重要的法规。但是，有近60％的公务员不太熟悉和不熟悉这一规定，可见，党的廉政法律法规的知晓度并不是很高。见图6—33。

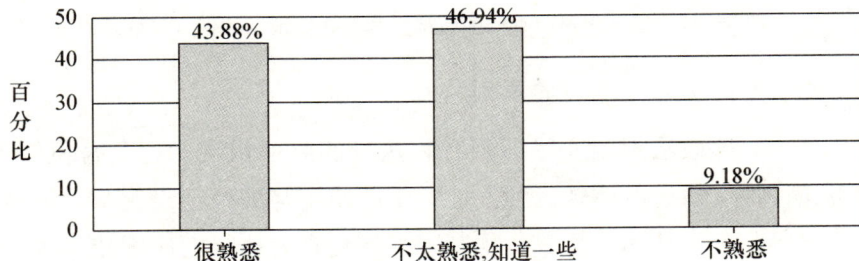

图6—33　你熟悉《中国共产党党员领导干部廉洁从政若干准则》的有关规定吗（公务员）

廉政法规在公务员群体中的知晓度认知度不高，这是一个在公务员廉政建设中值得注意的问题。没有认知，何来认同和自律执行！

3. 关于廉政法规制度执行情况

廉政法规由于受到种种原因的制约和影响，执行状况并不理想，出现所谓"有规矩不成方圆"的现象。调查结果显示，约34%的公务员和约56%的公众认为目前党的廉政法规制度执行情况不太好和不好。约65%的公务员认为目前党的廉政法规制度执行状况良好和比较好。见图6—34、6—35。

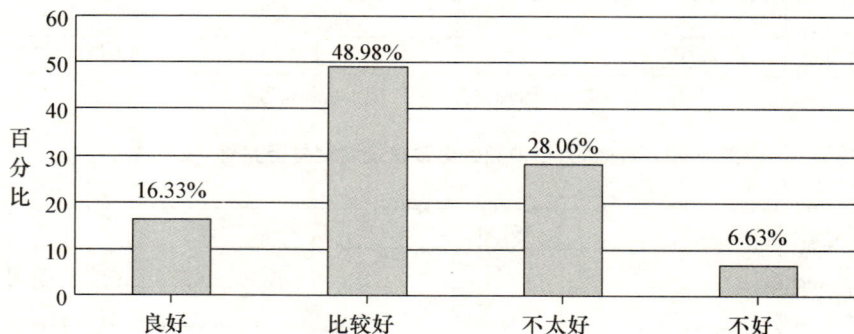

图6—34 你认为目前党的廉政法规制度执行情况如何（公务员）

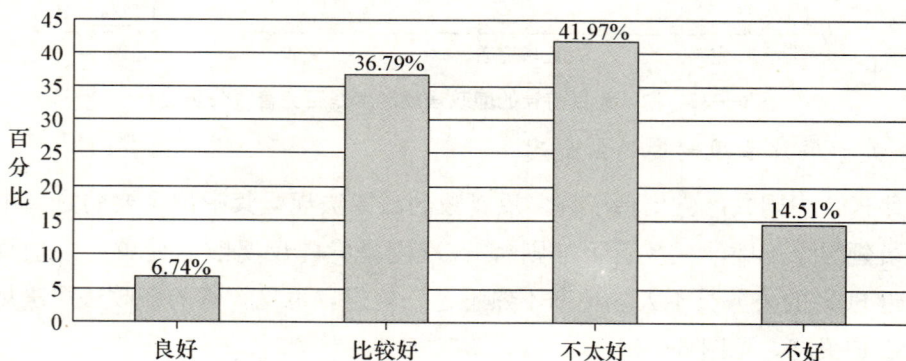

图6—35 你认为目前党的廉政法规制度执行情况如何（公众）

4. 廉政法规制度执行不力的原因

公务员认为，廉政法规制度得不到有力执行的原因依次为：监督机制不健全、制度缺少可操作性、执行主体缺乏独立性、干部使用与廉政建设脱节、廉政法规与潜规则相冲突等。公众认为，廉政法规制度得不到有力执行的原因依次为：监督机制不健全、制度缺乏可操作性等。见图6—36、6—37。

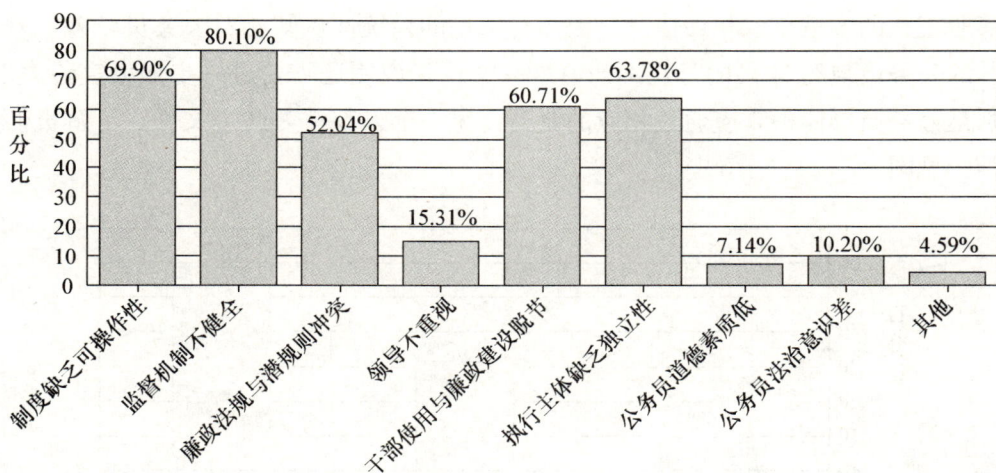

图6—36　一些廉政法规制度得不到有力执行的原因（按重要性选择四项）（公务员）

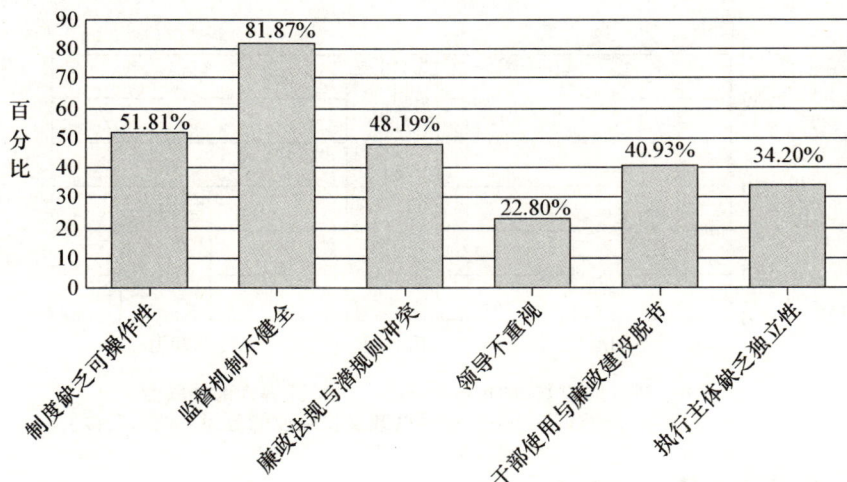

图6—37　一些廉政法规制度得不到有力执行的原因（按重要性选择三项）（公众）

（五）廉政道德建设的效果

1. 《关于加强廉政文化建设的意见》知晓度

约90%的公务员与约80%的公众都知道或听说过《关于加强廉政文化建设的意见》（以下简称《意见》），说明《意见》发布以后，纪检部门、宣传部门的工作取得了效果。不同的是，绝大多数公务员是"知道"《意见》，而绝大多数公众只是"听说过"。说明公务员有较为正式的渠道接收和学习这一文件，而公众只是通过媒体等非正式的渠道获取相关信息，因而对信息的系统性认知相对公务员较差。有近10％的公务员与约20％的公众不知道这一文件，说明还需要进一步加大宣传力度。特别是公务员群体中，应通过相应的制度让每一个人都学习这一文件，了解贯彻其精神。见图6—38、6—39。

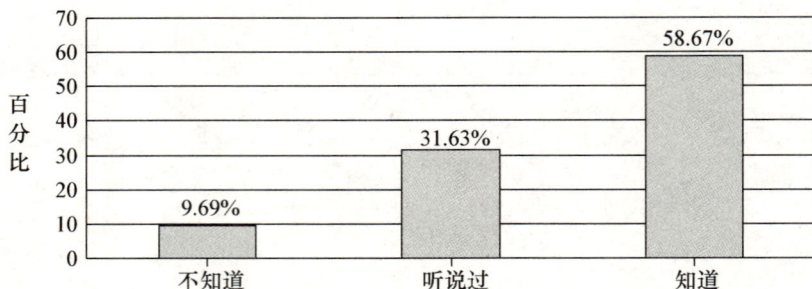

图 6—38　你知道 2010 年中纪委、中宣部等六部委联合
下发了《关于加强廉政文化建设的意见》吗（公务员）

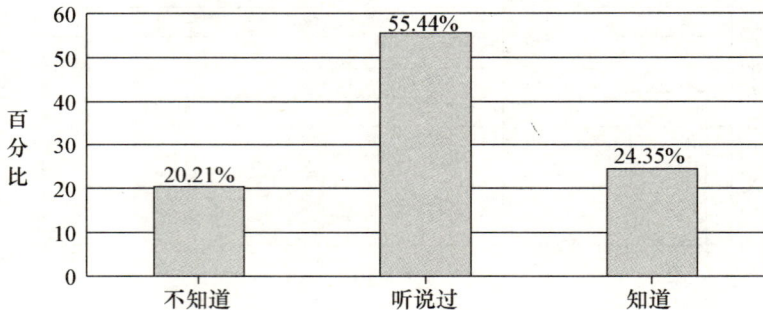

图 6—39　你知道 2010 年中纪委、中宣部等六部委联合
下发了《关于加强廉政文化建设的意见》吗（公众）

2. 廉政道德宣传活动的效果

有约81％的公务员和68％的公众知道或听说过廉政文化"六进"活动。廉政文化"进机关""进社区"活动取得较好成效，83％的公务员和70％的公众在居住的社区、工作单位或其他场所看到过或经常看到廉政文化宣传内容，说明廉政文化宣传工作扎实有效。但也应当看到，有近20％的公务员和32％的公众不知道廉政文化"六进"活动，"六进"活动的知晓度低于《意见》。17％的公务员和30％的公众在自己居住的社区、工作单位或其他场所没有注意过廉政格言和公益广告等宣传内容，说明廉政文化"六进"活动的广泛性还需要进一步拓展。见图6—40、6—41、6—42、6—43。

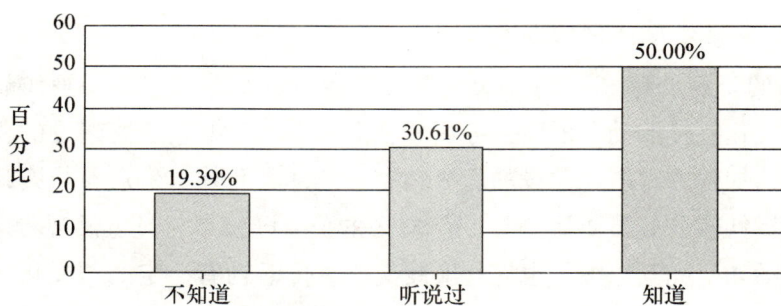

图 6—40 你知道廉政文化"六进"活动吗（公务员）

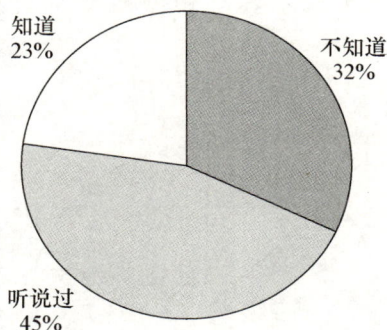

图 6—41 你知道廉政文化"六进"活动吗（公众）

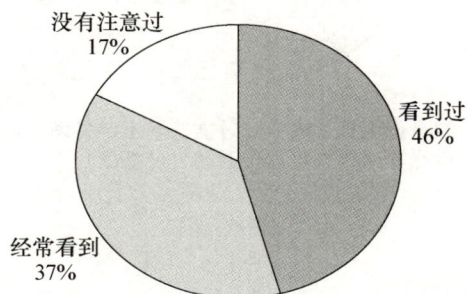

图 6—42 在你居住的社区、工作单位或其他场所是否
看到廉政公益广告、廉政格言标牌、廉政宣
传橱窗的廉政文化宣传（公务员）

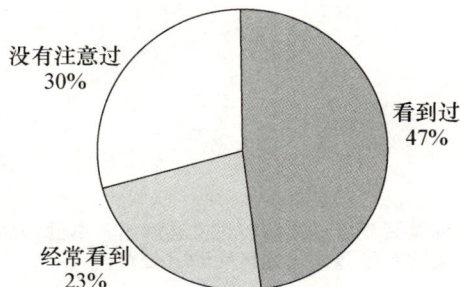

图 6—43 在你居住的社区、工作单位或其他场所是否
看到廉政公益广告、廉政格言标牌、廉政宣
传橱窗的廉政文化宣传（公众）

3. 廉政道德建设活动的参与度

有87%的公务员和69%的公众观看过或参与过文艺演出、书画作品展、知识竞赛等廉政文化宣传活动，说明公务员和公众都有参与廉政道德建设的积极性和热情。这是目前加强廉政道德建设的优势和有利条件。此外，公众参与廉政道德建设的热情和积极性较公务员要低一些。有31%的公众既没参与过也没观看过有关廉政文化的宣传活动，究其原因，也许与廉政文化宣传活动有一定的"文化"含量，对于文化水平较低或不具备一定特长的公众来说，参与有一定困难，也说明进行廉政文化宣传，引导公众参与，发挥公众的积极性方面还有很大空间。见图6—44、6—45。

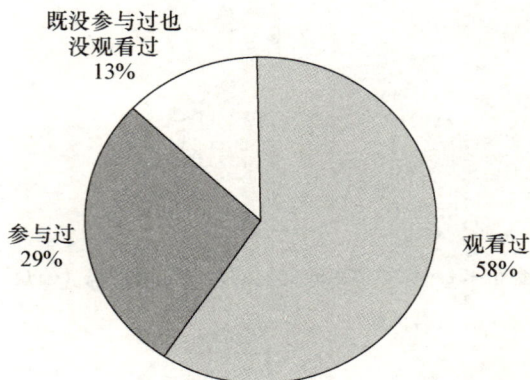

图 6—44　你是否观看过或参与过文艺演出、书画作品展、知识
　　　　　竞赛等廉政文化宣传活动（公务员）

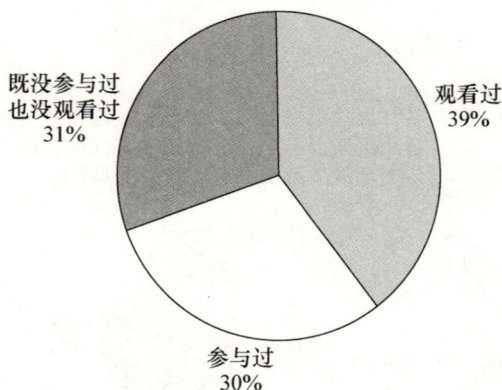

图 6—45　你是否观看过或参与过文艺演出、书画作品展、知识
　　　　　竞赛等廉政文化宣传活动（公众）

4. "一把手讲廉政党课"等活动的效果

廉政道德建设采取了多种形式,"一把手讲廉政党课""廉政谈话""警示教育"等作为反腐倡廉教育的形式在廉政道德建设中被广泛应用,也被看成是领导干部落实党风廉政建设责任制的重要体现。但是调查结果显示,这些形式的廉政建设活动效果并不明显。近60%的公务员认为只是形式,没有什么效果,或效果不明显。这与公务员对领导表率在廉政建设中具有重要作用的认识分不开。公务员认为在廉政道德建设中领导应起表率作用,但事实上领导的表率作用发挥得并不好,那么,由领导来对下属讲廉政党课,对下属进行廉政谈话等形式就失去了感召力和说服力,因而也就很难起到好的作用。为此,领导干部应当率先做到清正廉洁,这样才能起到表率和示范作用,带动廉政风气的形成。见图6—46。

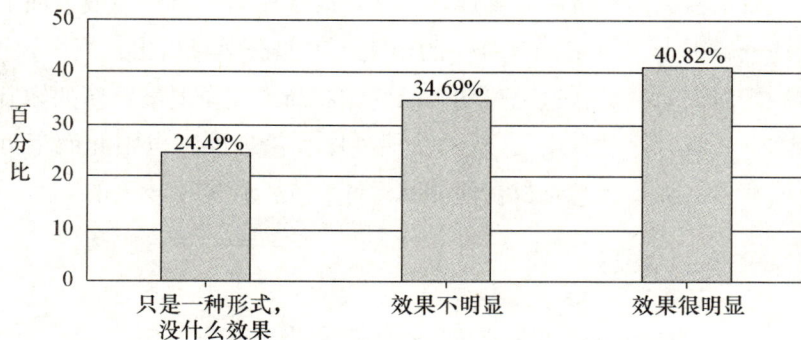

图6—46 你认为目前推行的"一把手讲廉政党课""廉政谈话""警示教育"等活动的效果如何(公务员)

三、廉政建设隐忧:隐性腐败问题

影响与破坏廉政建设的诸多因素中,腐败是最重要的因素和难题,特别是隐性腐败对于当前中国公务员廉政道德状况影响显著,使廉政建设中的价值观、态度与行为,廉政法律法规的实施以及廉政道德建设的效果都很难达到理想状态。

(一) 腐败现状:权力寻租与隐性化发展

权力寻租(Power Rent-seeking)一般是指掌握公共权力的公务员,以权力所控制的公共资源去寻求换取一种自我私利的行为。这种权钱交易行为多半具有交易双方共赢的色彩,而其双方所获一般均为公共财产的损失——这种损失同样包含着破坏力扩大的潜在可能性,一是寻租行为对公共伦理与政权合法性的削弱,另一个严重恶果是为人民生命财产的重大损失埋下巨大隐患。权力寻租的突出特征是权力租的获取，而获取利益的主体对于权力并没有所有权，是借助于人民委托授予的权力来获得非法的收益——而这种委托授权发生的必要条件之一，就是不允许用委托的权力来获得私人的非法利益。当然，传统的腐败表现为赤裸裸的权力对经济利益强制获取，伴随政府公共性的不断彰显与整个社会文明程度的提高，腐败与权力寻租就向更为隐蔽的方式转变。

当前中国腐败的现状已经呈现出经济腐败与政治腐败两者相互支持、相互纠缠在一起的现实。腐败的经济力量积累到一定程度，必定会向政治领域中的公共权力渗透以寻求自我经济利益的安全。反之，政治权力自身所包含的巨大利益与执掌公权者个人的缺乏经济资本两者之间形成巨大的张力，这种张力在人性欲望的原始动力推动之下，必会促成政治权力向经济利益渗透，最终形成了在当前中国腐败表面上呈现出政治利益与经济利益的非法诉求二者合一的现实。正如有学者指出："当今中国正处于新旧经济体制的转型时期。在这一时期，旧的体制尚未完全退出，新的体制又尚未完全建立，必然会出现'体制真空'。新的法律秩序和伦理准则也因此而不可能完全确立和健全。所有这些无疑会给党权行使的随意性、人治化留下较大的空间。"[1]

(二) 隐性腐败发展类型

1. 腐败隐于人际交往之中：文化传统之维度

社会的发展离不开人与人之间的相互作用和相互影响。良好的人际交往是获取信息、增进情感并推动社会发展的重要纽带，情感与利益因素渗入其中。我国是一个具有关系文化传统的国家，人们建立人际关系的过程深受人情文化因素的影响，正如有学者所指出的："我国是一个情理社会，人们在做人、做事与判断上不仅仅要从理性的、逻辑的思维和条文制度所规定的角度来考虑，而且还要从具体的、情境的以及个别性来考虑，即所谓的合情合理、入情入理、通情达理。"[2] 在公共组织的人际交往空间中，如果政府行为受到人情因素的干扰，则极易产生腐败，腐败分子可能会以正常的人际交往为名行以公谋私之实。诚如有学者所言："在以情感与利益作为黏合剂所缔结的人际关系的网络之下，人们总是以情感与利益的因素来化解刚性的制度和理性的原则。"[3] 从我国的关系文化传统来看，亲情伦理、礼尚往来

---

① 李龙：《政治文明与依法治国》，59 页，杭州，浙江大学出版社，2004。

② 金爱慧、赵连章：《论中国传统人际关系对腐败的影响》，载《东北师大学报》（哲学社会科学版），2010 (2)。

③ 吴丕：《中国反腐败——现状与理论研究》，323 页，哈尔滨，黑龙江人民出版社，2003。

和等级观念等因素常易导致为"己"谋私、私人利益侵蚀公权及官官相护等腐败行为的发生。

2. 腐败隐于大众的心理承受之中：社会认同的维度

在社会中，有一部分公众受非理性因素影响，会从自身利益的角度出发而对腐败表现出习惯、漠视或宽容的态度，对腐败形成某种社会认同。这种认同的态度，助长了腐败蔓延，降低了反腐成效，不利于反腐氛围的营造。诚如有学者所言："人民群众对各种腐败现象虽然深恶痛疾，但对不少社会上存在的'亚腐败'现象则采取漠视、宽容或认同态度，使'亚腐败'思想和行为得以产生与蔓延。"[①] 首先，大众对腐败现象存在习惯心理。公众对腐败现象的清醒认知，以及对其无法容忍的心理，是腐败得以有效治理的基础条件。但从现实情况来看，我国部分公众具有一种视腐败为正常现象的习惯心理，他们对腐败表现出一种心理平衡、习以为常以及默认或无奈的态度。比如，当前社会上出现的"笑贫不笑贪"的"羡腐"现象，即是这一习惯心理的典型表现。其次，腐败不关己，大众对具体腐败现象存在漠视心理。大众对某些腐败现象的漠视心理主要有以下几种情形：一是对置身于腐败行为之外的普通大众而言，由于腐败的现实收益或危害不会牵涉自身，他们一般不对具体腐败行为给予过多关注，各种腐败现象顶多成为其茶余饭后的闲聊话题；二是对不相干的（准）腐败群体而言，他们主要关心的是自己能否从腐败中获得好处或免受其害，因而对与己无关的具体腐败行为会持一种不关心态度和侥幸心理；三是社会公众在反腐斗争中发挥的作用有限，其反腐的热情得不到激励，这也会导致大众不关心态度的形成。这几种漠视心理说明我国的反腐社会风气仍需改善。腐败最终损害的是公众的共同利益，公众对腐败问题越是漠视，其利益受损的程度越大。最后，腐败情有可原，大众对腐败行为存在宽容心理。在现实生活中，部分公众对待腐败行为常持一种非理性的宽容态度——腐败侵害一"己"之利，则人们愤然视之；腐败为其带来私利，则人们对其默许。大众对腐败行为的这种宽容心理深受人的自利性、官本位观念、腐败程度及社会风气等方面的影响。

3. 腐败隐于小集体的共同利益之中：利益团体的维度

在实施政策过程中，政府充分利用组织决策优势，采取隐蔽方式来增加小团体私利的行为可被视为一种政策性寻租。政策过程包含政策制定、政策执行、政策监督等环节，各环节之间具有一定的关联性，每一环节都有政府参与，由此形成政府的集体行动。在政府的集体行动中，往往会发生腐败行为。因为当公众与反腐机构对个体化

---

① 曾维和：《关于我国公务员"亚腐败"治理的伦理视点》，载《四川行政学院学报》，2008（4）。

的腐败行为有了足够的警惕时，一些腐败分子就借助于各种"集体优势"，为自身腐败披上合法的外衣，由此形成了由某些腐败分子所主导、其他集体成员跟从的小集体腐败。这就产生了隐性腐败的另一种模式：隐于小集体的共同利益追求之中的腐败。政府虽然是一种公共组织，但也具有一定的自利性，它会通过各种方式谋求团体利益的最大化。当政府以维护公共利益之名做掩护，采取各种隐蔽或巧妙方式来谋取小团体利益时，此种行为将导致腐败问题的发生。在现实生活中，这种腐败具有多种多样的表现形式，具体而言，腐败分子会在政府的集体行动、集体福利与集体负责等多个层面去追求小团体利益，架空监督制度，规避腐败之责，使腐败呈现出更大的隐蔽性。

4. 腐败隐于政绩考核之中：绩效考核的维度

在政府的绩效管理中，运用绩效考核指标体系来检验政府绩效是政府绩效考核的重要内容。政府绩效考核在监督政府行为、促进管理创新、提高行政效能等方面取得了一定成效，但仍存在许多问题。实际的绩效考核不仅失衡而且低效，考核中出现的政治与行政评价标准混乱、片面追求国内生产总值增长、考核效率低下等问题严重影响了考核绩效。腐败往往隐于绩效考核对政治正确的评价、对片面政绩观的追求及对财政支出绩效评价不足之中。

首先，现实公共利益的损失隐于政治正确的评价之中。政治正确的评价要求是确保国家统一和社会稳定的必要考虑因素，但也会导致某些政府组织及其成员过度偏重政治评价权重，在实际工作中以个人政治前途为主要考量因素，混淆政治评价标准与行政评价标准之间的界限，大搞形式主义或者只在对自身有利的行政考核领域有所实际作为，被动或有限地满足现实公共需求。政府部门在迎合政治考核标准的过程中，会伴随民生保障不足、公共利益分配不公及各种腐败问题的发生，这会严重侵害公民切身利益。

其次，长远公共利益的损失隐于片面政绩观的追求之中。统筹经济社会发展，逐步满足全社会的基本公共需求，是政府落实科学发展观、实施可持续发展战略的重要任务。但从各地发展的实际情况来看，一些地区存在政府行为失控的问题。政府行为失控主要表现为：政府短视、权力寻租、职能缺位等等。政府行为失控阻碍了可持续发展进程，使社会长远的公共利益受到损害。

最后，随意性公共财政支出隐于财政支出绩效评价之中。公共财政是保障政府履行公共管理职能，增强公共服务供给能力，满足社会基本公共需求的必备条件。公共财政的公共性特征对财政支出结构、预算透明度和支出效益等方面提出了要求。但目前，在我国公共财政运行中，却存在财政支出随意、支出效益低下、预算不透明等问题，且这些问题未得到有效处理。随意性财政支出造成财政资源的大量浪费和低效利用。据审计署 2013 年第 1 号公告[①]，截至 2012 年 10 月底，审计查出的 50 个中央部门及其所属单位违反财经制度问题金额达 102.81 亿元，这些数字的背后掩藏着大量的腐败问题。

四、加强廉政道德建设

调查显示，在包括 8 个选项的相关因素中，公众和公务员都认为与廉政道德相关性最强的 4 个选项依次是社会法治化水平、政治体制、经济发展水平、社会道德水平。因而，加强廉政道德建设，也应当着力从这些方面改善社会环境。

（一）加强廉政道德的制度机制建设

腐败的病根在于权力的掌握、维持和运行不受约束，民主与法制则是支配和约束政治权力的最有效的武器。一个国家的政治权力如果建立在民主的基础上，并且始终依靠民主的原则来巩固和运作，就不可能出现政府的整体腐败，也不可能出现大规模的官员个人的腐败。同时，法制建设是廉政道德建设的制度保障，公务员的廉政道德建设不仅要靠自律，还要靠法律强制性地约束。法律约束既是对公务员行为的一种限制，也是对公务员的一种保护。在一个法治不健全的社会，当公务员的职权没有法律的制约时，公务员个人就有滥用职权的机会，同时，公务员难以拒绝与自身有亲情和利益关系者的请托，就会给贪污腐败创造机会和环境。公务员在座谈中谈到，廉政问题更主要的是法律制度的问题，而不是道德问题。加强廉政道德建设的核心是公务员要正确认识权力的来源，要树立民主意识、法律意识，要坚持以人为本、法律至上、任何权力都要受到制约的观点，要树立依法执政、依法行政的意识。在这方面，发达国家已经取得了很多经验，我们应当适时借鉴它们的做法。如美国为了改善行政官员的道德水准，先后制定和修改了大量针对公务员廉洁从政的道德规范，如《政府道德法》《1989 年道德改革法》《行政部门雇员道德行为准则》等，对公职人员特别是政府官员从政道德行为的所有方面都从国家法律层面予以严格细致的规范，形成了科学严谨、易操作、动态性强的比较全面系统的公务员道德法律体系。

调查结果显示，公务员和公众都认为反腐败最有力的措施就是加强法治建设，建立和完善反腐败的法律制度，特别是应重点制定与公务员廉政道德相关的法律制

---

① 《2013 年第 1 号公告：关于 2011 年度中央预算执行和其他财政收支审计查出问题的整改结果》，审计署办公厅，2013 年 1 月 16 日。

度，其中最主要的是公务员财产申报制度。调查结果显示，绝大多数公众和公务员都赞同出台《公务员财产申报法》，表明公务员财产申报制度的实施时机已经成熟。见图 6—47、6—48、6—49。

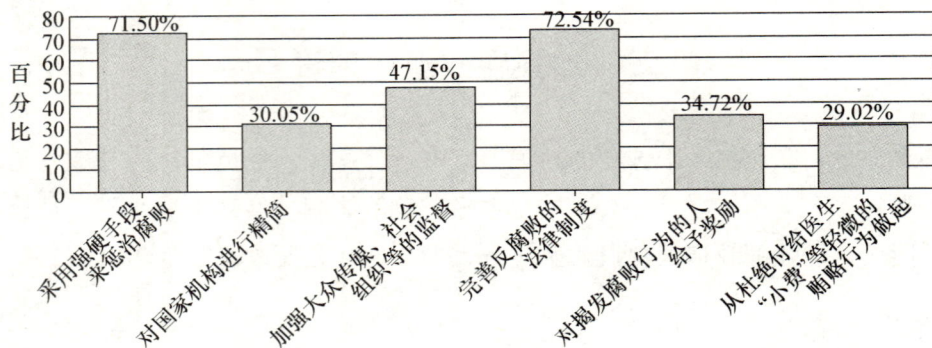

图 6—47　你认为，治理腐败的最有效的几项措施是（最多选三项）（公众）

80％的公务员与54％的公众赞成《公务员财产申报法》，表明出台《公务员财产申报法》的时机基本成熟。

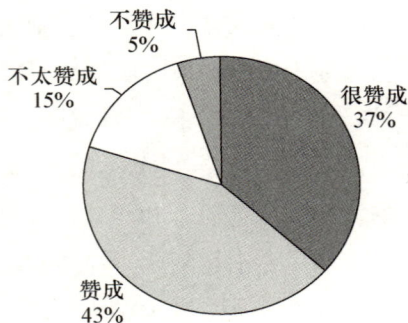

图 6—48　你是否赞成制定《公务员财产申报法》（公务员）

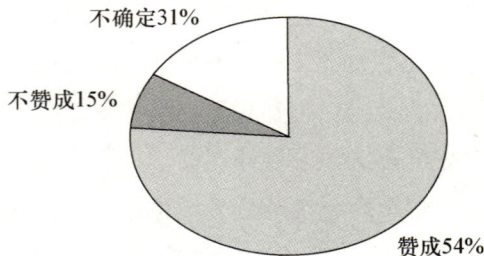

图 6—49　你是否赞成制定《公务员财产申报法》（公众）

此外，还应建立公务员廉政道德建设的相关机制，如激励机制、评价机制、预警机制、问责机制、社会监督机制等，促进廉政道德建设制度化、机制化。

（二）发挥高层领导的表率作用

调查结果表明，绝大多数公务员和公众都认同廉政道德建设要发挥高层领导的表率作用，但对于目前我们高层领导表率作用发挥的评价存在差异。

"其身正，不令而行；其身不正，虽令不从。"① 领导如果不能践行道德，清廉为政，那么廉政文化的建设就很难收到好的效果，廉政文化建设就只能停留在领导的报告中，存在于文件、口号中，成为说起来重要、做起来不重要的摆设。约98%的公务员和95%的公众同意"倡导廉政文化，高层领导必须树立榜样"的说法，但是，对于目前我们高层领导的榜样作用发挥的情况，公务员与公众的看法存在差异。约76%公务员认为高层领导的表率作用发挥得很好与比较好，只有50%的公众认为目前高层领导的表率作用发挥得很好与比较好。这种状况与媒体曝光的高级干部的腐败现象与道德丑闻有直接关系。"君子之德风，小人之德草。"高层领导的言行对于社会舆论和风气有着重要的导向作用，我们廉政道德建设只有从高层领导抓起，才能收到良好的效果。见图6—50、6—51、6—52、6—53。

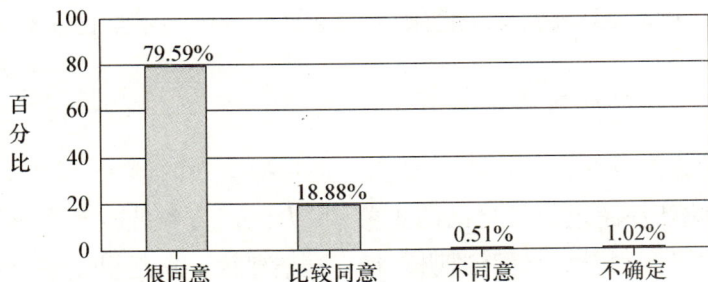

图6—50　"倡导廉政文化，高层领导必须树立榜样"，对此说法（公务员）

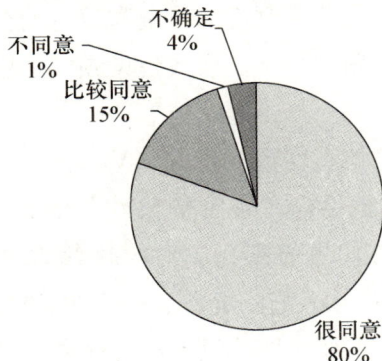

图6—51　"倡导廉政文化，高层领导必须树立榜样"，对此说法（公众）

① 《论语·子路》。

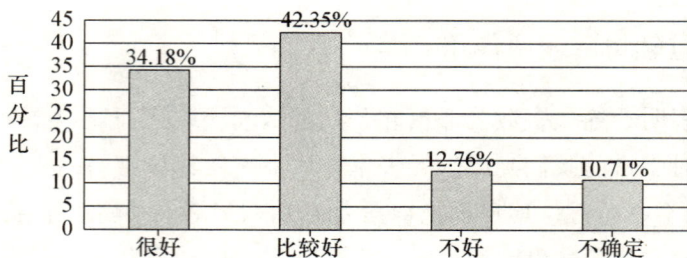

图 6—52　你认为，目前我们高层领导的廉政示范作用（公务员）

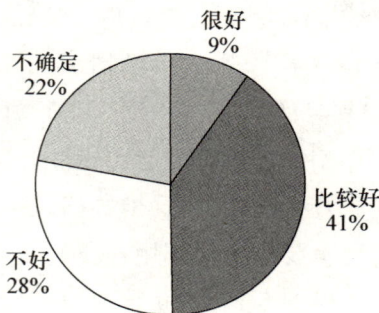

图 6—53　你认为，目前我们高层领导的廉政示范作用（公众）

（三）提高公务员的清廉德性水平

罗素说："人们爱好权力，犹如好色，是一种强烈的动机，对于大多数人的行为所发生的影响往往超过他们自己的想象。"[①]为此，公务员应该注重提高自身的清廉德性水平，并且公共权力公开透明、制度框架建构、责任机制完善都要在公务员的道德品性与伦理自主性的引导下发挥效力。如果公务员缺乏高尚的道德品质，不仅会使伦理理念落空，还容易戕害制度的权威与政府的公信力，带来公共权力的腐败。所以说，将道德力量应用到公务员廉政建设领域，应首先强调提升公务员的清廉德性水平。

古希腊哲学家亚里士多德高度重视德性（Virtue）的现实意义，他将德性分为"理智的德性"与"道德的德性"。"理智的德性"依靠经验训练产生，"道德的德性"是习惯的结果。中国古代思想家孔子对执政者的德性问题做过充分讨论，他讲："其身正，不令而行；其身不正，虽令不从。"说的是当官为政者首先需要自身端正，身体力行，秉持公正，那么即使没有严厉命令，被管理者也会严格行动，按照为政者的意图行事；若当官为政者不能秉持公正，自己不端正守纪，做不到公平

---

① ［英］伯特兰·罗素：《权力论——新社会分析》，189 页，吴友三译，北京，商务印书馆，1991。

正义、以身示范，即使严格命令，三令五申，被管理者也不会真正服从命令，视若空文。孔子在这里重点强调的就是当官为政者的德性水平对于命令的行使、制度的执行具有至关重要的作用。孔子还讲："君子之德风，小人之德草，草上之风，必偃。"① 意思是说：当官为政者的德性水平与言行好比是"风"，平民百姓的德性水平与言行好比是"草"，"风"在"草"上吹，"草"一定会顺着"风"倒下。孔子同样强调了当官为政者的德性水平与典型示范对于统治关系的重要性。由于中国传统的伦理道德主要建立在宗法血缘和人身依附关系基础之上，强调个体的品性修养与道德品性，注重制度建设的道德前提与人情世故，而并不重视制度的基础规范作用，因而没有从最开始就树立起制度至上的观念，人治的影响严重。在此情境之下，强调公务员的德性水平更为重要。依靠道德与习俗的力量来影响公务员的伦理品格与德性水平，洛克认为："习俗比自然的力量还大，它只要能教人把自己的心理和理解屈从于某种事理，它就往往能使人崇拜那种事理为神圣的。"②

(四) 培育公务员的职业伦理品格

培育公务员的职业伦理品格是公务员廉政道德建设的重要内容，因为"灵活性较大的治理体系和治理方式必然会以治理者的自主性程度较高的形式体现出来。治理者的自主性程度高，他就有更多的以良心为动因的道德行为选择；反之，治理者的自主性程度较低，他的以良心为动因的道德行为选择也就很少有发生的机会"③。

公务员掌握公共权力的公共性质赋予公务员以更深层次的责任意蕴，不仅仅是我们所简单了解的处于外在的道德约束与底线伦理，具有可普遍化意义的道德要求与伦理规则，具体实践意义上的基本职责和使命，而且是一种受内在道德良知与伦理意志品格所驱使的道德自律，是由价值选择次序和内在道德能力所共同决定的责任践履和伦理行为。孔子讲："导之以政，齐之以刑，民免而无耻；导之以德，齐之以礼，有耻且格。"④ 意思是说：治理社会过程中，若用法规命令来引导或者禁令被统治者，以实施刑罚来约束整顿百姓，百姓仅是要求免于法规命令或者刑罚的惩罚，却失去了犯罪的羞耻之心；而若用道德与德性来引导教化被管理者，使用礼教制度来统一约束和整顿被统治者的言行，百姓就会遵守规矩，懂得廉耻之心。其中

---

① 《论语·颜渊》。
② ［英］洛克：《人类理解论》，关文运译，44 页，北京，商务印书馆，1959。
③ 张康之：《公共管理伦理学》，277 页，北京，中国人民大学出版社，2004。
④ 《论语·为政》。

所蕴含的意思主要是强调道德治理与伦理品格的重要性，通过道德与伦理的教化来整顿人们，社会才能真正地实现人心归顺。所以说，孔子所推崇的是有德性水平与伦理品格的执政者来掌权，推行"德治"治理模式。此外，孔子还讲："上好礼，则民莫敢不敬；上好义，则民莫敢不服；上好信，则民莫敢不用情。"[①] 意思是说：当官为政者（上位者）若是重视礼节制度，那么老百姓就不会不尊崇敬畏他们；当官为政者（上位者）若是重视仁义，那么老百姓就不会不服从他们；当官为政者（上位者）若重视诚信，那么老百姓就不会不用真情对待他们。孔子充分肯定了当官为政者的德性水平与伦理品格对于社会民众和社会风气的影响，所谓"上"行"下"效，"上位者"的官德水平至关重要。当然孔子所说的礼指的是"周礼"，"一般公认，它是在周初确定的一整套的典章、制度、规矩、仪节""它的一个基本特征，是原始巫术礼仪基础上的晚期氏族统治体系的规范化和系统化"[②]。孔子所设计的"克己复礼"之制度思想与君子圣人德性理想对于现代公务员廉政建设具有重要的指导意义。

（五）确立公务员廉洁执政的伦理规范体系

公务员廉洁执政、公开透明用权离不开完善的伦理规范体系。公务员合理用权的伦理规范体系主要是把那些公共权力正当行使所必须遵守的伦理规范与准则进行"基准化"，因为"基准化"的伦理规范"对于社会而言是维系社会正常交往的最基本且必不可少的道德规范，对于个人而言则是做人的最基本且必不可少的道德品质"[③]。而在公共权力合理使用过程中，公务员即微观主体是最基本的行为主体，其行为伦理状况直接影响公共权力行使的具体决策和行动方式，对他们的行为进行规范约束与伦理制约是公务员合理用权的应有之义。公务员合理用权的伦理规范体系应该包括外在伦理强制与内在道德责任的统一。外在伦理强制主要指的是，为了使道德标准与伦理义务得到最基本的实现，不能仅仅依靠公务人员的个体判断与道德内省，而是主要通过外在的强制手段与渗透方式保障伦理义务的实现，以充分发挥外在权威的实践意义。内在道德责任主要指的是，在外在伦理强制实施的前提下，除了依靠外在权威，还应该发挥好公务员的道德自律与伦理意志，特别是个体道德责任的践履，无论外在伦理强制如何权威有效，离开道德主体的心理认同与自愿遵守，其道德价值与伦理意义就会被消解。"在现代国家中，越来越多的道德规范被

---

① 《论语·子路》。
② 李泽厚：《中国思想史论》，12 页，合肥，安徽文艺出版社，1999。
③ 高兆明：《社会失范论》，234 页，南京，江苏人民出版社，2000。

纳入到社会的法律规则体系中，越是文明发达、法制完善健全的国家，其法律中所体现的道德规范便越多。"① 在建立与落实公务员合理用权的伦理规范体系进程中，还应把握好三个基本的原则要素：首先，根据公务人员基本行为规范、政府公共责任和社会公共信任原则建立最基础的、底线性的行为伦理规范标准；其次，可以针对不同层次、不同级别、不同权限的公务员建构具有差异性的行为伦理规范要求；最后，结合制度伦理、责任伦理、文化伦理等基本伦理诉求，随时调整公务员的底线性行为伦理规范标准，提高行为伦理实践的科学有效性。综上所述，公务员合理用权离不开伦理的支持与影响，其本身应充分蕴含道德诉求、伦理原则、伦理价值与判断等相关要义，应把伦理判断与道德评价的有机系统运用到公务员合理用权的伦理监督过程当中。

（六）重视社会廉政舆论引导作用

舆论，是指公众的意见或言论。舆论的形成有两个过程，一是来源于人民群众自发形成的意见或言论，二是来源于有目的的引导。前者称为非正式舆论，后者称为正式舆论。在传统社会，正式舆论借助报纸、广播、电视等传播途径获得扩散，对社会公众的意见和言论起着引导的作用。在现代社会，由于传统手段的信息化，非正式舆论获得了和正式舆论同样的传播能力和传播机会，使舆论传播力的强度不断增强。

舆论是广大人民群众意见的表达，也是诸多社会问题的显影剂。由于现代舆论传播具有覆盖面大、传播速度快、影响范围广的特点，舆论监督在廉政道德建设中所具有的独特的优势日益显现出来。应充分发挥报纸、杂志、电视、网络、微信等媒体对廉政道德建设的评价、监督和激励作用，营造有效促进公务员廉政道德建设的强大舆论氛围。

但是，也应当看到，新形势下，政府对媒体的态度正在由重"喉舌"功能向重"哨兵"功能转化。公务员必须学习和媒体打交道的能力，确立主动接受监督的理念，善用媒体力量，建立网络舆情收集研判机制和快速反应机制，及时受理举报中心网站接受的举报，对网民曝光的腐败案情迅速介入调查。如果没有正能量的引导，舆论也会带来负面影响，对社会风气产生破坏和负能量作用。调研也显示，无论是公务员还是公众，大多都认为媒体监督对公众的引导或影响很大。见图6—54、6—55。

---

① 王一多：《道德建设的基本途径——兼论经济生活、道德和政治法律的关系》，载《哲学研究》，1997（1）。

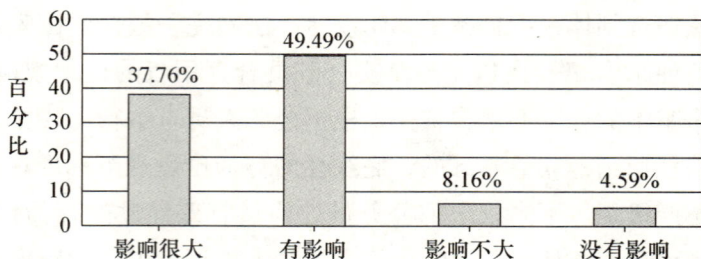

图 6—54　你认为，头条新闻曝光的各种丑闻，会不会影响公众的意识（公务员）

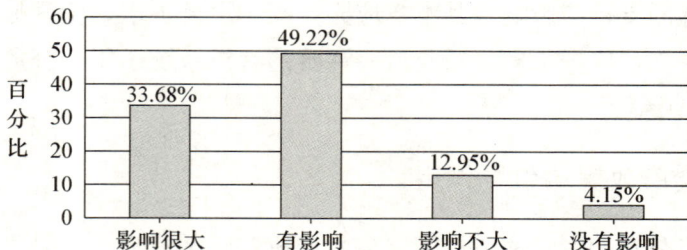

图 6—55　你认为，头条新闻曝光的各种丑闻，会不会影响公众的意识（公众）

（七）培育公民意识

成熟的公民意识是廉政文化的社会心理基础，缺少廉政文化的社会会助长公务员的腐败，公务员的廉洁道德就失去了生长的土壤和根基。加强社会廉政文化建设，强化公民廉政文化教育，在监督公务员廉政履职的同时，全社会也要形成良好职责意识和道德风气。

1. 廉政道德要从社会风气抓起

行政领域的腐败和社会中的腐败风气也有相关性。普通群众应该关心党和国家的廉政方针政策，关注纪检、检察机关查办大案要案，监督行政权力运行中的勤政廉政问题，但他们也应关心发生在他们身边的腐败，如孩子升学被索要"赞助费"，看病就医被索要"红包"，就业晋升要跑关系等等。这些事也许不完全发生在廉政体系中，但对行政领域的影响却非常大。对社会中的各种腐败行为宽容了，就会对行政运行中的廉政建设产生负面影响。不只是掌握大权的领导干部才可能腐败，行政领域中的腐败和社会中的贿赂行为是分不开的。社会生活中一些习以为常的行贿受贿等行为，久之就会发展成社会腐败的普遍现象，也必然蔓延影响到行政生活中来。

在相关调查中，73％的公务员和68％的公众同意日常社会生活中行贿受贿会影响这个社会的腐败风气，27％的公务员和32％的公众选择"不同意"和"说不清"。74％的公务员和60％的公众不同意"给医生和老师送礼物等低水平的贿赂行为不会导致严重的后果"的说法，表明公众对"教育卫生"领域的日常腐败的危害有一定的认识，但也有相当一部分人采取宽容的态度。在这个问题上，公众较公务员而言，对"给医生和教师送礼"的小贿赂的行为宽容度较高。一方面说明公众认为严重的腐败发生在掌握重权的领导干部身上，对于教育卫生领域的小贿赂不应太多关注；但另一方面，也表明腐败渗透到人们的日常生活领域，人们已经习以为常了。这说明腐败文化在日常生活中有一定的泛化。见图 6—56、6—57、6—58、6—59。

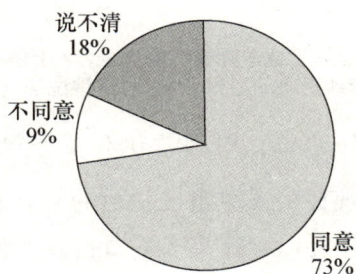

图 6—56　你是否同意以下说法："腐败就是从一些小的贿赂行为开始发展起来的，如送给医生和教育工作者的小礼品和钱财等等。"（公务员）

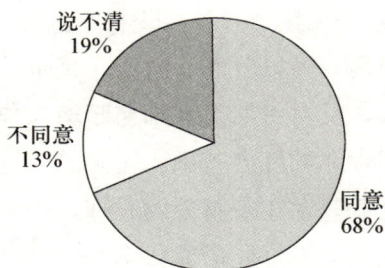

图 6—57　你是否同意以下说法："腐败就是从一些小的贿赂行为开始发展起来的，如送给医生和教育工作者的小礼品和钱财等等。"（公众）

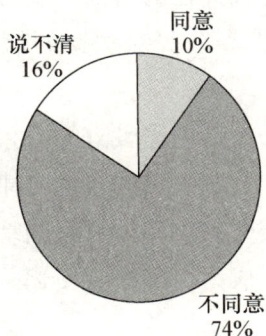

图 6—58　"给医生或老师送礼物等低水平的贿赂行为不会导致严重的后果"。你对这种说法（公务员）

185

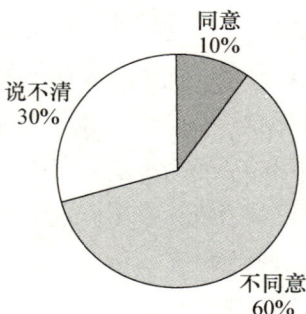

图6—59 "给医生或老师送礼物等低水平的贿赂行为不会
导致严重的后果。"你对这种说法（公众）

2. 强化社会主体的责任意识、规则意识和荣辱观

公民的社会责任意识表现在公民对自己生活的社会和国家积极负责。每个公民不仅自己不行贿受贿，同时还要以国家主人翁身份及时向廉政机构检举、揭发腐败行为，向反贪机构提供查案的线索。这样，贪污腐败也就没有生存的土壤，全社会崇廉尚廉的良好氛围才能形成。规则意识是廉政道德的基点。规则意识是一种界限意识，是衡量社会理性化、文明化程度的重要标志，是否具有规则意识是一个人公德水平和文明素质高低的重要标志。一个和谐有序的社会，一定是一个进退有序、遵守规则的社会。规则意识是一种以公开、透明、民主、平等为价值指向的现代意识，它反对各种形式的特权，反对一切潜规则与暗箱操作。各种特权行为、潜规则和暗箱操作是腐败现象赖以存在的社会基础。正确的荣辱观是现代公民的道德意识的重要心理基础。如果社会普遍存在羡腐爱腐心理，以享受特权为荣，缺乏起码的荣辱观，崇廉尚廉的社会氛围就不可能形成。

正如卢梭所说："一切法律之中最重要的法律，既不是铭刻在大理石上，也不是刻在铜表上，而是铭刻在公民的内心里，它形成了国家的真正宪法，它每天都在获得新的力量，当其他法律衰老或消亡的时候，它可以复活那些法律或代替那些法律，它可以保持一个民族的精神。"公民对法律的信心既是法治精神得以贯彻的前提，也是廉政道德的基本要求。

公民在廉政文化建设中不是被动地受教育的对象，而是主动参与的力量。有人认为廉政文化主要靠领导干部和公职人员的自觉自律，其实是某些公职人员害怕人民群众主动参与监督的表现。廉政文化建设只有调动公民的参与热情，充分发挥公众参与监督的积极性，才能真正成为一种社会文化。

第七篇　公务员公共服务动机调查与分析
——以北京市处级以下公务员为例

公共服务动机（Public Service Motivation）研究关注的是人们从事公共服务是否具有自利之外的动机，是国外公共行政学研究关注的焦点之一。公共服务动机研究有一个核心目标，即突出公共部门与私人部门之间的区别，在公共部门构建一种不同于"经济人"的人性假设。公务员公共服务动机，则是着重研究公务员群体在从事公共服务时是否具有自利之外的动机，影响动机存在与否的因素有哪些，以及研究对于提高公共部门行政能力的作用等。公务员公共服务动机，归根到底是公务员职业道德的重要组成部分，也是公务员职业道德建设的基础和出发点。了解和把握公务员公共服务动机的影响因素，对公务员职业道德机制建设具有重要意义。此部分以北京市处级以下公务员为例，调查并分析公务员公共服务动机。

一、公共服务动机的研究背景

从 20 世纪 70 年代开始，在英国、美国、澳大利亚和新西兰等以盎格鲁-撒克逊文化为主的国家兴起了一场改革传统官僚制模式，以理性"经济人"假设为基础，以公共选择理论为支撑，以私法契约和市场化提供公共服务为核心的新公共管理运动。

（一）西方公共服务动机研究的起源

新公共管理运动在提高政府公共服务的能力和政府运作的效率以及改进政府组织模式等方面都发挥了积极和深远影响。但以"经济人"中自利、理性的动机作为假设，通过构建形式化的官僚行为模型去解释官僚的全部行为，从而忽视了文化、制度、习俗和官员个人的价值偏好等一些外生变量对官僚行为的影响，也不能够解释在公共部门中为何会有大量公益精神的存在。据此，西方学者通过对现实的审视，在对理性"经济人"假设修正的基础之上，提出了一整套有关公共服务动机的内涵、结构、类型和研究方法的理论体系。一方面，公共服务动机理论是作为对新公共管理运动的校正而出现的，是理论发展的反思与批判规律的体现；另一方面，从动机心理学特征来看，人类确实有着某种程度上的心理体验——一种为私的和为公的心理共生现象，这点尤其在公共部门的从业者身上表现得更为明显。美国学者佩里和波特（Perry & Porter）最早把公共服务动机定义为公务员服务他人、国家或人类的一般利他性动机。[①] 公务员的工作行为除了受到官僚自利性动机的影响外，还受到部分利他性动机的驱使，从而自发地表现出一些超乎个人利益与部门利益，以公共利益最大化为导向的工作行为。西方研究者就把有益于社会、帮助他人、成就感这些高层次的需要作为内部奖赏或服务导向，把工作保障、高工资、晋升、绩效奖励这些较低层次的需要作为外部奖赏或经济导向，以检验公共雇员是否比私人雇员有更高的内部奖赏偏好和更低的外部奖赏偏好。当然，公共服务动机的基础是利他主义的心理倾向，其生成和发展机制虽然一直以来都是伦理学和心理学讨论的问题，至今并没有定论，但是公共服务动机理论确实在指导公务员的个人实践、更好提供服务等方面发挥着重要作用。

公共服务动机概念提出后，国外学者基于实证分析，主要考察了公共服务动机对职业选择、工作满意度、组织变革接受度、工作绩效、公众参与态度、组织奉献、离职意愿的影响。[②]

公共服务动机与职业选择方面，流行的观点认为公共服务动机正向影响着人们在公共部门的职业选择，即具有较强公共服务动机者更倾向于选择在公共部门就职，其理论基础则是个人与组织匹配理论。有研究认为具有较高公共服务动机者，其在公共部门就职意愿更强，因为这为其提供了一个供给有意义的公共服务的机会。还有学者基于实证分析发现，只有后续职业选择受到公共服务动机的影响，而首次职业选择与公共服务动机之间不存在相关性。也有学者基于对未工作者的调查研究发现，公共服务动机和工资、福利这样的外部激励都对人们的公共部门职业选择具有重要的影响，但与退休而未工作者相比，被解雇或因家庭责任而未工作者更

[①] See Perry J. L., Porter L. W. "Factors Affecting the Context for Motivation in Public Organizations," *Academy of Management Review*，1982，7（1）：89~98.

[②] 参见谢秋山、陈世香：《国外公共服务动机研究：起源、发现与局限性》，载《上海行政学院学报》，2015（1），70~76页。

不愿意在公共部门工作。

公共服务动机与工作满意度方面，大部分研究认为公共服务动机有助于增加公共部门雇员的工作满意度。有学者基于中国广东公共部门调查数据的研究，发现对于处级及以上和科级以下被调查者而言，公共服务动机正影响着其工作满意度，而对于科级干部而言，公共服务动机并不影响其工作满意度。还有学者认为只有组织的任务是提供公共服务时，公共服务动机才对工作满意度有影响，而公共服务动机对于受雇于公共部门还是私营部门并没有显著性的影响。

公共服务动机与组织变革接受度方面，有研究者认为公共服务动机与雇员的组织奉献及组织变革接受度之间存在正向的相关性，与此同时，也有研究认为公共服务动机影响公共部门雇员的离职意愿，那些具有较高程度公共服务动机的公共部门雇员离职倾向更低，反之，那些具有较低公共服务动机者其离职倾向更高。此外，还有研究发现，那些在自我牺牲指标方面得分高者更倾向于支持组织变革，公共服务动机较强者并不会支持那些可能给自身带来负面影响的变革，只是抵制变革的程度较低而已。

公共服务动机与个人和组织绩效方面，大量的研究文献基于转化性领导的影响，考察了公共服务动机对组织绩效的影响。研究发现，转化性领导所倡导的公共服务动机有益于增强雇员或组织绩效，其基本理论逻辑是，转化性领导有助于培育组织成员的公共服务动机，进而增强员工个人和组织的绩效。

公共服务动机与公众参与态度方面，美国学者基于国家行政管理研究项目数据，检验了公共服务动机与公共部门管理者对公众参与态度的关联，发现公共服务动机与公众参与评价具有高度正向相关性，但公共服务动机水平不同者表现有差异。具体来说，在中低水平公共服务动机者方面，公众参与重要性越高，其评价越低；在高水平公共服务动机者方面，公众参与重要性越高，评价也越高。

西方公共服务动机研究的诸多成果，对于理解和研究中国公务员公共服务动机具有重要的意义。

(二) 公务员职业道德视野下的公共服务动机

职业道德，即在一定的社会经济关系中，从事各种不同职业的人们在其特定职业活动中所应遵循的职业行为规范的总和。公务员职业道德是公务员制度中一个重要的内容。随着我国社会转型以及价值观念的多元化，在部分公务员中，出现了道德滑坡、权力腐败等问题。公务员职业道德和行政伦理成为广受关注的主题。从公务员的定位及其职能来看，公务员是政府中最具活力的主导因素，是行政事务的直接承担者，公共服务动机是公务员一切行为的内驱力。如果说政府的体制、机制和制度是行政活动的"舞台"，那么公务员就是行政活动的演员，公务员的公共服务动机则是公务员外在行为的内驱力。公务员内在价值与动力决定整个"演出"的方向与效果。公共服务动机是公务员职业道德的重要组成部分（价值取向），是职业道德建设的基础和出发点。

所谓机制，主要是指使系统有效运转的各种要素之间的有机联系，这种联系通过一定的互动、互补和互济的作用形式表现出来，形成系统的整合功能和综合效率。公务员职业道德建设的重点就是公务员职业道德形成的机制问题。公务员职业道德形成机制涉及很多因素，其中，公共服务动机应看作公务员职业道德建设机制中最基础的一环，只有在了解和把握公务员公共服务动机的前提下，公务员职业道德机制建设才可能是有效的。

我国的公务员职业道德，较多地包含以下几个方面，即为民爱民、爱岗敬业、清正廉洁、公平公正、求真务实等。

其一，为民爱民。习近平总书记用"三个不能"表明共产党人的心声："我们必须把人民利益放在第一位，任何时候任何情况下，与人民群众同呼吸共命运的立场不能变，全心全意为人民服务的宗旨不能忘，坚信群众是真正英雄的历史唯物主义观点不能丢。"这既是对执政党的要求，也是对广大公务员群体的要求。从公共服务动机来看，将为民爱民作为公共服务的出发点和落脚点，符合公务员职业的内在要求，也是公务员群体认真履行职责的要素之一。

其二，爱岗敬业。社会主义核心价值观在公民个人层面提出爱国、敬业的价值准则，对于公务员而言更为重要。爱岗敬业就是要求公务员热爱自己的工作岗位，热爱本职工作，并用一种恭敬严肃的态度对待工作。爱岗敬业是社会存在和发展的必然要求，是保障公务员的能力得到充分发挥的基础，又有利于公务员的全面发展与团队的整体发展。从公共服务动机来看，爱岗敬业既是公务员职业道德的一部分，又是公共服务动机的重要方面。对于普通公民而言，爱岗敬业是基本的职业操守，但对公务员而言，更是行使公权力的内在要求。

其三，清正廉洁。《公务员职业道德培训大纲》出台后，中国青年报社会调查中心通过民意中国网与搜狐新闻中心进行的调查显示，对于"公务员职业道德的哪些方面亟待提高"这一问题，结果排在第一位的是"廉洁"（84.1%），排在第二位的是"公正执法"（78.4%），排在第三位的是"遵纪守法"（76.7%）。其他选择依次是：服务群众、勤政、勤俭节约。由此可见，清正廉洁是公务员重要的职业道德。从公共服务动机来看，社会对公务员角色的期待与公务员自身的职业道德共同要求公务员具备廉洁的公共服务动机，杜绝以公权谋私利的行为。

其四，公平公正。公平是公正的基础，公正是公平的体现。公平公正，指的是公务员在履行职责与工作过程中要不偏私，要实事求是、秉公办事。公平公正是公务员职业道德要求的重要内容。十八大以来，在《关于培育和践行社会主义核心价值观的意见》等政策文件中，多次将平等、公正等价值作为国家的核心价值观。对国家公职人员而言，公平公正更是处理公共事务、履行公共职能时的道德要求。在公共服务动机方面，公务员群体更应将公平公正作为为人处世的基本原则，作为使用公权力的内在动机。

其五，求真务实。我国执政党一直以来奉行"实事求是"的工作作风。习近平总书记提出"三严三实"的方针，提出"两学一做"的要求，就是让广大党员干部在为人处世上，在为人民服务上做到求真务实。"空谈误国，实干兴邦"，对于公务员群体而言，求真务实是公务员职业道德的重要内容。从公共服务动机来看，更应在动机层面贯彻求真务实的态度，这既是公务员职业本身的要求，也是公务员更好履行职责的关键。

二、公共服务动机的内涵

公共服务动机的定义，目前较为普遍认可的是佩里与怀斯（Perry & Wise）在大量文献研究的基础上得出的结论："一种个体对主要或仅仅根植于公共机构和组织的反应倾向。"佩里和怀斯认为公共服务动机包括理性动机、基于规范的动机和情感动机三类。理性动机是追求个人效用最大化，比如参与制定公共政策，出于个人认同而支持某个公共项目，对特殊利益或私人利益的倡导；基于规范的动机是指对规范的遵从，比如为公共利益服务的愿望、义务，对政府整体的忠诚，对社会平等的信念；情感动机是指在特定社会背景下的情感反应，比如对政体价值的热爱和对他人的同情。其后，佩里把公共服务动机分解为四个维度，分别为渴望参与政策制定、对公共利益的承诺、同情以及自我牺牲精神。[①] 雷尼（Rainey）被认为是第一个开始研究公共服务动机的学者，他通过直接询问公共部门和私人部门的管理者关于参与公共服务的个人倾向性来研究公共服务动机。他发现公共部门管理者比私人部门管理者的公共服务动机分值要高，也指出公共服务动机是一个宽泛、多视角的概念，不局限于公共部门。公共服务动机理论被认为是第一次试图将公共服务动

---

① 参见曾军荣：《公共服务动机：概念、特征与测量》，载《中国行政管理》，2008（2）。

机与亲社会行为联系起来的理论。

弗雷德里克森在《公共行政的精神》中认为，不同职业领域对道德的界定是不同的。商业领域以财富和冒险精神作为衡量准则，而公共服务领域则以稳定和权力作为标杆，并且以同情、公平和公共利益作为价值标准。《现代汉语词典》（第7版）把"公共"解释为"属于社会的；公有公用的"，把"服务"解释为"为集体（或别人）的利益或为某种事业而工作"，把"动机"解释为"推动人从事某种活动的念头"。我们可以认为公共服务动机是一种推动人们为了社会利益而从事某种活动所表现出来的内在品质。公共服务动机既是一种植根于公共机构的反应倾向，同时也是一种源自心灵的品质。换言之，可以认为社会环境是促成个体公共服务动机生成的客观因素，包括社会发展状况、社会文化传统、职业生活、家庭和学校教育等多重因素。这应当是公共服务动机产生的主要原因，此外，公共服务动机的存在也基于人内在的利他品格。

通常，公务员的行政活动基于两种不同的动机，一种是获得工作保障、工资待遇、晋升、绩效奖励等基本需求满足的动机，另一种是有益于社会、帮助他人、成就感等较高层次需求满足的动机。我们可以把前一种动机称为自利的动机，把后一种动机称为公共服务动机。在公务员的行政活动和行为选择中，自利动机的存在是毫无疑义的，那么是否存在第二种意义的公共服务动机呢？这就是我们这次调查的目的之一。

三、研究假设和研究目的与方法

公共服务动机测评在国外已经形成了包含"四个维度"共"二十四个描述项"的较为合理而且被证明有效的方法。但是，国外的公共服务动机测试方法不一定完全适合中国的情况。为此，结合中国社会现实和行政文化背景，我们设计了一个问卷，以此对中国公共服务动机的现状进行测试，以了解中国公务员公共服务动机的现状。研究包括两个假设，一是假设公共服务动机存在，所影响的有关变量及其作用和影响的程度；二是假设公共服务动机不存在，通过对调查问卷的填写，引发对有关变量的选择思考，有利于激发和促进公共服务动机。公共服务动机的存在与否及相关变量的研究可以为公务员道德机制建设提供心理基础。

本研究报告的这个部分通过对政府机关公务员的调查，找出公务员公共服务动机的影响因素，从而针对公共服务动机的主导因素进行引导，使公务员能更好地为公共事业服务。本部分以佩里和怀斯的公共服务动机理论为基础，针对中国公务员的具体情况，从公共服务动机的三个维度进行测量分析。

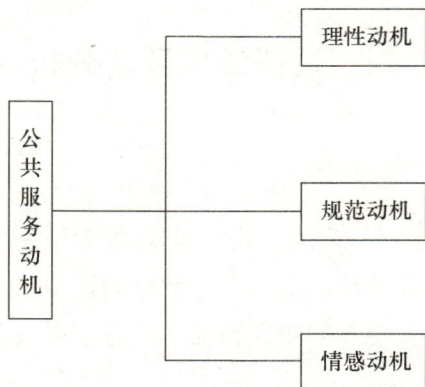

```
                              ┌──── 理性动机
  公
  共
  服
  务 ────────────────────────┼──── 规范动机
  动
  机
                              └──── 情感动机
```

理性动机是基于个体效用最大化的行为动力。比如参与制定公共政策、发挥自身的社会作用和价值等。

规范动机是指努力符合规范而产生的行为动力。比如为公共利益服务的愿望，尽职尽责，忠于国家和政府、维护社会公平等信念。

情感动机指对各种各样社会情境做出情绪反应的行为动力。比如对政体价值的热爱和对他人的同情、在公共利益与个人利益发生冲突时的自我牺牲精神等。

本部分调研在借鉴国外直接测量、间接测量方法的基础上，主要采用问卷调查法，并运用概率统计法进行分析。《北京市处级以下公务员公共服务动机调查问卷》是在文献查阅、结构化访谈基础上形成的开放式问卷。调研采用随机的形式，在什刹海街道办事处、太阳宫地区办事处、西长安街街道办事处、北京市人力资源和社会保障局、北京市城市管理委员会、丰台区住建委等单位处级及以下职务的公务员中，共计发放问卷 210 份，收回 210 份，有效问卷 196 份。问卷对三部分内容进行调查：

第一部分：目的是验证公共服务动机是否存在，主要是对最初进入政府部门工作原因，是否有企业或者其他非政府部门工作经历，政府部门和其他非政府部门的区别，进入公共部门之前的想法和工作后的感受，个人认可的工作观念等问题进行验证；

第二部分：目的是验证公共服务动机与行政管理体制、机制和文化之间的相关性，通过公务员是否能坚持自己的观点，如何对待考评晋升、工作成就的回报等相关变量来检验；

第三部分：目的是验证哪些个人的品德素质、性格倾向对从事公共服务的公务员最为重要，从而了解公务员对于从事公共服务这一职业的角色期待。

本次调研设计了包括正直、谦虚、谨慎等品质在内的 14 个选项。

四、调研结果及其分析

（一）关于公共服务动机的了解

公务员公共服务动机存在与否，对这一问题的验证主要通过最初进入政府部门工作的原因，对政府部门和非政府部门工作性质的认识以及公务员工作是否能够带来薪酬之外的满足感和成就感等问题来验证。调查结果表明，公务员公共服务动机是存在的。

1. 公务员职业动机与公共服务相关

调查结果显示，公务员从事该职业的初始动机主要是工资待遇因素和公务员职业受人尊重。有 29% 的公务员把"待遇比较稳定，福利较好"作为自己最初进入政府部门工作的动因，22% 的人是"出于家长压力或中国传统看法"，选择"与生俱来的一种对公共职业的向往，对能够帮助他人、维护公共利益、服务社会，从而得到别人尊重的心理满足感"的有 26%，排在第二位。这些数据从职业选择角度验证了公务员群体公共服务动机的大致状态。见表 7—1。

调查结果说明，公共部门的主要吸引力在于待遇比较稳定，职业相对受尊重，以及能为维护公众利益与服务社会提供平台。从马斯洛需求层次理论（Maslow's Hierarchy of Needs）来看，对公务员而言，在生理需求、安全需求、社交需求、尊重需求和自我实现需求等五个方面中，公务员职业本身既能够满足安全需求等较低层次的需求，又能满足自我实现的高级需求。

表 7—1　　　　　　　　　　　最初进入政府部门工作的原因

	百分比
待遇稳定，福利较好	29
出于家长压力或中国传统看法	22
能有升迁机会，能有较大平台施展才华	19
与生俱来的一种对公共职业的向往，对能够帮助他人、维护公共利益、服务社会，从而得到别人尊重的心理满足感	26
其他	4

另一项有关职业动因的调查更清楚地证明了这一点。根据对"收入最多""工作时间短""职业前景好""对社会有用""最有保障""便于照顾家庭"等因素的调查可以发现，在中国，对公务员最具激励因素的并不是工资收入。公务员更看重工作

的稳定性以及未来的保障程度，特别是把是否便于照顾家庭看得非常重要。可见，与私营部门从业者相比，对于公务员群体而言，收入因素并非首要的考虑因素，而公共部门可预期带来的自我成就感、工作稳定与保障等才是公务员初次择业的重要考虑。见表7—2。

表 7—2　　　　　　　　　　　　　　　**职业动因**

	频率	百分比	有效百分比	累积百分比
收入最多	35	17.9	17.9	17.9
工作时间短	10	5.1	5.1	23.0
职业前景好	42	21.3	21.3	44.3
对社会有用	39	20.0	20.0	64.3
最有保障	37	18.7	18.7	83.0
便于照顾家庭	33	17.0	17.0	97.0
合计	196	100.0	100.0	

此外，公务员从事公共服务的动机与家庭背景有关。在从事公务员职业的人数中，两类家庭人员较多，即干部家庭与农民家庭，知识分子家庭和从事商业的家庭中公务员的人数相对较少，通常父母从事的职业容易影响公务员对职业的选择。此外，中国是一个官本位意识还较浓的国家，尤其是农民家庭往往依然信奉"学而优则仕"，更渴望"当官"光宗耀祖，给家里人和家乡人谋利益，改善他们的生活和地位状况。

2. 公务员满足感和成就感的来源

根据对"最初进入政府部门工作的原因"和"职业动因"两个问题的调查，可以知道，公务员较私人部门员工而言，更能通过工作性质而不是薪酬来得到满足感和成就感。我们选取的样本中虽然没有私人部门员工，但是在调查样本中，在有私人部门工作经验的114人中，占85％的人认同"政府的工作更加复杂，更具挑战性，需要更多的勇气和智慧去解决问题，还能获得一些金钱以外的满足感和成就感"。见图7—1。表明公共部门和私人部门雇员的回报偏好存在差异，公共部门中对物质激励的敏感性程度较低，政府工作存在着复杂性、挑战性，并且能在这些挑战性的工作中获得金钱以外的满足感和成就感。在参与公共政策制定对公务员的吸引力的调查中也可以印证这一点。由于对参与公共政策制定的吸引力考察指标是反向指标，因此，反对的比例越高，参与公共政策制定的吸引力越大，公共服务动机越强烈。我们对反对所占的百分比取均值，则均值为65％，也就是说公共政策制定的吸引力是很大的。见表7—3。

有私人部门工作经验

C
0%

A
15%

B
85%

A. 基本没有什么不同，都是工作，为了领取一定的报酬而为他人服务。
B. 政府的工作更加复杂，更具挑战性，需要更多的勇气和智慧去解决问题，还能获得一些金钱以外的满足感和成就感。
C. 其他。

没有私人部门工作经验

C
0%

A
34%

B
66%

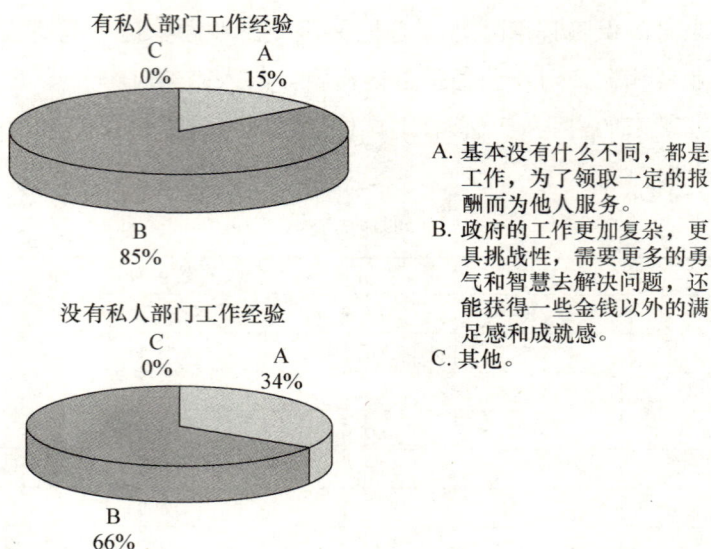

图7—1　公私部门雇员的回报偏好的差异

表7—3　　　　　　　　对参与公共政策制定的吸引力的指标统计

	支持（%）	中立（%）	反对（%）
政策制定是件神秘的事	9.5	22.2	68.3
我不太关心政治	13.6	19.7	66.7
公共政策制定对我没有什么吸引力	15.0	26.8	58.2

这是由公共部门与私人部门价值追求的差异所导致的。这首先是由于，公共部门追求公共利益，维护社会的公平与公正，私人部门则把效率作为最主要的目标，很少考虑外部的政治影响和社会责任。因而，私人部门工作主要依靠薪酬来获得满足感，而公共部门则可以通过社会价值和影响来实现其成就感。其次，成就、认可、工作的挑战性、丰富性等都是蕴含在工作中的内在激励价值。公务员的职业本身的魅力、发展的可能性等都能够使从事公共部门工作的人员获得成就感和满足感。最后，参与公共政策制定对公务员普遍具有吸引力。见表7—3。此外，在中国五千余年的悠久历史中，社会上一直存在着严重的官本位意识，许多人把当官看作人生目标，社会上也普遍以官职大小、官阶高低来衡量人的社会地位和人生价值。根深蒂固的官本位思想也直接影响着现今整个社会的职业价值观，从而影响公务员的职业成就感和满足感。

3. 公务员的价值标准、成就动机和奉献精神

这一测量是通过公务员在成为公务员之前和之后对公务员职业的认识和感受进行验证的。调查结果显示：在成为一名公务员之前，有33%的人对自己即将从事的

职业比较兴奋。见图 7—2。在成为公务员，从事多年公共服务职业之后，有 46%
的人越来越认为政府工作应以公平和公正为首要价值，心中也一直以该价值作为自
己工作的最终准则。见表 7—4。这就表明，无论是从自身主观上对公务员这个职业
的角色认知，还是经过工作体验后对公务员职业的基本认同，存在一定的共性：认
为公务员应以公平和公正为价值目标，并以此指导自己的工作实践。从事公务员职
业多年后，认同公务员应以公平和公正为价值目标的人数上升了 13%，表明公共部
门的工作性质具有公共性，同时这一职业有利于公正和公平价值的培育。

　　同时还应当看到，调查结果显示：91 人次占 46% 将公平和公正作为自己工作
的最终准则，反映了公共服务动机在这里的作用。而 74 人次占 12% 选择了难以确
定公平与效率哪一个为工作价值观，反映了由于公平和效率的较难界定而导致的公
务员的主流价值观的模糊，需要一定的引导和适当的培训。

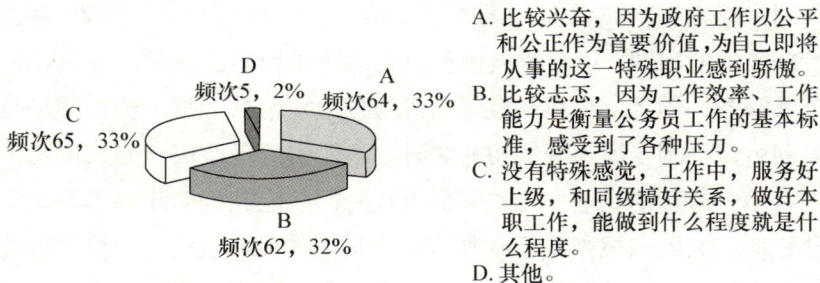

A. 比较兴奋，因为政府工作以公平
和公正作为首要价值，为自己即将
从事的这一特殊职业感到骄傲。
B. 比较志忐，因为工作效率、工作
能力是衡量公务员工作的基本标
准，感受到了各种压力。
C. 没有特殊感觉，工作中，服务好
上级，和同级搞好关系，做好本
职工作，能做到什么程度就是什
么程度。
D. 其他。

D 频次5，2%
A 频次64，33%
C 频次65，33%
B 频次62，32%

图 7—2　在你正式进入政府工作之前，对自己即将从事的职业的想法

表 7—4 　　　　　　　　　　关于政府工作的观念

	百分比
政府工作应以公平和公正为首要价值，心中也一直以该价值作为自己工作的最终准则	46
公平和效率难有准确定论，工作只能是相对满意，没有最好的标准。工作做到什么程度就什么程度，很多事情自己说了不算	12
真正的公平难以达到也难以衡量，还是应以工作效率为衡量工作的基本标准	38
其他	4

　　在回答"遇到个人利益与公共利益冲突时应该牺牲个人利益"这一问题时，大
多数公务员选择支持和保持中立的态度，只有少数公务员选择反对。调查数据显
示，在愿意为社会的进步和发展做自我牺牲方面，40.8% 的公务员持保留意见，处
于中立地位的人数比例相对较高。但是，很明显，处于主导地位的仍然是支持的人
群，其所占比例的均值为 47.1%，而持反对意见的人数比例均值为 12.1%。因此，
相对来说，职业奉献精神在中国公共部门中的影响力还是很大的。见表 7—5。

表 7—5　　　　　　　　　　　　　　　　　职业奉献精神测量

	支持（%）	中立（%）	反对（%）
我做事的出发点大多不是自己的利益	35.4	42.0	22.6
为社会做贡献比自己获得名利、地位更重要	39.3	43.7	17.0
人应当更多向社会贡献而不是索取	46.7	38.8	14.5
我愿意为社会的进步和发展做自我牺牲	47.1	40.8	12.1
我愿意为了帮助他人牺牲自己的利益	60.0	34.7	5.3
在没有报酬的情况下我也愿意做一些服务他人的事	52.6	35.7	11.7

（二）公共服务动机与相关因素的关系的调查

1. 公共服务动机难以转化为公共服务行为

公共服务动机与公共服务行为之间是否存在直接联系？这种联系的强弱究竟如何？有哪些因素影响着这种联系？通过对公共服务动机与公共服务行为的关联性研究，可以发现其中的问题。由于现实中行政管理机制和制度规导的影响，一些公务员即便存在公共服务的动机，也很难做到动机与行为结果的一致。调查结果显示：在面临自己观点和组织机制、惯用做法相冲突时，不能坚持自己观点的人数是坚持自己做法的人数的八倍。这种情况一方面说明如果政府部门能够根据公共服务动机的相关价值观去设计相应的制度和规则体系，那么公务员群体能够进行适应性的改变；另一方面也说明，公务员个体在工作过程中往往会学会面对现实，这是个人公共服务动机的表现。

2. 公务员普遍认为公共职业不能完全用金钱衡量

工资因素与公务员的工作热情没有必然和直接的关系，特别是在能够满足基本生活需要和体面生活的情况下，金钱并不是工作回报的唯一路径。见图 7—3。虽然绝大多数公务员认为目前收入水平比较低，但是并不认为需要提高公务员的工资水平。这种矛盾现象一方面可以说明公务员之所以认为自己工资水平低，是因为他们将自己与高收入人群相比而产生的感觉，并非来自对自身工资水平不满意。同时，也反映了公务员价值观的多元性，工资状况与公共服务动机的关系并不是绝对的正相关。需要注意的是，选择工资水平已经影响到自己工作的热情和积极性的人数占到了第 2 位。另外有近半数的人同意"提高收入，可以调动工作积极性，有利于安心工作"。见图 7—4。调查表明，公务员认为金钱与公共服务动机并不具备很强的关系，即金钱不能成为公务员选择职业的主要考量因素。因此，与私营部门相比，在公共部门的人才选择和激励中，应注重以报酬之外的诸种因素作为考察指标。这与公务员的职业特征和道德要求相关。

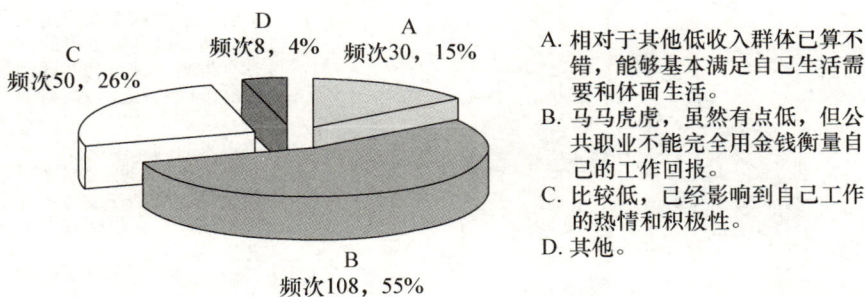

A. 相对于其他低收入群体已算不错，能够基本满足自己生活需要和体面生活。
B. 马马虎虎，虽然有点低，但公共职业不能完全用金钱衡量自己的工作回报。
C. 比较低，已经影响到自己工作的热情和积极性。
D. 其他。

图7—3 目前自己的工资水平如何

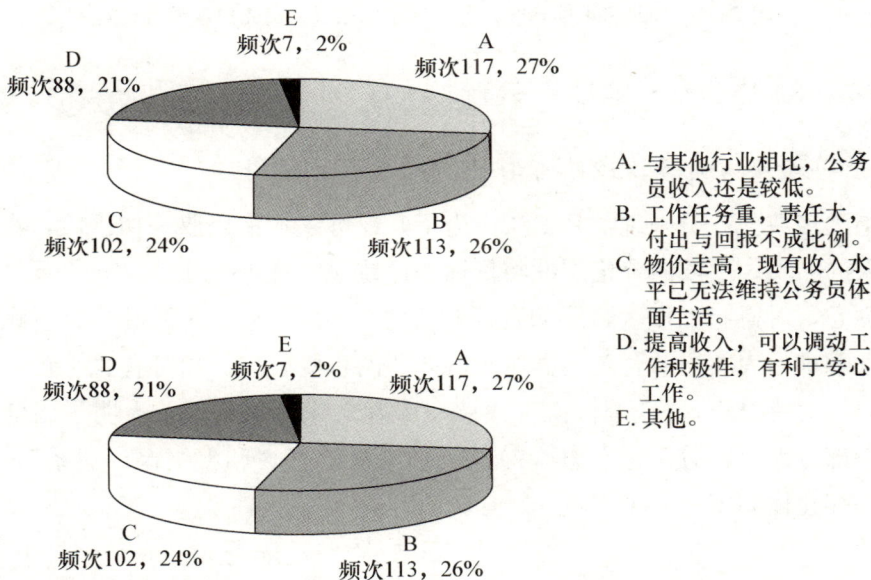

A. 与其他行业相比，公务员收入还是较低。
B. 工作任务重，责任大，付出与回报不成比例。
C. 物价走高，现有收入水平已无法维持公务员体面生活。
D. 提高收入，可以调动工作积极性，有利于安心工作。
E. 其他。

图7—4 如果你觉得有必要提高公务员工资，理由是什么（可多选）

3. 大多数公务员比较看重职务晋升

职务晋升，本质上是对自我实现价值的现实体现。对公务员来说，职务升迁不仅意味着责任和权力的提升，同时也意味着可以得到更多的尊重，满足自己的荣誉感和成就感。调查结果显示：40%的人认为晋升是自己在更大的平台上履行责任和进行服务，意味着对自己能力和责任的挑战；33%的人认为晋升将是自己才华和能力的进一步展现，表明个人有价值感和荣誉感实现的需求。见图7—5。调研结果表明，公务员群体能够将职务晋升视为履行服务职能、实现个人价值的途径，从公共服务动机的角度看，这种认知无疑是恰当的，与公务员自身的道德要求也是相符合的。

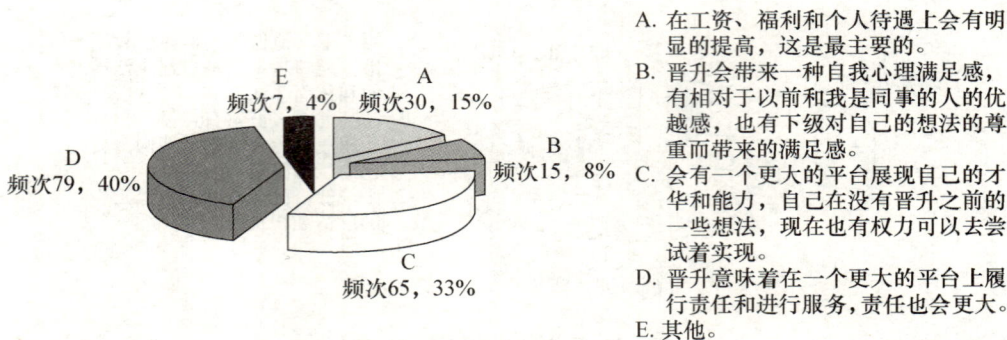

A. 在工资、福利和个人待遇上会有明显的提高，这是最主要的。
B. 晋升会带来一种自我心理满足感，有相对于以前和我是同事的人的优越感，也有下级对自己的想法的尊重而带来的满足感。
C. 会有一个更大的平台展现自己的才华和能力，自己在没有晋升之前的一些想法，现在也有权力可以去尝试着实现。
D. 晋升意味着在一个更大的平台上履行责任和进行服务，责任也会更大。
E. 其他。

图 7—5　如果有可能晋升，晋升对于你来说，首先意味着什么？

（三）影响公共服务动机的性格变量

1. 大多数公务员重视道德与伦理

对绝大多数公务员来说，并不认为为了升迁可以不惜采取一切手段，在他们看来，个人的品质、手段的合伦理性与目标一样重要。有48%的人次选择要"对得起自己的良心，对得起工作所赋予的责任和义务"，不能为了达到目的而不顾及行政的伦理性要求，表明当前公务员群体对待职业的积极心态；同时有22%的人次选择以平常心来对待升迁，"低调做人，保持一个好人缘"很重要，表明了当前公务员群体有一部分人存在着保守心态；有16%的人次选择"和上级搞好关系"，表明了我们当前存在体制困境。见图7—6。

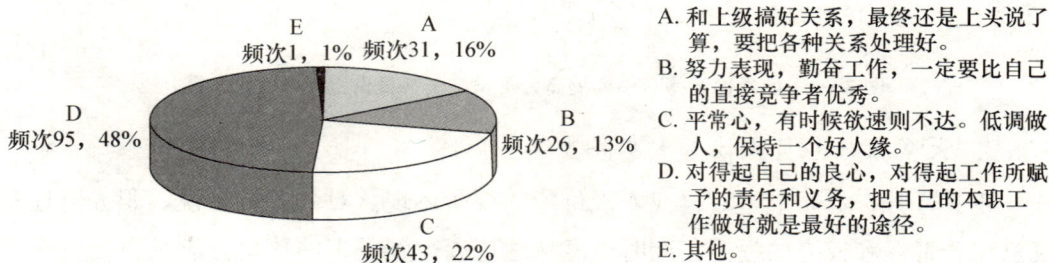

A. 和上级搞好关系，最终还是上头说了算，要把各种关系处理好。
B. 努力表现，勤奋工作，一定要比自己的直接竞争者优秀。
C. 平常心，有时候欲速则不达。低调做人，保持一个好人缘。
D. 对得起自己的良心，对得起工作所赋予的责任和义务，把自己的本职工作做好就是最好的途径。
E. 其他。

图 7—6　如有晋升机会，你觉得最有可能达到目标的途径是什么？

2. 公务员被尊重和被认可的需求强烈

相较于私营部门更多把物质激励作为第一因素，在公共部门中，物质激励因素虽也相当重要，但并不是第一因素。调研显示，得到领导和同事的认可是公务员最希望得到的回报，表明公务员被尊重和被认可的需要较为强烈。调查结果显示：有34%的人选择了"最希望得到领导的赞许和同事的认可"，这一方面反映了当前我们领导负责制的机制特点，也表明了公务员在上下级之间、同事之间希望被信任，被认可的内在渴望，最根本的是验证了公共职业的特殊性；同时有29％的被调查公务员表达了对从事公共服务职业所能获得"成就感"的强调，这表明确有一部分公务员的公共服务动机在发挥作用。见图7—7。

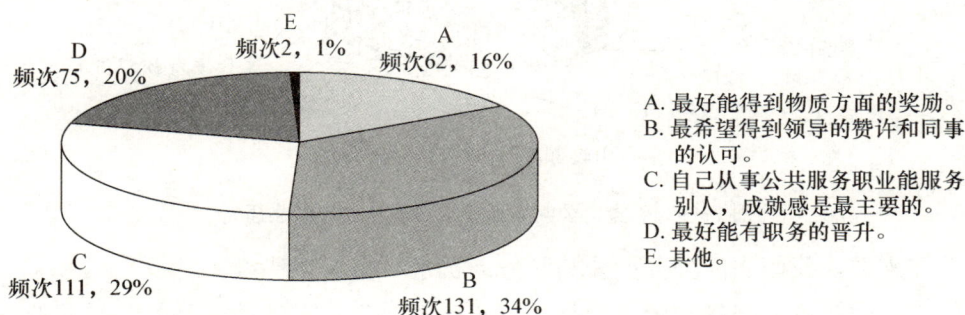

E
频次2，1%
D
频次75，20%
A
频次62，16%
C
频次111，29%
B
频次131，34%

A. 最好能得到物质方面的奖励。
B. 最希望得到领导的赞许和同事的认可。
C. 自己从事公共服务职业能服务别人，成就感是最主要的。
D. 最好能有职务的晋升。
E. 其他。

图7—7　工作上有成就时，比较希望得到什么回报？（可多选）

3. 公务员最重要的品质

在对公务员最重要的品质进行调研时，我们选取了正直、谦虚、谨慎、诚实、勇敢、爱心、稳重、乐观、乐于助人、务实、勤奋、随遇而安、有激情等品质因素。调研反馈，公务员认为正直（15％）、谦虚（11％）、诚实（11％）、谨慎（10％）、稳重（8％）、乐观（8％）和乐于助人（8％）是从事公共服务的人的较重要的品质。调查显示，公务员个人认为自身具有的实际品质和理想的公务员应具备的品质具有惊人的一致：选择的重叠性可以解释为被调查者认为自己是适合这项工作的，另外表明公务员认为公共服务的从业者应当具备这样的品质。更为重要的是，两项调查的结果都是正直排在第一位，表明公务员把公平正义作为重要的行政价值观。见图7—8、7—9。

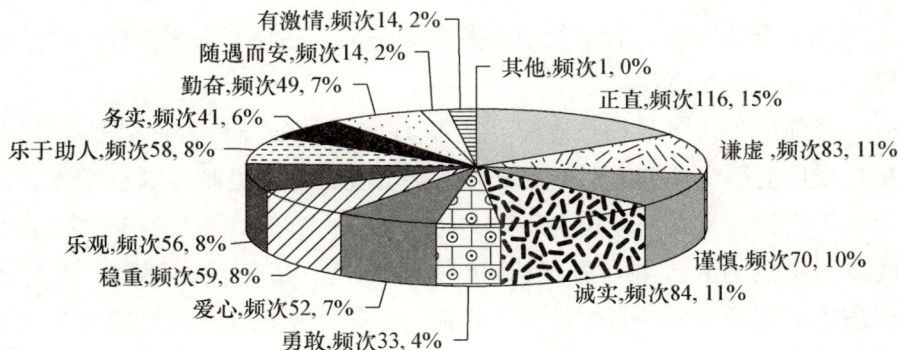

有激情，频次14，2%
随遇而安，频次14，2%
勤奋，频次49，7%
务实，频次41，6%
乐于助人，频次58，8%
其他，频次1，0%
正直，频次116，15%
谦虚，频次83，11%
乐观，频次56，8%
稳重，频次59，8%
爱心，频次52，7%
勇敢，频次33，4%
谨慎，频次70，10%
诚实，频次84，11%

图7—8　选项中哪个比较符合自己的性格？

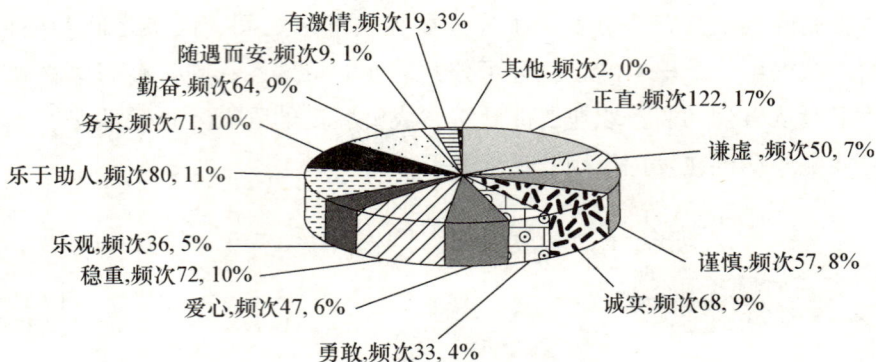

有激情,频次19,3%
随遇而安,频次9,1%
勤奋,频次64,9%
务实,频次71,10%
乐于助人,频次80,11%
乐观,频次36,5%
稳重,频次72,10%
爱心,频次47,6%
勇敢,频次33,4%
其他,频次2,0%
正直,频次122,17%
谦虚,频次50,7%
谨慎,频次57,8%
诚实,频次68,9%

图7—9 你觉得公共职业者最需要什么样的品质?

总体来看,我国当前公务员公共服务动机水平有如下特点。

首先,公务员大多具有较强的公共服务动机。公共服务动机是公务员职业道德的重要内容。在对公务员公共服务动机的调查中可以发现,虽然公务员参与公共服务的动机不尽相同,但总的说来,主要并非出于经济收入、工作时间等量化因素的考虑,而是较为看重职业发展前景、参与公共政策制定、得到社会的尊重以及对社会发挥作用等因素。较强的公共服务动机对于公务员端正工作态度、履行工作职能、正确地处理好理想信念与现实需求之间的关系,均有重要作用。

其次,公务员大多具有一定的职业奉献精神。公共服务行业和其他职业一样需要克己奉公、兢兢业业。与其他职业相比,更需要一种秉公尽责的奉献精神。比如,因工作需要公务员可能常要放弃节假日休息,公务职位越高,越会因为各种特殊职责的需要而放弃节假日。再比如,在发生重大危机事件的时候,要求公务员尤其是领导干部承担更多的责任。调查显示,与这种职业需要相比,我国公务员的服务动机中,尽管大多数公务员具有一定的奉献精神,但并不很支持"在任何情况下都牺牲自己的利益而成全别人",对于强烈的自我牺牲精神持中立态度的人数比例为39%。说明公务员在个人利益与他人利益关系上,已经不是无条件持牺牲自我利益的原则,而是视情况而定。

最后,公务员公共服务动机水平仍有提升空间。公务员普遍具备公共服务动机,但是,受目前组织环境中职责划分、考核监督、选拔机制等因素的影响,受官本位意识、集团利己主义、形式主义等文化的影响,公务员公共服务动机的生成与发展会受到一定制约和影响,需要从组织规章制度、组织外部环境、组织运行状况、组织道德文化等多个方面改善和提升制约公务员公共服务动机的诸多因素,使公务员公共服务动机水平得到有效提升。

（四）公共服务动机的影响因素

调查显示：公务员和政府机构之间存在着一个双向互动过程。一方面，公务员最初的公共服务动机是选择适合他们期望的组织和职业；另一方面，就业之后的公共服务动机又受到了他们选择的组织的影响和重塑。通过上述对公务员公共服务动机的调查分析可看出，影响公共服务动机的主要有社会环境和组织环境两个方面。

社会环境。社会环境包括社会规范、人口特征、政治因素及经济和科技等因素。完备的社会规范、较高的国民素质、清明的政治文化、较好的经济发展、先进的科学技术都有利于公务员公共服务动机的生成，相反，不良的社会环境则不利于公共服务动机的生成。

组织环境。与私营部门不同，政府部门有其独特的组织架构和目标特性，这些会影响到政府部门的工作设计和任务特征。个体绩效的可测度、任务目标的清晰度等都是影响个人公共服务动机的重要工作特征的变量。目前，我国公共服务部门之间的沟通相对缺乏，职能交叉现象还在一定程度上存在。这种组织架构和目标特性在一定程度上影响公务员公共服务动机的生成和发展。

就业前，个人的公共服务动机可能是在所处的社会历史背景的影响下形成的，但进入组织后，主要是通过组织环境的影响而形成的。组织环境对公共服务动机的影响主要表现在三个方面：组织使命、同事间的关系以及奖惩制度。

组织使命对员工个人的公共服务动机水平的影响很大。如果员工认为组织的使命和自我的价值观相一致，那么他们就会更加倾向于将组织的目标当成自己的目标，并且他们会把追求组织的目标看成是与追求自己的目标一样有意义。此外，同事间的和谐互助、公平公正的奖惩制度都对公共服务动机生成有着积极的影响。

（五）公务服务动机塑造与公务员职业道德建设

通过对公务服务动机的调研和分析，可以对公务员职业道德建设提供某种启示。我们可通过以分析公务员公共服务动机现状及与管理制度的关系为基础，建立科学的公务员管理制度，以激发公务员公共服务动机，降低公务员谋取私利、消极怠工、以非正常手获取物质需求的欲望，培育公共服务的职业道德。具体说，目前公务员职业道德建设应注重强化以下几个机制建设。

1. 选拔任用机制建设

公共服务动机理论阐述了公共部门因其机构性质的公共性和组织目标的公益性，决定了公务员的不同"需要"。其较之私人部门的员工而言相对不看重报酬，而是有更高的成就需要，也更乐于帮助他人或热心公益事业，即强烈的"利他动机"。而这种"利他动机"是与个体本身的性格、人格倾向紧密相关的，因而可以通过专业的心理测评手段进行测量。现今我国公务员招聘在专业考试之外，已在面试环节引入了心理测评机制，但其考察内容主要局限于心身健康状况等测试，除此之外还应引入公共服务动机测评标准，将其作为录用选拔公务员的重要参考标准。

根据有关公务员特质的调查，一般说来正直、谦虚、诚实和乐于助人等是甄选公务员的重点，它们可能更加符合公共服务工作的特质，同时与公共服务动机的关联性也相对比较高。如果选择这样的人进入公务员队伍，那么就从品质方面减少了腐败的几率。腐败官员普遍具有较强的物质欲求和面子意识，较少具有公共服务动机。因此应探索科学合理的方法，把公共服务动机的检测作为选拔任用干部的一项重要机制。

2. 职责机制完善建设

公务员的公共服务动机与组织职责是否合理、明确有重要关系。通常，合理而明确的职责有助于公正公平的考核，有利于公务员培养公平公正的公共服务动机，有利于激发和激励公务员的公共服务动机。职责明确是激励有效的前提，公务员虽然具有服务社会和他人的意识，具有自我牺牲精神，但同时也有自尊与自我发展的需要，他们渴望得到领导和同事的认同。细化和明确职责机构的职能和每个职务层次及具体岗位的职责，规范每个岗位的工作项目、工作概述、工作标准和能力素质要求，将部门的职责、职位要求和工作目标逐一分解落实到机关内部每个具体岗位，实现从过去以资格、资历为基础的人员职务序列管理模式向以能力、素质为基础的岗位职责绩效管理模式转型，有助于激励和激发公务员公共服务动机。

3. 培训引导机制建设

通过对调查结果进行分析，可以认为在我国政府部门工作的公务员的确存在公共服务动机。我们在进行政府改革和自身建设中应充分关注这一现象。对廉政文化建设而言，我们应建立相应的机制来挖掘、培育公务员公共服务动机，从而从信念、价值观和品格上形成拒绝腐败的抗体。传统文化中"性善论"的人性基础依然对廉政文化建设具有重要的基础作用，过分强调以"人性恶"为基础事实上会在一定程度上造成对腐败行为理解和纵容的腐败文化。应建立相应的激发和引导机制，把公务员的物质和精神欲求引向合理的、高尚的方面，而不是在"经济人"假设的理论下一味强调外在的法治和监督。应建立起科学的、合理的培训机制，激发和引导公务员的公共服务动机，改变其消极的腐败动机。

4. 精神激励机制建设

要注重探索对公务员工资和升迁以外的激励方式。公共服务动机与物质激励并没有直接关系，这就说明满足公务员的荣誉感和成就感也是公务员职业道德建设的一种重要机制。对公务员公共服务的激励采取正面鼓励的措施远比采取反面惩治的措施要有效。在公务员精神激励中，对公务员进行职业规划，如把组织需要与公务员个体的兴趣、爱好结合起来，是在公务员管理制度中应当加以研究的重要课题。可通过实行诸如岗位轮换制、弹性工时制等方式，给公务员更多的自由空间，降低工作的单调感，并让公务员更多地参与到组织决策和公共政策制定的过程中去，让公务员可以自主决定如何更好地为公众服务，充分利用宽松的制度环境展现各种技能和才干。

此外，应探索公务员分类管理和职级管理的精神激励机制，以满足公务员的荣誉感和成就感。在我们目前的公务员管理中，公职人员在公共组织中是一种纵向向上的发展路径。这种职业路径最大的缺点就是职位越往上越少，上升的机会也就越少，这就导致公务员在达到一定职级以后发展空间减少，因而其通过职级的上升而获得荣誉感和成就感的可能性也递减，从而把获取更多的物质享受和经济收入作为目标和价值追求的可能性就增加。为此，应探索公务员分类管理和职级管理的精神激励机制，以满足公务员的荣誉感和成就感。

5. 生活保障机制建设

尽管公务员存在公共服务动机，把公共服务当作自身的义务，但从权利和义务相统一的角度来说，社会和组织应为公务员提供良好的生活保障，这既是公务员应有的权利，也是培养公共服务动机和廉政文化的重要机制。高薪养廉制度目前主要是在一些经济实力较为发达的国家和地区实施，它们以物质上的实力为后盾，制定出相应的制度和法律实行高薪养廉，使公职人员能够在优厚的薪酬、大量的福利、稳定的职业下安心工作，不敢轻易涉贪而冒丧失职位和优厚报酬的危险。除了实行高额的薪金制度，一些国家和地区还根据本国本地区经济、社会发展水平和政治体制的特点建立了符合各自情况的公务员社会保障制度，使公职人员免除后顾之忧，安心工作，减少他们的腐败动机。

第八篇　公务员道德问题的伦理分析

对当前中国公务员道德现状进行分析，尤其从伦理上如何解释并解决这些道德现象和问题，是本部分的立意所在。公务员道德方面存在的问题可概括为三个方面：公务员道德价值观的深层改变、公务员伦理与道德相分离、公务员道德文化的同一性危机。

一、公务员道德价值观的深层改变

改革开放三十多年来的中国，在经济、社会、政治、文化方面已经发生了深刻变化，与此相应，中国公民的道德原则、道德评价标准、道德目标和理想都出现了转变。公务员道德观念也随之发生了一定转化，具体表现为：道德原则上由集体主义向集团利己主义转化，道德评价上由德性主义向功利主义转化，以及道德理想上由追求共性向追求个性转化。

(一) 道德原则上由集体主义向集团利己主义转化

改革开放以来，公务员道德领域最大的变化是自我意识不断增强。在人与人的关系中，他们信奉"利他主义"和"利己不损人"的原则，调研中只有不足 1% 的公务员信奉"不惜一切代价追求个人利益最大化"。与此同时，公务员的公益意识和服务他人的意识不断增强，在他人面临困难时，绝大多数公务员选择"伸出援助之手"，说明传统的"利他主义"原则依然是公务员为人处世的主要原则。

但在群己关系中，公务员的道德原则正在实现由集体主义向集团利己主义的转化。《中国伦理道德报告》的结论是，在现代社会复杂的伦理境遇中，组织在现实道德实践中大多展示了这样的伦理-道德悖论：一方面，组织以伦理的实体面貌出现，体现为集团内部的伦理性；另一方面，组织以不道德的个体状态行动，体现为集团外在的非道德性。这种伦理-道德悖论是当前中国公务员道德最为普遍的特点与现状。在问及单位在处理个人、组织、社会关系时以什么利益为重时，15.4％的公务员认为以单位职工的利益为重，65.7％的公务员认为以单位、集团的利益为重，15.1％的公务员认为以与单位相关的社会利益为重，还有3.8％的公务员有不同的回答。这些数据显示，当前中国的组织是自发且有着异化倾向的伦理实体，尚未成为自觉的道德主体。[①] 这一结论同样适合于公务员群体。政府公务员在改革的进程中，已经成为一个特殊的利益集体。与此相应，公务员在道德原则上正在和已经发生由集体主义向集团利己主义的转化。

计划经济的单位时代，个人对单位、单位对国家的依附性很强，集体主义原则是确立和维护社会伦理秩序的关键所在。集体主义是将"集体价值至高无上"奉为解决集体与个人关系的道德原则的理论。这种理论的基本内容，可以概括为一句话：集体利益高于个人利益，因而当两者发生冲突时，应该牺牲个人利益，保全集体利益。长期以来，公务员坚持的是集体主义的道德原则，在他们的道德观念和道德评价中，集体的利益被认为是至高无上的。

市场经济的后单位时代，个人、单位、国家之间单向度的依附关系已逐渐被商品经济的契约关系所取代，传统伦理理论和个体道德经验已无法应对现代组织所面临的伦理问题，集体主义道德原则受到了挑战，在一定程度上正在被集团利己主义所取代。其重要证据是：（1）以个体本位取代集体本位。虽然在观念层面上公务员依然恪守集体主义的道德原则，但现实的选择中个人主义已经不再因之不符合道德原则而受到严厉的谴责，人们对之表现出极大的宽容。一个公务员退休之时向组织提出晋升或其他待遇要求，会觉得理所当然，也会得到其他公务员的理解和认同。（2）以利益博弈取代整体利益。集体利益或整体利益被虚化，集体利益被地方利益、部门利益、行业利益与单位利益所取代。地方、部门、行业和单位的领导利用自身的人脉优势，利用自己的影响力为地方、部门、行业和单位谋取利益的行为得到绝大多数公务员的肯定。绝大多数公务员认同"要最大限度地为本部门争取预算，只有这样才能彰显出一个领导的能力"。（3）公务员以集团利己主义为核心团结起来，以非常隐蔽的巧妙方法阻碍改革进程。公务员普遍认为政府的改革是必需的，但是，他们的组织在推进改革的进程中不可或缺，所以坚决不能取消。集团利

---

① 参见樊浩等：《中国伦理道德报告》，257页。

己主义已经成为推进改革的绊脚石，尤其是既得利益较大的集团，只要改革对其利益稍有损害，就会强烈反对。

调查显示，现代中国社会已经意识到某些集团利己主义行为的不道德及其危害，如高校为教工子女降分录取，政府机关为职工子女入学、就业提供方便，以及一些垄断企业的员工子女在就业方面享有优先性等行为都被列为集团利己主义。超过50%的公务员认为集团不道德比个人不道德造成的危害更大。但是，由于个体对于扭转这一局面无能为力，因而就采用"顺势""功利""实用"的选择。近30%公务员对这种现象"司空见惯"，不再流露出道德的"义愤"，而是转向某种程度的理解。近40%的公务员对本集团危害社会但给自身带来福利的行为不劝阻。有36%的公务员对于"你单位或部门领导，通过钻法律和政策的空子为本单位或部门谋取利益"采取认同和不确定的态度。有约87%的公务员和85%的公众对卫生部门的公务员利用职务便利找医院有关人员帮助挂号这种行为表示理解。还有15.31%的公务员对"宁要腐败但干事的官，不要廉洁而不干事的官"的说法持"有点赞同"的态度。这些数据表明：由于集体概念在一定程度上被虚化，因而在坚持什么道德原则的问题上，正在和已经发生着由集体主义到集团利己主义的深层改变。

(二) 道德评价上由德性主义向功利主义转化

在道德评价问题上，无论是理论上还是现实中，历来都存在着道义论与功利论的论争与分歧。在知识经济时代，利用知识、信息创造价值比获得知识和信息更有意义。同样，在今天人们更加注重道德的实用和功利价值，道德的目的意义和价值被隐藏。当社会存在一定的善得不到鼓励、恶得不到惩戒的现象时，就会在人们的心中种下道德无用论的观念。当前公务员群体中存在明显的功利主义倾向。在对著名的"救生艇"的道德选择案例中，90%以上的公务员（处级或科级）都采取了功利主义的选择。在现实中具体表现为：

一是道德评价的原则由集体主义转向集团利己主义。公务员不再把谋取个人利益，特别是集团利益看作一种不可告人的动机，特别是已把维护小集体利益当作一种评价公务员能力的重要标准。如果一个领导能够给部门争取更多的预算，带来更多的实际效益，即使采用一些非道德的手段与方法，也可以得到大多数人的理解和认同。部门利益、集团利益、地区利益在一定程度上被等同为集体利益。公务员效益观念、经济意识、团体利益感普遍增强，道德理想、信念意识相对有所淡化。

二是道德评价的依据从重动机转向重效果。在道德评价的依据上更加注重效果和目标是否达到，而不太重视动机与手段的道德与否。公务员追求近期利益，追求政绩，为了眼前的、集团的利益而牺牲国家的、长远的利益的现象比比皆是，出现了所谓的政绩工程、面子工程。特别是有领导职务的干部，他们的升迁发展都与政绩挂钩，领导干部很自然地把地区的经济发展看作首要任务，而道德建设很难看到直接效果，因而往往是应付上面的检查。

三是道德目标由理想转向务实。谈到理想目标，很多人将之具体化为目前正做的工作，对于社会意识形态宣传不太重视，也很难成为他们的道德理念。很多业务类的公务员，特别是层级较低的公务员不关心主流意识形态的宣传和教育。90%以上的普通公务员说不全社会主义核心价值观的内容，对国家倡导的公务员职业道德的内容不了解。在他们看来，实事和政绩是重要的，而理想和信念则是虚的。很多公务员存在"多干实事，少谈主义"的认识，在学习中也存在实用主义的倾向。在问到"公务员需要学习什么"时，绝大多数公务员认为学习政策、法规很重要，很少有人关注马克思主义理论、党的建设和精神文明等意识形态的东西。

四是荣辱观中的重精神转向重物质。市场经济对伦理道德关系的最大影响就是金钱观念渗透到道德评价和人们的荣辱观中。市场经济条件下，人们越来越功利，金钱成为衡量人们价值的一个重要标准，没有钱就会被人们瞧不起。与社会生活中的笑贫不笑娼相应，在公务员群体中有笑廉不笑贪的倾向。一些公务员把自己在管辖区域吃得开、有特权当作荣耀之事。

（三）道德理想上由追求共性向追求个性转化

随着对外开放的不断深入和信息社会的到来，人们获取信息的渠道更加广泛，信息交流的途径更加多样，从而公务员的眼界更加开阔，思维更加活跃，这些都为道德观念的变化提供了条件和空间，使公务员的道德理想由封闭转向开放，由保守转向创新，由追求共性转向追求个性。这种倾向不仅反映在思维方式上，而且反映在生活方式和行为习惯上。

一是公务员在道德生活中更加宽容。公务员大都有良好的受教育背景，有较扎实的专业知识和较高的学历，经过严格的准入考核，他们大多是改革开放以后成长起来的一代，他们更具开放意识，能够对不同的价值观持宽容态度。中国传统社会政治道德化、道德政治化的倾向很明显，但眼下，公务员开始将这两者区分开来，一个明显的表现是：公务员并不会因为一些官员犯了政治错误而在道德上否定他们，同样，也不会因为一些官员的生活作风而否定其政治业绩。

二是行政系统的一些传统规则正发生变化。随着改革开放的不断深入，行政系统内部人们长期奉行的一些传统规则正在发生变化。比如，求同的规则、不标新立异的规则、低调忍让的规则开始转向宽容个性、追求个性，不再低调忍让，而是敢于和愿意出头露面，展现自我，敢于和愿意争取自己的利益。尽管这只是一个苗头，但预示着未来的发展趋向。个性化官员的出现就是这个趋向的一个反映。这与近年来不同层级的公务员都开始公开选拔、干部晋升中的竞争机制直接相关。一方面这种机制锻炼了公务员的竞争意识和竞争能力，另一方面通过这种机制把大量其他行业（如高校）的人员吸收进公务员队伍中，从而对行政道德文化产生影响。

三是个性官员在行政生活中被接纳。"不求有功，但求无过"的四平八稳的"庸官"不再是公务员的理想形象。十八大选举产生了新一届领导集体，他们求真务实的作风、反对形式主义的做法为官员形象的改变树立了榜样，进一步推动了个性官员的产生。由追求共性向追求个性的转变，极大地改变了公务员的行为方式和思维方式，在创新力不断增强的同时，沿用多年的道德规范和价值观受到了挑战。公务员丧失了共同遵守的行为规范和评价标准，政绩和绩效成为唯一的标准，道德标准在不断地被弱化与虚化。

需要强调的是，以上三大改变是道德价值观的深层改变。这些深层改变目前还只是局部地发生，如何通过体制、机制和文化建设对公务员道德价值观的深层变化进行合理的引导，使之符合社会结构、组织制度的发展目标，需要引起政府足够的重视，否则，我们将对公务员道德价值观的局部变化可能引发的公务员道德的整体变化缺乏准备，影响公务员队伍的健康发展。

二、公务员伦理与道德相分离

在诸多关于伦理与道德的研究以及日常言说中，"伦理""道德"并不区分，两者可以互换使用。然而在伦理学理论中，"伦理"与"道德"是两个相互联系又相互区别的概念。黑格尔在《法哲学原理》中进行了辩证论述。黑格尔将精神发展的三个阶段概括为：抽象法、道德和伦理。抽象法是外在的，具有强制性，需要道德来超越。在道德阶段，抽象法是内在于个人的，是被个体意识到的，不是强制的、外在的。抽象法或外在法的实现必须通过道德的内化，转化为人们的自觉意识，道德是主观内在的法。从抽象法到道德的转变就是从他律上升到自律的过程。然而，道德作为主观的、内在的、抽象的善，其片面性和局限性又需要作为客观的、现实的善的伦理来扬弃和超越。黑格尔对抽象法、道德和伦理所做的区分基于对个体性和普遍性的深刻分析，伦理被看作超越了法的抽象性与道德的个体性的第三个阶段，即普遍性与特殊性、客观性与主观性、内在性与外在性相结合的高级阶段。从

"伦理"与"道德"的不同内涵角度看，可以用"伦理与道德相分离"来描述当代中国公务员道德的境遇。这种分离表现在如下方面。

（一）伦理追求与道德选择相脱节

公务员道德中存在的最突出的问题之一即理想的伦理追求和现实的道德选择之间存在着矛盾与悖论。一方面，对社会生活中的诸如见死不救、人情冷漠等道德问题公务员深表忧虑，在道德认知上认同社会主义、集体主义和为人民服务的价值追求；另一方面在现实的道德选择中个人主义与个体取向也十分明显，现实行为也明显受经济和功利导向的影响。

调查显示，当代中国公务员道德价值观的主流合乎应然的道德标准。绝大多数公务员重视个人品德、家庭伦理与国家伦理。对于一些省市出台公务员道德规范，将对配偶不忠等家庭道德及一些不健康的生活方式列为禁令，赞成这一举措的公务员占80％以上。在职业道德方面，90％以上的公务员认为恪守职业道德非常重要；或个人对社会有义务，应恪守社会公德。对于"有人为了从拆迁、买房、分房中获利，采用假离婚的方式"，近80％的公务员认为是不道德的行为，在河北、贵州等省这一数据高达89％，接近90％。表明公务员在道德观念上，对于有违传统道德的观念持否定态度。但是，这些数据只是观念，与人们在现实中的行为存在不一致性。在现实的道德选择中，尤其是面临现实的难题与伦理冲突时，功利主义与个人主义是现实的选择，表现为社会伦理中过度的个人主义，家庭伦理中责任感的缺乏，以及职业伦理中的集体利己主义。有近一半的人并不把钻政策与法律的空子以谋取个人利益看作不道德的行为，认为只要符合政策和法律就行。同时，2015年调查中，约55％的公众对于"在卫生部门工作的公务员利用职务之便，找医院有关人员帮助挂号"表示理解。虽然公务员在道德价值观上主张德性论，但是在著名的"救生艇"案例中，绝大多数公务员采取了功利主义的选择，这种现象应当看作伦理观与道德行为冲突的重要诠释。

（二）道德知识与道德行为相脱节

道德人格是一个知、情、意、行的统一体。陶行知说："行是知之始，知是行之成。"知行合一是道德人格健全的重要标志。但现实的情况往往是，认识、态度与行为并不一定统一。通常人们做与不做某事的意愿与做与不做某事之间并不完全统一。在道德领域，知行统一显得尤其重要，以至于康德把"道德"称为"实践理性"。调查结果显示，公务员群体目前存在的突出问题之一是知行不一、言行分离。

一些领导干部在不同的场合使用不同的语言，体现双重人格。公务员知行分离现象表现为：

一是一些公务员知晓道德规范但不遵守。公务员道德规范是公务员管理的重要组成部分，热爱祖国、服务人民、清正廉洁、恪尽职守是公务员皆知的道德规范。绝大多数人知道公务员道德规范的内容，但是公务员在行政活动中却并不能严格遵守。比如，"服务人民"是公务员最根本的价值取向，也是公务员都明了的道德规范，但是在公共服务过程中，公务员服务意识淡薄、不尽职责的现象依然严重。再如公务员要廉洁奉公，不得贪污腐败，是早已有之的道德底线，也早已为人们广泛知晓。不仅如此，对违反这些规定的不良行为，社会管理者还不断从制度层面想出种种举措加以防范、惩治，可时至今日这些规定仍被不断违反。

二是一些公务员明白伦理道理但不讲道德。如果从道德认识水平上来对公务员进行评价，公务员的道德水平高于其他群体。但是，对道德行为进行评估，就会发现他们普遍存在高认知低行动的特征。公务员知道与公众的关系是仆人与主人的伦理关系，是服务与被服务的关系，应当遵守为人民服务的伦理规范，可在行政活动中，却把伦理关系颠倒过来，高高在上，把自己看作主人。应当说，在公务员群体中并不缺少道德理论家，缺少的是道德实践家。《中国道德文化传统理念践行情况调查报告》显示，从当前社会道德文化传统理念践行指数来看，农民群体的评分最高，国家公务人员的评分最低。在道德文化传统理念各维度践行评分中，从道德需求来看，"耻"与"廉"被认为是当前最重要的两个理念，但恰恰实践状况最差。

三是一些公务员有道德知识没有道德情感。道德知识转化为道德行为，需要将知识内化为情感。道德情感是与道德需求相联系的一种体验，当人的思想意图和行为举止符合一定社会准则的需要时，就感到道德上的满足；否则，就感到悔恨或不满意。在道德知识转化为道德行为的过程中，道德情感是纽带和动力。如果这里出现了断裂，道德知识就不能转化为道德行为。缺乏足够道德情感的推动，道德认识就诱发不出外显的道德行为。公务员成长过程中，过多地追求政绩和效益，忽视了价值的引导和情感的培育。在处理与服务对象的关系中，虽然理论上知道应当怎么做，但是因为没有对服务对象深切的情感，没有真正从情感态度和价值观层面确立起对人民群众的情感，因而很难变成主动而快乐的行为，也很难真正做到以人为本。

（三）伦理理论与道德现实相脱节

伦理理论与道德现实相适应，才能起到必要的引导作用。但是在中国公务员道德领域，一个明显的问题是伦理理论研究不能很好地适应当前公务员道德建设需要。

一是伦理理论与行政改革现实相对分离。理论上说，行政改革，无论是政府机构的调整，还是政府职能的定位，都离不开行政价值观的指导，行政伦理理论应当为行政改革提供价值目标和理论引导。但现实的状况是，我们的行政伦理理论研究落后于行政改革的发展，没有很好地反映行政改革现实发展的需求，不能对行政改革起到应有的理论引导作用。现行的行政伦理学的研究基本上沿用规范伦理学的研究框架，对行政与伦理发展的内在联系研究不够，对现实中行政人员的伦理困境和冲突研究不够，没有概括出与时代相适应的、对行政人员有现实引导性的道德规范。

二是道德规范与政策、制度相分离。公务员道德规范与制度相分离表现为道德规范没有相应的制度安排，具体表现在两个方面：其一，道德规范缺乏制度化的刚性约束，公务员道德规范没有制度化的强制性措施使之得到执行。目前我们还没有一部综合性的《公务员道德法》，国家层面颁布实施的道德规范大多内容宽泛，缺少可操作性，也没有相应的监督执行机构。党和政府一贯以"德才兼备、以德为先"作为选人用人的理念，近年来，中央领导人多次强调"不让老实人吃亏"，但是这些理念却因缺少相应的制度安排而得不到落实。其二，制度缺乏道德的精神。公务员道德规范与公务员评价和管理制度相分离。改革开放三十多年来，中国行政改革基本上是以效率为目标，没有把公平正义的伦理价值作为改革的目标。官民关系这一对基本的行政伦理关系也没有相应的制度保障和体现。以国内生产总值为核心的政绩评估体系和以行政权为主导的绩效评估体制，以及以集权和对首长负责为特征的官员考核和任免规则都不足以支持政府公平正义目标的实现，也不足以保证官民的主仆伦理秩序。我们倡导为人民服务的价值观以及与此相应的行政道德规范，但由于没有相应的政策和制度的支持，公开倡导的行政道德规范往往与官员现实中奉行的潜规则相互冲突，导致行政道德生活中规则的缺失和混乱。对一个国家的行政管理来说，强调在行政制度中体现道德精神，比强调个人能否履行道德准则更为重要。因为"在对个人的要求能够提出之前，必须确定正义制度的内容"①。离开制度的正当性、道德性来谈个人道德的修养和完善是不可能的。

三是伦理教育与道德现实相分离。一方面公务员的道德现实不容乐观，另一方面是行政伦理学在各级政府的培训中还没有引起足够的重视。近年来，各级政府都非常重视干部的培训，但是与经济、法律、管理等方面的内容相比，行政伦理教育

---

① ［美］约翰·罗尔斯：《正义论》，105 页，北京，中国社会科学出版社，1988。

并没有引起足够的重视。2011 年，国家公务员局出台了《公务员职业道德培训大纲》，要求对公务员职业道德进行全员培训。很多公务员的培训中加入了道德培训的内容。但是在道德培训的内容选择、方式方法上缺少针对性的设计，因而，道德培训在一定程度上成为一种必须完成的课程，难以取得理想的效果。与现行的干部培训以能力培养为目标相比，现行的行政伦理教育只能起到知识传授的作用，并不能促进官员行政伦理品德的生成。其结果就是伦理教育与道德现实相分离，官员的行政道德知识和行政道德行为相分离。

概言之，伦理追求与道德选择相脱节、道德知识与道德行为相脱节、伦理理论与道德现实相脱节是当代中国伦理道德领域存在的主要问题，也是公务员群体中道德问题的主要表征。

三、公务员道德文化的同一性危机

伦理道德发挥作用的主要机制是社会舆论与传统习惯，是基于人们对伦理道德的共同评价标准的共识。道德舆论、传统习惯、社会和组织共同分享的道德价值观及行为选择模式共同构成了公务员道德形成的文化基础。没有基于共同的价值理念的道德文化的支持，就会出现道德无用论和道德相对论。调查发现，当前中国公务员道德文化形成的主体力量、客观基础、文化基础方面遭遇的诸多问题与难题，导致了公务员道德文化的同一性危机。[①]

（一）道德文化形成的主体力量缺位和异化

以共同价值观为基础的道德文化的建构不可能自发实现，需要主体性力量的引导和推动。通常这一角色由知识精英、政府和媒体承担。知识精英顺应时代发展提出和倡导新的价值观，政府和媒体通过政策导向和舆论宣传，强化人们的价值观，最终在全社会形成共同价值观，对全体国民的道德思想和行为发挥认识、教育、评价和激励功能。现代中国，知识精英难以承担思想引领的角色，政府和媒体作为两大社会主导群体，集体受到公信力的挑战，社会丧失了形成、传播和强化共同价值观的主体力量。

1. 知识精英存在一定的价值引领失语

社会变革之时，也是价值观变迁、道德观念更新之时。社会变革之时，各种思

---

① 参见樊浩：《当前中国伦理道德状况及其精神哲学分析》，见樊浩等：《中国伦理道德报告》。

想观念并存，新旧价值观同在。思想领域道德价值多元化必然给公众的道德价值选择带来困惑，因而社会变革之时，也是需要知识精英对公众进行引导之时。通常，多元化的社会大众文化在一定程度上存在着盲目性、低浅性、自发性，会陷于对功利价值和感性的过度追求，忽视崇高的理想与价值，导致历史与文化责任的淡化，人文精神和价值理性的稀释，会使人的发展与社会进步出现困境。因而，需要知识精英构建符合历史必然性的价值体系，有效实现其价值引领的功能。但当代中国，相当部分的知识精英由于对中国现实问题缺乏深入的研究与了解，出现了所谓的"失语症"①，无法承担价值建构与引领的角色。

2. 党政官员难以发挥道德示范的作用

公务员，特别是承担领导职务的公务员应当成为道德的楷模，这是古今中外道德建设的规律。但在目前公务员道德建设中，最应发挥示范作用的党政领导干部群体并不能得到公务员和社会公众的认同。调查发现两组数据的矛盾十分明显。第一组数据是：党政官员是对社会道德风尚具有重要影响力的群体。在被问及你是否认同"提高公务员职业道德，高层领导必须树立榜样"的问题时，有约80％的公务员很同意。但是在对"目前我们高层领导的道德示范作用"的问题的回答中，约42％的公务员选择"不好"。第二组数据是：在对社会公众的调查中，在当今中国道德状况最令人不满意的群体中，党政官员高居第一位。另一个信息是，官员腐败是影响当今中国道德的最重要的因素。对于"头条新闻曝光的各种丑闻，会不会影响公众的意识"这一问题的回答中，选择"影响很大"和"有影响"两项的公务员占到了约87％。这一数据表明：在任何时代、任何文化中，官员都是最重要的道德示范群体，权力的公共性本质决定了他们必须首先是道德楷模，才有资格成为政治家，所谓"以德配天""修德配命"，否则政令就得不到顺利执行。但是，由于官员腐败现象的严重存在殃及整个官员群体的形象，导致官员群体道德信用的丧失。

3. 媒体难以承担道德价值引领责任

新华社原总编辑南振中几年前提出：当今中国客观上存在"两个舆论场"，即党报、国家通讯社、国家电视台组成的官方舆论场，以及都市报特别是互联网构成的民间舆论场。两个舆论场重叠的部分越大，舆论引导的针对性和有效性越强；两

---

① 20世纪80年代的知识精英把西学看成是跳出以苏联模式为主的惯性思维框架的一个出口，同时也是与世界文明接轨的一个入口，它帮助人们在一个全新的问题框架下思考中国问题。但是，从20世纪90年代起，一些学者开始反思这种大量引介西方理论资源的做法带来的负面效应，认为西方的话语霸权破坏了中国本土文化传统的连续性，使知识精英陷于"失语"的尴尬境地。

个舆论场重叠的部分越小，舆论引导的针对性和有效性就越弱。①

传统社会，媒体作为正式的舆论，在社会生活中发挥着重要的道德引导作用。媒体的声音代表着社会的主流导向，历来被看作党和政府的喉舌，承担着传播主流社会声音、引导社会道德的重要功能。因为有统一的宣传口径，各级各类媒体的导向基本同一，因而，媒体是建构道德同一性的最强大工具。但是，伴随着文化体制、事业单位改革等体制改革，一些媒体在由事业单位转变为企业的同时，职责和任务也发生了变化，由社会主流价值的传播者的角色转变为了以营利为目标的"文化产业"。一些媒体为了企业的生存和发展放弃传媒的道德价值，沦为解构共同道德价值的力量。原因在于：第一，改革的深入使政府和媒体之间处于一种紧张的关系之中。中央舆论有着强大的财政支持，尚能承担宣传主流价值的责任，与政府保持较好的互动关系。但是地方舆论和较小的媒体与政府的关系则处于某种紧张之中。正如部分公务员所提及的那般，越是下级地方行政机关，就越会陷入"经营难"的地方小报的纠缠。小报的生存问题决定了其难以承担共同价值观建构的职责。第二，现代媒体事实上存在着由"文化产业"异化为"文化工业"的危险，为了保证发行量而不得不过度追逐时尚，对时尚的过度追逐必然导致对媒体建构共同道德价值观功能的消解。媒体在关注经济效益的时候丧失了社会责任感，最后沦为经济的附庸。

（二）道德文化形成的客观基础动摇

道德文化形成的客观基础有两个：公用权力的信用与财富的公平分配。然而，当代中国这两个客观基础都在一定程度上被动摇。官员腐败与分配不公从两方面动摇了伦理普遍性的现实基础，使道德精神中伦理普遍性的确立出现了一定的障碍。

1. 公共权力信用危机

公共权力的信用由于官员腐败而遭遇严峻挑战，甚至处于深刻危机之中。公共权力的信用基础和保证是内化的、无形的，但却是根本的、终极的。它是社会组织有序运行的基础，体现了政府组织的价值观念、实践意愿及组织行动导向。现阶段，维护社会公正的公共权力的信用遭遇挑战，已对公共诚信行为实践和社会伦理秩序构成威胁。

政府具有合法性，这一合法性主要是由公民社会赋予的，即来自于社会公民对

---

① 参见祝华新：《"两个舆论场"的由来和融通之道》，见《南方传媒研究》，第38辑，广州，南方日报出版社，2012。

政府的信任，体现为政府对公共权力的行使。而政府诚信危机则是政府在取信于民、执政为民、行使权力等方面出现了问题，使国家法律、法规和政策得不到良好的落实，公民对政府出现信任危机，从而导致政府合法性危机。公共权力信用危机表现为：第一，数字造假。有的地方政府或个别政府领导为追求政绩，拿一些造假数据作为考核和升迁的资本，使得现行的统计体制和统计水平无法保证准确性。第二，暗箱操作。有的地方政府工作缺乏公正性，习惯暗箱操作，尤其体现在对一些与广大群众利益密切相关的敏感问题的决策上，从而出现以权谋私的违纪违法现象，使基层老百姓对某些地方政府的政策失去信任。第三，朝令夕改。政策缺乏连续性和稳定性。一些地方政府官员特别是主要负责人变动频繁，新官不理旧事，一届政府一朝政策，严重影响了政府的信用和公众形象。第四，腐败形势仍然严峻。官员以权谋私，给社会带来恶劣影响，这直接导致了政府公信力的下降。

2. 财富分配丧失公平性

调查中的一个问题是："你对当前改革开放的主要忧虑是什么？"38.2％的人选择"两极分化"，33.8％的人选择"腐败不能根治"，26.2％的人选择"生态破坏严重，经济发展不可持续"。经过30余年的改革开放，人们的价值观呈现多样而复杂的变化，社会富裕的同时，贫富差距也快速拉大，权力腐败问题、社会监督问题、下岗工人失业问题成为突出的社会问题。世界银行在其研究报告《中国经济报告：推动公平的经济增长（2001年）》中指出：在如此之大的国家之中，在如此之短的时间之内，收入分配差距如此迅速地扩大，这是历史上任何一个国家不曾有过的现象。[①] 这些问题的存在导致严重的社会不公和发展的不可持续。社会不公的直接后果就是德福不一。社会分配不能按照贡献大小和能力大小而分配，个人不能靠自己的努力改变自己的命运。某次座谈时，部分公务员都认同目前社会进入"拼爹"的时代，认为社会如果不是根据贡献、能力和品德进行分配，就不足以鼓励公民美德的生成。

官员腐败，本质上是道德信用的丧失，分配不公则致使财富的伦理性丧失。公共权力和财富失去了伦理性，就必然使社会的伦理道德文化土壤遭受破坏。

（三）道德文化形成的文化基础被破坏侵蚀

共同的文化土壤是共同道德价值观形成的基础。公务员共同道德价值的建构需要一定的文化基础，包括历史文化与现实文化两个层面。不幸的是，当代中国社会的这两个基础都不同程度地被破坏侵蚀。

---

① 参见武坚：《当今中国社会的公正性困境》，http://www.aisixiang.com/data/8305.html。

1. 历史道德文化根基被破坏

传统文化是一个民族的根，是形成道德共识的重要基础。中国有着几千年的文化传统，传统文化作为一种遗传因子在每一代人的血脉中代代相传，对中华民族的道德精神发挥着重要的传承价值。在对"你认为当前文化建设应优先重视哪些方面"这一问题的回答中，"弘扬传统文化"高居榜首，占47.4%。一方面，从理论和观念层面，公务员对传统文化的作用普遍认同，但另一方面，传统文化无论是在知识层面还是在行为和态度层面都面临着断层的危机。由于教育中重科技知识和能力的培养，轻文化特别是轻传统文化的教育和培养，传统伦理道德的作用正在被市场经济的功利道德所取代。这就导致社会丧失建构精神同一性的最为可靠的基础。

2. 现实道德文化环境遭侵蚀

现实道德文化环境包括集团行为的道德性、制度的伦理性与组织文化的伦理性三个方面。集团行为的道德性影响着组织中绝大多数成员的道德观，制度的伦理性是组织成员进行道德选择的现实依据，组织文化的伦理性则是保证组织中善恶观、是非观、荣辱观明确的重要环境。目前，伦理与道德的分离与冲突，尤其是由于以地方保护主义和部门、单位本位主义为表现形式的集团利己主义行为的大量存在，组织文化和社会文化对集团利己主义的容忍与默许，使公务员的道德环境处于相互消解的两难困境之中。一方面政府投入大量的人力、物力和财力进行公务员职业道德建设，另一方面大量存在着集团不道德行为；一方面要建设有利于公务员道德发展的组织环境，另一方面组织中大量存在着用人制度的不公平和行业之间的不平等。这些导致德福之间的不对等，从而有力而无情地解构着道德养成的环境。集团行为的道德性、制度的伦理性、组织文化的伦理性不仅是潜在的，而且是最深刻的道德环境。集团行为的不道德、制度的非伦理性以及组织文化的非伦理性严重腐蚀和侵蚀着公务员的道德，从而使建构公务员共同道德价值观的现实文化土壤受到侵蚀，使建构公务员共同道德价值观陷入危机。

第九篇　公务员道德建设途径研究

目前公务员道德建设中存在的问题既包括理论研究方面的问题，也包括实践操作层面的问题。从具体的内容来讲，既包括公务员共同价值观的建构问题，公务员群体的政治素质与伦理修养问题，公民权力监督的行动与能力问题，也包括公务员道德规范体系的建构问题，隐性腐败治理难题，还包括公务员道德品德修养和道德文化建设问题。公务员道德建设是一个综合而复杂的系统工程，需要进行综合研究、综合治理、综合提升。

一、公务员道德建设的理论工程

公务员道德建设必须同时回应和解决相关前沿性的理论与实践难题。在理论层面，当代公务员道德问题的解决路径，应包含三个递进的层次：建构公务员的共同道德价值观，建构与公务员道德现实相适应的分层次道德规范体系，通过现实的可操作性途径将道德规范转化为公务员的精神信念和道德人格，培育健康的道德文化。

（一）建构共同道德价值观

调查发现和揭示了当前我国公务员道德价值观面临的三大深层改变，即道德原则由集体主义向集团利己主义转化，道德作用由德性主义向功利主义转化，道德理想从追求共性向追求个性转化。"工具理性"对"价值理性"的替代与消解是根本症结所在。德国社会学家马克斯·韦伯将理性分为两种，即价值理性和工具理性。价值理性相信的是一定行为的无条件价值，强调的是动机纯正和选择正确的手段去实现自己意欲达到的目的，而不管其结果如何。而工具理性是指行动只由追求功利的动机所驱使，行动借助理性达到自己需要的预期目的，行动者纯粹从效果最大化的角度考虑，而漠视人的情感和精神价值。马克斯·韦伯描述的价值理性被工具理性所取代的过程在中国公务员的道德世界中已经发生，其标志就是：道德选择中的功利主义倾向、非道德主义倾向，道德约束中的他律倾向、外在倾向等等，工具理性正在置换以信念为本质的精神。应对公务员道德精神中的深层改变的对策是：超越"工具理性"回归"价值理性"，建构具有普遍性、神圣性的共同道德价值观。

针对目前社会道德价值观的变化，北京师范大学教育学院教授劳凯声说，时代的功利性语境构成了针对现代人价值和理想的巨大解构力和吞噬力，传统的精神似乎正在发生某种扭曲。功利主义色彩越来越重的原因乃是整个社会消费主义文化取代了带有革命色彩的理想主义文化之后，并没有提供更好的新理想主义价值体系。[①]在一定意义上，这一诊断可以说是切中要害。

在社会的变革当中，一些人盲目地以为通过市场就可以解决现在社会当中存在的所有问题。其实市场化规则只是解决问题的一种方法和机制，在很多情况中，社会并不是通过一种商品交换来运行的。但是市场经济所蕴含的市场文化、商业文化，正在侵袭、渗透到社会的各个方面。公务员道德领域发生的变化其实也在其他领域以不同的方式发生着，学术抄袭、剽窃，媒体炒作、逐利，企业造假、掺假……一切都是利益驱动的结果。道德不仅仅是公务员的问题，更是全社会的问题。解决这一问题，重建理想主义的共同价值体系非常必要。进入新世纪以来，社会主义思想体系经过了多次调整，力求适应社会发展的新需要。但是，如何确立起适应时代发展的中国特色的共同价值观依然是一个宏大的工程。

（二）建构分层次的道德规范体系

中西方道德建设中有一个共同的特点，就是注重道德规范的层次性。这一经验在建构公务员道德规范体系中应合理借鉴。孔子道德规范之总括词是"仁"。"仁"的基本含义是爱人，爱人有层次。"仁"的低层次是爱敬双亲，中间层次是敬爱兄弟，最高层次则是"泛爱众而亲仁"，敬爱社会大众。孟子的"义"也是分层次的，基本含义是"行而宜之之谓义"。"义"的低层次是"见利思义"，"见义勇为"为中间层次，高层次则为"舍生取义"。荀子把"忠"也分成三个层次。"以德复君而化之，大忠也；以德调君而辅之，次忠也；以是谏非而怒之，下忠也。"[②] 依荀子之

---

① 参见劳凯声：《功利主义不仅仅是青年人的问题》，载《人民论坛》，第251期，2009年5月。
② 《荀子·臣道篇》。

意，用道德约束君主有三个高低不同的层次，即以德复君、以德调君、以是谏非。美国法学家富勒在其名著《法律的道德性》中，将道德分为"向往的道德"和"义务道德"。认为"向往的道德"是一种道德理想，与法律的距离较远；而"义务道德"是一种道德义务，与法律的距离较近，它所谴责的行为一般说就是法律所禁止或应当禁止的行为。

借鉴中国古代和西方国家道德建设的经验，公务员道德规范建设应注重层次性，具体地说，可以把公务员道德分为以下几个层次：第一个层次，也称为底线要求，其特点是义务性和强制性，表达的是公务员最基本的义务和要求，通常应以"禁止"的方式表达，以立法的形式实施。目前，行政道德立法已经成为一种国际潮流。在我国，人们对于行政道德立法尚未完全达成共识，对行政道德立法存疑的一个重要原因是认为道德和法律本身有区别，道德法执行困难，不具可操作性。然而，主张道德立法不是要将有关行政道德的一切内容都以法律的形式固定下来，强制执行。行政道德立法有其特定的内容，它特指那些关乎公共权力运行及对腐败的防范具有根本意义的道德规范，如，公职人员财产申报的制度等。第二个层次，态度层次，是基于职业责任层面的道德要求，其特点是责任性和主动性，表达的是公务员基于对职业精神的领会而主动承担的责任和要求，以"应当"的方式表达，以道德规范的形式实施。第三个层次，价值层次（精神层次），体现的是公共行政的基本精神和理念，应当贯穿于行政活动的每一个环节，每一名公务员都应当以此为价值追求，政府的政策和社会制度都应当体现这种基本的理念与精神，如公平正义等价值观念。

（三）培养知、情、意、行统一的道德人格

当代德育理论认为，德育过程是培养品德的过程，而品德又由道德认识（知）、道德情感（情）、道德意志（意）、道德行为（行）四个因素组成。所以德育过程也就是培养人们知、情、意、行的过程。中国传统德育思想中也蕴含着丰富的品德要素思想。孔子主张道德品质的形成离不开认识，强调"知德""知仁""知礼""知道"，同时提倡诗教、乐教等情感教育，所谓"兴于《诗》，立于礼，成于乐"。对道德意志和道德行为，孔子也作了专门论述，如提出"磨而不磷""涅而不缁""躬行君子""敏于行"等，后世许多教育家都继承并发展了孔子这种重视知、情、意、行品德要素的思想，重视道德认识、道德情感、道德意志和道德行为的教育并使之一体化，从而形成我国古代德育的一个重要传统。这一传统同西方当代德育模式相比，具有鲜明特色。我们应充分挖掘这一传统的当代价值，把德育过程视为培养人

们知、情、意、行的过程，重视道德认识、道德情感、道德意志和道德行为四位一体的教育。

"有道德知识，没有道德行动""有道德的言论，没有道德的行为"是对当前我国公务员道德生活与道德素质中存在的问题所达成的高度共识。这一问题的哲学表述是：只有道德理性，没有道德精神；只有工具理性，没有价值理性。知识可能是理性，但精神与信仰却是理性与行动的统一。道德的结构应是知、情、意、行的统一，但是在当前公务员的道德结构中出现了知行分离、言行分离的问题，其原因在于道德人格结构中"知"转化成"行"的中间环节"情"和"意"出现断裂。苏联著名教育家苏霍姆林斯基说："没有情感，道德就会变成枯燥无味的空话，只能培养出伪君子。"[①] 中国古代教育家孔子也说过："知之者不如好之者，好之者不如乐之者。"[②] 一些人知道什么是当做的，但不一定去践行，只有培养起对道德的爱好，将之化作情感，达到"好之""乐之"的境界，并能以坚强的毅力和恒心拒绝现实中的各种诱惑，才可能化之为行，成之为德。解决知行分离问题的路径是："理性"回归"精神"，扬弃"理性"的抽象性，建构认知与行动一体、思维与意志一体的个体"精神"。

(四) 培育健康的道德文化

钱穆先生说："一切问题，由文化问题产生；一切问题，由文化问题解决。"[③] 在道德意义上，道德和文化是有机的统一。文化在道德规范的制定和执行中发挥着重要的作用。从社会风俗和舆论的角度来看，道德本身就是文化的一部分，具有文化的所有品质和功能。公民在创造文化的同时，又会将其渗入自己的血液之中，内化和积淀于自己的道德素质中，决定和支配着自己的行为。因此，了解道德的文化特质，对于认识道德教育的规律，改进道德教育的方法，具有普遍的指导意义。

道德文化既包括微观的组织文化环境，又包括宏观的社会文化环境。组织文化与社会文化相互依存、相互影响。组织文化是一个组织由其价值观、信念、仪式、符号、处事方式等组成的其特有的文化形象。对公务员而言，组织文化建设主要是要以人事制度和分配制度建设为抓手，以公平、公正、公开的制度引导公平、公正、公开的组织文化形成，从而促进有助于培养公务员美德的健康的组织文化的生成。

---

① ［苏］霍姆林斯基：《帕夫雷什中学》，72 页，北京，教育科学出版社，1983。
② 《论语·雍也》。
③ 钱穆：《文化学大义》，3 页。

就社会道德文化而言，主要是以培养公民意识为基础，以提升和增强公民的监督意识和社会期待为出发点，促进健康的社会道德文化的形成。培养公民意识，就是要提升公民的社会责任意识、规则意识和正确的荣辱观。公民社会责任意识表现在公民对自己生活的社会和国家积极负责。每名公民不仅自己坚守道德，同时还要以国家主人翁身份监督和约束公务员的道德行为。规则意识是一种界限意识，是衡量社会理性化、文明化程度的重要标志，是否具有规则意识是一个人公德水平高低和文明素质有无的重要标志。一个和谐有序的社会，一定是一个进退有序、遵守规则的社会。规则意识是一种以公开、透明、民主、平等为价值指向的现代意识，它反对各种形式的特权，反对一切潜规则与暗箱操作。正确的荣辱观是现代公民的道德意识的重要心理基础。如果社会普遍存在官本位意识，以享受特权为荣，缺乏起码的荣辱观，崇德尚德的社会氛围就不可能形成。

正如卢梭所说："一切法律之中最重要的法律，既不是铭刻在大理石上，也不是刻在铜表上，而是铭刻在公民的内心里，它形成了国家的真正宪法，它每天都在获得新的力量，当其他法律衰老或消亡的时候，它可以复活那些法律或代替那些法律，它可以保持一个民族的精神。"公民对法律的信心既是法治精神得以贯彻的前提，也是公务员道德生成的基本前提。

公务员道德文化培育并不能主要靠公职人员的自觉自律，只有调动公众的参与热情，充分发挥公众参与监督的积极性，才有助于公务员社会道德文化的生成。

二、公务员道德建设的实践机制

公务员道德建设是一个系统工程，其成效取决于个人品德、组织文化、职责体系、社会环境等因素。目前，在加强行政伦理教育的同时，要注重建立健全公职人员的实践体系；要在干部的任用机制和绩效考评中贯穿伦理的导向和要求，把行政伦理规范与制度建设结合起来；同时注重加强行政伦理文化的建设，营造良好的行政伦理环境，从而解决行政伦理规范和潜规则相分离、知与行相脱节的问题。

(一) 道德行为约束机制

道德行为约束机制，是指把道德准则转化为人的道德行为的途径、手段和措施的总和。在一个社会里，文化传统、风俗习惯、内在良心以及社会舆论等，都是构成道德行为约束机制的重要成分。康德在讨论道德本质时就曾强调，荷载道德价值的行为经常与个人求生的本能行为相反，是以自觉地牺牲个体在感性肉体上的愉悦和满足为特征的，因而是强制性的。这就是说，人们"自觉自愿"的道德实践实际也是由某种约束力量所致。康德以为这种约束力量源于理性的意志，而我们则认为它来自人所依赖的社会环境。如果没有道德行为约束机制，道德准则也就不具有维持社会生活秩序、调整社会关系和规范人的社会行为的功能。

伴随着工业化、信息化、城镇化的进程，中国社会正在从熟人社会向陌生人社会过渡，社会舆论和传统习惯作为道德发挥作用的两大主要力量，对道德的约束力正趋于弱化。与此同时，"良心"作为道德的一种约束机制又因失去信念的支持与外在评价的认同，而成为伦理精神之外孤立的、缺乏客观性和现实力量的自我认同，"我就是道德""不求外界认同，只求自我安心"成为一些违德者的宣言。这是导致道德相对主义盛行的现实根源。因此，加强公务员道德建设需要重建道德约束机制。根据制度理论和行为科学理论，需要从需求引导、制度外约等层面构建公务员道德行为约束机制体系。

1. 公务员道德需求引导机制

道德需求是人特有的需要，其满足方式与作用方式都有别于主体的其他需要。从道德他律到道德自律的内化过程，是主体道德需求的客观要求，也是道德需求实现的过程。道德他律为主体提供道德行为模式和道德评价机制，道德自律则将外在的约束化为主体内在的道德需求与道德追求。传统的道德内约机制主要依靠个人的良知，本质上，良知产生于人们对社会舆论与传统习俗的认同以及对违背传统习俗与大众标准后的畏惧，依然属于他律。道德需求则是人的一种高层次精神需要，是在社会由生存型转向发展型以后，人的物质生活得到一定程度满足之后产生的需要。但是道德需求的产生与提升并非自发完成，因而，目前要在研究公务员公共服务动机的前提下，激发和提升公务员服务公众的道德需求。

2. 公务员道德需要制度外约机制

目前公务员道德约束机制不仅有自律弱化倾向，而且存在着他律弱化倾向。一方面表现为社会舆论与道德文化对一些道德行为的宽容，另一方面表现为社会舆论与传统习俗的作用在很大程度上被漠视，一些人公然置社会道德规范于不顾，公众舆论、传统习俗不能有效地扼制不道德行为。在这种情况下，就需要建立不同于公众舆论与传统习俗的刚性制度，强化公务员道德的外在约束，特别是与公众利益密切相关、公众密切关注的腐败问题，必须通过制度从源头上治理。只有建立起包括公务员财产申报制度、公务接待制度、公共财政预算和经费管理制度等在内的一系列严格而合理的制度，才有可能培育公务员廉洁的品德。

（二）权力公共性与财富公平分配机制

正如诺贝尔经济学奖得主舒尔茨的著名文章《制度与人的价值的不断提高》所揭示的，随着人均收入的不断提高，福利的持续增进，人的价值也在不断提高，因而对各种规则的需求也在不断提高。[①] 这是推动制度不断进步的动力所在。政府的有效治理、司法的高效公正、人们的机会均等，以及实施这些规则的各种制度设施，越来越成为人们的普遍需要。其中，对公共权力的约束以保证其公共性以及财富分配的公正性为最主要的制度，也是现实世界中道德的现实性基础。在现实世界中，一旦权力失去公共性，财富失去公平的分配机制，就会在生活世界造成德与福的冲突与矛盾，有德者吃亏，无德者得益，就会使伦理与道德的客观基础动摇。德与福的统一是伦理精神的"应然"与道德精神的"实然"之间的桥梁，如果失去了德与福的统一，伦理就成为一种空洞的信仰，失去了转化为道德的必然性。官员腐败与分配不公作为当今中国社会的两大社会问题，消解了现实世界的伦理性，摧毁了道德的现实性和客观基础。加强惩治腐败和分配公正的机制建设，才可能为道德建设提供客观基础。

1. 权力公共性的约束机制

政府的公共性是指其为公众所有的属性。只有对公共权力进行有效的控制与约束，才能保证政府的公共性。就我国目前的情况来看，需要把以权力制约权力、以权利制约权力、以社会制约权力这三种机制综合起来，才能保证权力的公共性。以权力制约权力，是指公共权力的不同主体之间的相互制约，强调的是在各种不同权力的关系和运作上的分权与制衡，即加强立法权、行政权、司法权的相互制约，通过三种公共权力之间在职能上的相互牵制，防止某一权力被某个人或某个公共组织所垄断、所滥用。以权利制约权力，其核心含义是将普遍的公民权利作为制约和平衡国家权力的一种社会力量。实现以权利制约权力的关键在于，国家以宪法、成文或不成文形式确定公民权利的至上性，并确定政府对公民权利的责任。这是以权利制约权力模式得以实施的前提，亦是政府公共性的一个底线标准。现代民主政治所表现出来的特殊力量就是可以容纳众多的利益，这意味着在公共权力的制约方面仅有政治体制的分权制衡是不够的，还必须同时实现社会分权制衡，即以社会制约权力。以社会制约权力的含义是充分利用各种社会力量，尤其是依靠独立的、多元化

---

① 参见 T. W. 舒尔茨：《制度与人的价值的不断提高》，见［美］R. 科斯等：《财产权利与制度变迁》，253页，上海，上海三联书店，1994。

的组织力量实现对公共权力的制约。以社会制约权力的关键是要在市民社会的舞台上形成大量自治性、多元性、社会性和开放性的社会团体，从而把相对软弱无力的公民联合起来，形成监督公共权力的"社会的独立之眼"①。

2. 财富公平分配机制

经过改革开放三十多年的积累，中国经济在把"蛋糕"做大之后，必须关注分"蛋糕"的公平性问题。财富分配问题不仅关系到不同利益阶层人士的切身利益，更关系到整个社会制度的公平公正以及社会发展的安全稳定。因此，应当在法治的框架下设计财富分配的制度性方案。

首先必须推进政府职能深度转型。一个权力受到严格法治限制的政府，一个体现公共利益的政府，是建立社会财富公平公正分享机制的前提。应按照"小政府、大社会"的原则，对政府的职能重新定位，使政府真正成为为公民与企业提供良好环境的公共服务型政府，从而在根本上遏制权力不当行使过程中产生的利益分配不均。其次，要对垄断行业收入进行法律规制。收入分配制度改革的重点在初次分配。初次分配领域的不公平，其中一个重要原因就是中国的行业垄断因素严重阻碍了市场中公平竞争环境的形成。应打破行业垄断，消除所有制歧视，按照市场经济规律，以市场调节为基础对那些在计划体制下形成的初次分配的规则，包括工资标准、工资级差等进行改革。要采取各种手段着力破除市场垄断。最后，各级政府要加大对公共服务的投入。政府开支应当公开透明，并向社会保障和其他公共服务领域进一步倾斜。当前政府应下大力气解决好住房难、养老金账户部分空转、入托难以及教育医疗负担重等问题。对低收入家庭包括农业家庭的子女，在高中、大学等非义务教育阶段，政府也应进一步提高资助的标准，保证每一个公民受教育权利得到满足，以实现机会均等。

(三) 道德修养和人格培育机制

在伦理道德教育中，修身养性是培养理想人格的个体机制。现代理性主义及其个人主义取向对个性的过分追求，使社会难以形成造就共同价值观所不可或缺的精神凝聚力。人们不再追求和坚守某种价值和精神，一切都随时间、地点和条件的变化而变化，一切都充满了未知和不确定，永恒的价值和理想不再存在，道德成为一种权宜之计和工具理性。"只有能人与非能人之别，而无好人与坏人之差"正是当

---

① 约翰·基恩：《市民社会与国家权力型态》，见邓正来、[英] J. C. 亚历山大编：《国家与市民社会》，119页，北京，中央编译出版社，1999。

下社会人们的评价标准。个体所要修养的只是自身的能力和应对各种复杂局面的策略，而不再需要修养品德。这正是当代公务员道德的深层问题所在。解决此危机，必须重建道德修养和人格培育的机制。

道德修养机制。目前，公务员道德中存在的问题与教育理念和实践的偏颇有直接联系，直接的表现就是重知轻德、重能轻德、以知代德。就个体层面而言，是个体道德修养机制缺失所致。中国古代圣贤特别重视道德修养，"博学于文，约之以礼""就有道而正焉""无友不如己者，过则勿惮改""内省不疚""君子求诸己""君子之过也如日月之食"，这些都是君子的修养方法。今天应吸取传统修养论的精华，结合现代心理学建构新时期的道德修养机制。

人格培育机制。社会道德领域的问题，非一朝一夕之故，是渐变而成的。要改变社会道德风气，还需要从人格培育做起，尤其是公务员的人格培育，这是道德政治的前提和制度文明的基础。道德是"心"与"行"的统一。就心而言，须加强德的修养，在社会上倡导"新君子"的人格理想。君子与小人，不是社会地位的差别，而是道德的差别；不是层次的差别，而是境界的差别。"君子怀德"，德是君子的主要特征。应发扬传统社会优秀道德的内涵，融入现代社会所要求的道德理想，确立新时期的"君子"人格追求。就行而言，就是要培育人们言而有信、一诺千金的道德人格。言行关系，强调君子言行一致，并特别重视践履功夫："敏于事而慎于言""讷于言而敏于行""耻其言而过其行"。

三、提升公务员群体的政治素质与伦理修养

在现代社会，公务员作为国家方针政策的直接执行者和公共管理的实施者，其素质的高低直接影响到国家政治建设和社会发展。因此，必须重视对公务员政治素质与伦理修养的培养。公务员政治素质主要包括坚定的政治信仰，对国家大政方针的掌握，远大的政治理想，扎实的政治道德，敏锐的政治洞察等等。有较高素质的公务员是树立政府良好形象的关键。公务员的素质水平影响着政府为人民办事的能力。提高公务员的政治素养水平与行政能力是树立政府威望的重要因素，也是廉政文化发展在个体层面的重要体现。

（一）以社会主义核心价值观引领公务员价值观构建

习近平总书记在与北京大学师生座谈时指出："对于一个民族、一个国家来说，

最持久、最深层的力量是全社会共同认可的核心价值观。"核心价值观体现着一个社会的价值评判标准，提供人们价值行为准则，是社会前行的精神力量。并且国外学者哈特也认为，行政伦理气候的优化应从九个方面进行："承认道德努力对政府机构发展的重要性；在人事录用、晋升和福利等环节体现道德的因素；将道德评价纳入组织绩效的评价过程之中；建立有助于道德责任发展的组织文化；提高政府人员参与政策制定的机会；通过培训提高道德水准；为处于道德困境的人们提供咨询和帮助；高层领导以身作则，履行道德责任；在政府决策中考虑社会道德的因素。"① 而这九个方面的具体贯彻落实切实需要一系列的价值作为导向，否则其执行效果肯定要打折。因此建构价值体系、寻求价值导向是提升公务员素质的应有之义。

只有公务员具有比普通群众更高的精神境界和道德追求，以人格力量和榜样作用引领社会风范，身体力行地践行社会主义核心价值观，全社会成员才能在感召和感悟中跟进，践行社会主义核心价值观的良好氛围才能形成，社会主义核心价值体系才有可能真正建立起来。为此，公务员要做培育和践行社会主义核心价值观的模范，在培育和践行社会主义核心价值观方面带好头，以身作则、率先垂范，讲党性、重品行、作表率，为民、务实、清廉，以人格力量感召群众、引领风尚，积极建构与践行一套系统、科学、完善的，以社会主义核心价值观为指导的，有中国特色的公务员价值观。比如：首先，坚持正确的政治方向，树立坚定正确的信念观，始终代表最广大人民群众的根本利益；其次，坚持公平公正、依法行政、执政为民的行政观；最后，树立廉洁奉公、无私奉献、艰苦奋斗的人生观等，切实发挥执政主体的示范作用与价值引导。

（二）培养公务员的主观道德责任意识

公务员在履行"公共人"角色过程中培养主观道德责任意识是行政道德的内在反映。主观道德责任意识通过个人经历而建立起来，在良心的驱使下，指导他们以正确的方式活动。不是由于组织或法律的要求，而是信仰、价值观和内在情感这样一些内部力量驱使我们以特定的方式行动。当前公共行政领域大量的法律制度把效率问题作为一个技术问题，谋求行政权力结构设计的科学性，造成公务员主观能动性的匮乏。科层制度是一种责任中心主义的体系，片面强调客观责任的制度化设

---

① David K. Hart，"The Virtuous Citizen, the Honorable Bureaucrat and Public Administration ," *Public Administration Review*，Vol. 44 special Issue，1984.

计，忽视公务员主观责任的作用，会造成权责分离，或者说某种领导行为虽然合法但是不一定合乎基本的道德规范。[①] 学者卡尔·弗雷德里克认为，行政功能的责任并不像其宣称的那样通过强制手段来实现，在现代大型的、复杂的政府体系之中，通过外在的约束并不能保证客观责任的有效履行，有证据表明大多数行政官员在大多数时间里遵循着主观的责任道德。[②] 公务员保持高度的主观责任感在公共行政中是非常必要的，不仅有利于集体感、自尊心和认同感的培养，更有利于客观责任的认知和履行。客观责任的落实最终还是要依靠人的主观认识水平的提高，通过内心形成一定的价值信念来具体指导实践，并且提高公务员的主观道德责任意识对于防止腐败同样有较大作用。

（三）坚定政治信仰与权力敬畏

如今的人们生活在一个缺乏信仰的时代，造成了公民精神生活的匮乏和政治文明的落后。不管是马克思主义信仰还是社会主义信仰，它们将所有中国人民凝聚在一起，引领着社会大众增强意志，建立理想社会，已经发展成为中国现代化发展进程中的强大精神动力。刘学军将这种政治信仰阐述为政治文化："失去这种政治文化的统合，中国将成为亨廷顿笔下的'一盘散沙'，不可能屹立于世界民族之林。但就是这样一种政治主导文化，在当前的中国其统合社会的功能却出现明显的弱化现象，具体的表现和反映就是人们对马克思主义理论的怀疑和漠视，对社会主义和共产主义理想的动摇和淡化，自由主义和个人主义等资产阶级和封建主义思想意识和价值取向成分大大增加。"[③] 当代政府与公民对于经济利益的追求绝不可能弥补精神信仰的缺失，并且仅仅依靠物质来支撑的国家发展也绝不会长久。而公务员作为国家行政人员，其政治信仰更加重要，更应该树立起对于公共权力的敬畏，以坚定的马克思主义信仰应对政治文明发展过程中带来的系列问题。

四、提升公民权力监督的行动与能力

公民的权力监督意识和监督能力不足，也是引发公权滥用的重要因素之一。

---

① 参见张康之：《寻找公共行政的伦理视角》，225 页，北京，中国人民大学出版社，2012。

② See Carl Joachim Frederick, *Public Policy and the Nature of Administration Responsibility*, Cambridge: Harvard University Press, 1940, pp. 3-24.

③ 刘学军：《政治文明的文化视角：中国现代化进程中的政治文化走向》，371 页，南昌，江西高校出版社，2004。

（一）公民权力监督的必要性

据西方资产阶级启蒙思想家洛克的认识，人类本来处于一种自然状态，在这个状态下每个人都是充分自由的，每个人都拥有执行自然法来维护自身生命、财产和自由的权力，但对自身利益的维护有时会成为侵犯他人利益的行为，人们为了保障其自然权力，通过社会契约的方式把自己手里的权力委托给部分代表，便形成了公共权力，每个人都要受到公共权力的约束而避免对他人造成伤害。[①] 因此，公共权力成为调节个人利益得失的力量，从社会中产生但却存在着凌驾于社会之上并异化的危险。这种凌驾于社会之上的异化现象即权力的异化，而权力异化的极端形式便是腐败。当然，世界各国都有比较完整的权力监督体系，如立法机关的监督和政府内部检查部门的监督，在我国，纪委监督在监督体系中的作用极为重要。但是，无论哪种监督，都无法与公民的监督同样有效。其他任何部门的监督权限都有限，不可避免会出现有些地方监督不到位的情况。公民监督能够做到事事、时时监督，因而公民的权力监督是监督体系中最不能忽视的一环。

公共权力腐败不仅是敏感的政治和行政问题，而且已然成为世界性的难题。[②]同样，腐败问题也是困扰中国政治发展的一大难题。通过国际清廉指数我们可以发现，1998—2008年这十年间，中国的腐败指数在3.1～3.6之间，在世界范围内，清廉指数国际排名较为落后，可见中国的腐败情况异常严峻。如此严重的腐败状况，不仅影响了国内公民对于政府合法性和国家权威的认同，同时也严重影响了我国的国际声誉和影响力。令国人有信心的是，以习近平总书记为核心的党中央加大了反腐力度，坚持"苍蝇"和"老虎"一起打。据悉，在2013年国际清廉指数排行榜中，中国的评分达到40分，在177个国家和地区中排在第80位。2014年中国相关评分为39分，在176个国家和地区中同样排在第80位。其中2013年度"清廉指数"是自1995年发布以来，我国的评分第一次达到"40"这个量级，反映了国际社会对中国反腐工作的评价不断提高。[③] 中国的反腐工作取得了重大突破。

（二）公民权力监督的行动功能和行动方式

在政治权力关系中，存在权力的监督和制约，才谈得上使权力与责任相结合，因而能够使公务员在主观上明确，在客观上承担由行使权力不当所产生的各种后

---

① 参见［英］约翰·洛克：《政府论》（下篇），57页，北京，商务印书馆，1993。

② 参见瞿婷：《公共权力腐败及其治理》，载《桂海论丛》，2007（1）。

③ http://www.ahttp://www.guancha.cn/politics/2013_12_04_190256.shtml，2013-12-04。

果，促使公务员以高度负责的精神审慎地运用权力。在毫无监督和制约的情况中，权力可以任意行使，权力行为和责任没有必然的联系，因而常常发生权力滥用现象。公民通过权力监督，可以确保掌权者的行为具有正当性，使各项政治决策和管理更加科学、合理。权力监督和制约机制的存在意味着对权力执行者具有可控制性，它尽管不能保证掌权者成为贤人，却可以防止和遏制权力腐败，提高权力运作效率，及时修正错误决策，使得权力体系在规范的轨道上运行。

反腐是一项艰巨而又长期的工作，不仅需要国家制度的规范，也需要公民对公权滥用的监察，发挥公民在反腐斗争中的作用。虽然公民已经意识到反腐的重要性和迫切性，却普遍认为，反腐是国家的工作，不需要公民的参与，或者说，他们认为公民反腐是没有任何效力的。由此可见，公民对于自身反腐权利还没有正确的认知，提升公民的反腐能力就成为完善公权监督亟须解决的问题。公民的反腐能力包括认知腐败的能力和监督腐败行为的能力。认知腐败的能力是指公民了解腐败含义和判断腐败行为的能力。何为腐败？何种行为为腐败？这都是公民行使反腐权利最基本的认知。监督腐败行为的能力是指公民将对于腐败行为的认知内化为实践的过程，这需要国家为公民的权力监督提供一定的渠道。当今社会新闻媒体与网络已经成为公民发挥监督权的重要途径，尤其是网络反腐成为当前反腐败的重要形式，民众的民主参政意识不断提升，在网络上了解国家的政务，发表自己的意见，行使监督权利，拓宽了监督的途径。[①] 公民通过网络监督、举报手段使得一批腐败分子应声落马，例如"天价烟"局长周久耕、"替党说话，还是替老百姓说话"的逯军、"借车"的女检察长刘丽洁等等。腐败分子通过网络曝光而落马，而且在最近几年一直呈上升的趋势，势头越来越强劲。网络反腐已成为反腐败的一种非常有效的路径与方式，越来越得到广大网民的青睐和认可。作为人民权力委托者的政府，有必要接受公民的监督，这也是公民知情权的体现。

五、加强公共权力的制约与监督：治理隐性腐败

立足公共权力制约与监督理论的中国适应性，结合中国特殊的发展愿景与文化伦理，建构当前我国政府公共权力制约与监督的制度和行动路径是当务之急，以期为公共权力制约与监督提供学理支撑，逐渐提升政府的公共信任度。可以说，公共权力制约与监督框架是政府施政理念、价值谱系、权力规制与公共利益能否实现的

---

① 参见孙志彬、邓国辉：《网络反腐——反腐途径新探索》，载《改革论坛》，2010（5）。

综合反映。

（一）隐者彰之：阳光公权的实现

我们需要采取各种措施揭露隐性腐败的真实面目，将其隐蔽性暴露在阳光之下。首先，加强思想认识。可以通过理论研究、案例积累、思想宣传及公民教育等方式提高社会对隐性腐败的认识和关注，消除公众"隐性腐败不算腐败"的侥幸心理和认识误区，营造一种严肃对待隐性腐败的社会氛围。其次，完善信息公开。进一步推动政府财政信息公开，推进官员财产申报工作进度，提高政府行为的透明度，以此增加腐败成本，通过公开透明的行为空间压缩隐性腐败空间。最后，促进网络反腐。各级部门应积极利用网络平台，让舆论监督成为打击隐性腐败的利器。当然网络是把双刃剑，在具体运用过程中，政府应发挥积极引导和有效规范的作用，社会公众也应理性识别各种信息。

（二）法律治之：侵害公权行为的惩治

法律是解决各类社会问题的必备手段，对于腐败治理来说亦需要法律利器。"有腐败，就要进行反腐败，而反腐败最重要和最有效的途径和方法，就是法制。"[1]我国现有法律法规对隐性腐败的规定停留在"不准"或"禁止"层面，对于"禁而不止"尚缺乏具体的处罚规定。因此，治理隐性腐败，首先，要明确有关隐性腐败的具体法律规定，为反隐性腐败工作提供具有可操作性的指导；其次，应该推进反腐败立法工作，加快《反腐败法》等相关法律的制定，完善反腐败法制体系，弥补反腐败过程中的法律空白；最后，还应该进一步明确对于各类腐败的惩治规定，完善并充实有关廉政建设方面的法律法规。

（三）制度约之：把权力关进制度的笼子

处于转型时期的中国，在制度建设方面存在许多漏洞和空白，钻制度之空从事以公谋私之举屡禁不止，反隐性腐败行动较为被动。因此，应该积极从制度层面来预防和治理隐性腐败。一方面，建立健全反腐倡廉的各项具体制度。改革政府绩效考核制度，将保障和改善民生作为政绩考核的重要取向；健全问责制度，明确"严肃处理"等模糊规定的具体内容，严惩腐败责任规避行为；规范福利保障制度的实施，禁止隐性福利的提供等。总之，要使"隐性腐败"治理的制度设计走在前面，

---

[1] 吴丕：《中国反腐败——现状与理论研究》，218页。

避免出现问题时措手不及，在可操作性层面上抑制隐性腐败的发生。另一方面，规范和监督相关制度的执行。明确各执行部门的职能，减少责任推诿现象，推动各级政府积极主动抑制隐性腐败；健全有效的监督约束机制，保障政府部门及其工作人员真正推动反腐倡廉建设。

（四）大众察之：人民监督的动力发挥

实践表明，人民群众是反腐败斗争的力量源泉，毛泽东曾讲过："只有让人民来监督政府，政府才不敢松懈；只有人人起来负责，才不会人亡政息。"治理隐性腐败要积极发挥公众的监督作用。首先，应推动政府科学决策和民主决策进程，积极完善决策参与机制，通过民主建设调动大众参与隐性腐败治理的积极性，使其在反腐斗争中发挥积极作用。其次，进一步健全社会监督机制，充分发挥新闻舆论监督和大众监督的双重监督功能。最后，保障公民个人和民间组织监督作用的发挥。做好举报人的保护工作，严惩打击报复行为，保护群众的合法权益。允许民间组织建立反腐败组织，鼓励社会组织积极辅助党政反腐机构工作的开展，同时也要警惕民间组织自身的腐败问题。

总之，我们需要高度重视对隐性腐败的治理。"腐败和亚腐败都是社会之毒瘤，它侵蚀着社会的机体，腐蚀着人们的灵魂，如不加以及时的根治，将会亡党亡国。只有充分认识反腐的紧迫性和重要性，才能下定决心，积极而稳妥地加以推进，使腐败之徒没有藏身之地。"[①] 在党的领导下，在社会坚定的"零度容忍"态度的基础上，通过采取综合措施来治理腐败行为，我们相信反腐斗争会取得更大的成效。

六、公务员道德建设的组织策略

调查结果表明，大多数组织机构中，没有一致的、可以采用的标准或程序来帮助公务员处理伦理道德问题。许多组织没有采用处理伦理事务的任何策略，通常都是采用一种不连贯的、被动的、反应式的方法进行伦理教育。这种方法不利于培养公务员的职业道德，也很难为那些寻求解决伦理困境的人提供解决策略。

公务员普遍认为目前组织采取的措施主要是消极的、被动的惩戒路径，这种方式强化了公众对公务员道德问题的质疑，使组织内外都关注错误行为。组织如果采取积极的、主动的鼓励伦理行为的方式，预防和阻止不道德的行为发生，而不仅仅

---

① 张国庆：《浅谈"亚腐败"治理》，载《黑河学刊》，2010（10）。

是检查问题所在，那么，这种方式将更为有效。

（一）发挥领导的榜样示范作用

领导不仅是决策者，更应该是行动的示范者。领导的道德价值取向和行为选择是一种无形的力量，具有普遍的影响力，它可以表现为"引力"（向心力），也可以形成"排斥力"（离心力）。孔子曰："为政以德，譬如北辰，居其所而众星共之。"①如果统治者为政用德，就能产生凝聚力和向心力，像北极星那样被众星拱卫。领导在工作中如何处理各种复杂的人际关系、公私关系，正确对待名誉、地位、金钱以及其他的物质利益，对下属具有很强的示范作用。对于什么方法在组织中是促进道德提升和防止不道德的行为最有效的问题的回答中，答案多种多样，但是，公务员普遍认为榜样的作用特别重要。只有上层管理者作道德行为的表率，才能要求组织中的其他人也这样做。一个组织要遵循高标准的道德要求，那领导必须拥有高尚的品格并实践伦理行为。领导的行为就是整个组织伦理的标杆。

如果一个单位或部门的领导相信伦理的作用，领导班子分工明确，各负其责，又能协调配合，相互支持，经常与下属交流伦理意识和观念，并且总是在决策和行为中考虑到伦理的因素，那么对于形成与组织发展目标相一致的伦理文化就具有重要作用。劝诫、说教、指令以及规定人们"应当如何""不应当如何"的教条式的教育方式在职业道德培养中收效有限。那种最不能促进道德行为的工作方式就是领导说一套做一套，最好的和最差的方法都是由领导来做榜样的。领导采用提倡、宣传和赞扬等积极方式或采用忽视、伪善、劝诫等消极方式的区别是实质性的。当然，并不能过分夸大榜样的作用，也不能把榜样的示范作用看作唯一的手段，还需要其他方式相配合。

（二）正面宣传和激励的方法

正面宣传与激励的方法比反面案例和惩戒更有效。组织应大力宣传正面典型，激励公务员做出道德行为，而不仅仅是当不道德的事情发生时采取惩治的方式。这不仅有利于培育公务员积极为善的心态，而且可以避免由于大量宣传不道德、腐败的案例损害公务员群体的形象，一定程度上抵消公众与公务员的对立情绪，进而对社会风气产生正面影响。

在关于如何加强公务员职业道德管理的座谈会中，公务员普遍认为倡导、宣传、赞扬这三种方式对于明确组织的道德标准，弘扬有利于组织发展的道德文化具

---

① 《论语·为政》。

有重要作用。应当根据政府所倡导的道德标准，对那些在工作中表现优秀的公务员进行奖励，或以其他方式表示政府对其行为的鼓励和认可。

（三）把道德管理与公务员的发展结合起来

在与公务员的交流座谈中，公务员普遍认为组织采取道德措施时很少将组织的目标与个人的需要相结合。如果组织能将组织的目标和个人道德意识的培养相结合，道德教育的效果会更好一些。加强对"德"的管理是近年来公务员管理中的一项重要措施。但是，应当注意，道德管理不应仅仅停留在考核、奖惩上，而应当把道德管理与公务员的成长与发展结合起来。"德"不应被看作与个体需要相冲突的"天理"，应通过把组织的目标与公务员的职业规划、个体需求相结合的方式，让公务员在认同组织目标的前提下，在对公务员成长规律进行把握的基础上，自觉加强道德约束与道德管理，变被动为主动。

（四）采取多种形式的持续的伦理道德培训

公务员普遍认为，职业道德培训对提升公务员职业道德具有很重要的作用。但是，在调查对象中，近半数公务员（42%）从来没有参加过有关公务员职业道德的培训，组织也没有提供持续的公务员职业道德培训。目前我们政府各级组织中没有相应的机构和专职人员从事伦理道德事务的管理。显然，在组织管理中，伦理道德标准的强化程度不够。同时，现有的职业道德培训只是一些简单的知识培训，缺乏长远的规划，没有形成有针对性的计划。应深入研究公务员职业道德的特点和问题，针对不同的岗位进行有针对性的持续的伦理道德培训。

倡导、宣传和培育伦理行为也是有效的方式。培训的方式有多种，相比较而言，由于面临的伦理困境不一样，较高层级的班次通过讨论一些伦理问题以寻找解决的办法也是比较有效的方法。因为这样做创造了一种相互信任和开放的氛围。这种氛围可以使一些非主流的观点在没有压力和顾虑的情况下得到交流和审视，有利于寻找更为符合规律和现实的行为路径。在教学方式上，这两者的差异就表现为传统的讲授式和现代诸多灵活方式的区别，如案例教学、现场教学、体验式教学的效果应被肯定。当人们站在旁观者的角度，对于不正当的行为以及事情发展的情节过程有一个全面的了解和把握时，才能"见贤思齐，见不贤内自省"，使学习的效果得到提升。与此同时，开放、诚实、信任就是一种很好的伦理道德文化，也有助于促进伦理道德行为。日常化的、有规律的培训能够增强公务员的道德意识，促进公务员对职业道德的理解，从而有助于公务员道德水平的提升。

参考文献

［英］齐格蒙特·鲍曼. 现代性与矛盾性. 北京：商务印书馆，2003.

［美］W. 理查德·斯科特. 制度与组织——思想观念与物质利益. 北京：中国人民大学出版社，2010.

［英］卡尔·波普尔. 猜想和反驳. 上海：上海译文出版社，1986.

［美］特里·L.库珀. 行政伦理学：实现行政责任的途径. 北京：中国人民大学出版社，2010.

［美］约翰·罗尔斯. 正义论. 北京：中国社会科学出版社，1988.

罗蔚，周霞，编译. 公共行政学中的伦理话语. 北京：中国人民大学出版社，2009.

T. W. 舒尔茨. 制度与人的价值的不断提高//［美］R·科斯，等. 财产权利与制度变迁. 上海：上海三联书店，1994.

李春成. 行政伦理两难的深度案例分析. 上海：复旦大学出版社，2011.

郑杭生，李强. 当代中国社会和社会关系研究. 北京：首都师范大学出版社，1997.

鄯爱红. 品德论. 北京：同心出版社，1999.

樊浩，等. 中国伦理道德报告. 北京：中国社会科学出版社，2012.

葛晨虹，主编. 中国社会道德发展研究报告 2014. 北京：中国人民大学出版社，2015.

连玉明，主编. 社会管理蓝皮书——中国社会管理创新报告. 北京：社会科学文献出版社，2012.

邓正来，［英］J.C.亚历山大，编. 国家与市民社会. 北京：中央编译出版社，1999.

后 记

　　本报告是葛晨虹教授主持的由中国人民大学规划组织的"皮书系列"项目之一。《中国社会道德发展研究报告》旨在依托教育部伦理学重点研究基地平台，整合团队力量和全国各种资源力量，对中国道德发展状况进行年度专题研究。

　　《中国社会道德发展研究报告（2015）》锁定当前中国公务员道德状况进行调查与分析，期望通过调研，了解公务员道德观念已发生和正发生何种变化，公务员在行政活动中存在哪些道德问题，公务员道德规范建设面临哪些困境，研究成因，思考采用何种措施加强公务员道德建设。报告结合了鄯爱红教授负责的"当代中国行政伦理实证研究"课题内容，以及葛晨虹教授负责的"公民思想道德与社会文明程度研究"的部分调研。报告从公务员现实道德观念状况、理想信念状况、廉政道德状况、服务动机状况、道德规范执行状况、建设状况进行多维度调研，有些问题设计中，从公务员自我认知自我评价与公众认知社会评价两个维度进行设问并展开比较分析。期望报告对把握中国行政道德现状，加强领导干部作风建设，提高公务员职责水平，预防惩治腐败，强化公务员考核、任用、培训，提高现代执政能力和治理能力提供积极思考。

　　报告交稿出版之际，逢中央十八届六中全会召开，审议通过的《关于新形势下党内政治生活的若干准则》《中国共产党党内监督条例》对治党及党的执政能力提出了新的要求，体现了以习近平为核心的党中央全面从严治党的决心和担当。从严治党的目的与核心精神是提高党的执政能力，体现立党为公、执政为民。而执政能力和目的的实现，也离不开执政机制体系及公务员执政主体。执政系统中的建章立制，领导垂范，执政公务系统的政治生态建设，都直接间接地对公权力运行以及公务员道德职责提出了更高更严的要求。相关问题在今后的调研中，还会进行进一步研究。

葛晨虹、鄗爱红两位教授对全书做了整体思路的设定，贾雪丽博士后撰写了第三篇"公务员理想信念问题研究"，吕中军博士和孙蕾硕士撰写了第七篇"公务员公共服务动机调查与分析"，刘非硕士撰写了第二篇"公务员道德规范建设状况调研报告"，鄗爱红教授撰写了上述篇目之外的其他各篇，袁和静博士、于永峰硕士负责了课题调研的数据统计，葛晨虹对全书内容做了最后修订和分析补充，袁和静、钟锡进协助葛晨虹教授对全书进行了一些资料补充，吴迪、牛绍娜、姚楠等博士承担了部分图表统计与校对修订工作。

中国人民大学出版社，尤其是学术出版中心的杨宗元老师和责任编辑王鑫、吕鹏军两位老师为本书出版做了大量辛勤工作，也给我们提供了诸多帮助，在此一并表示感谢！

图书在版编目（CIP）数据

中国社会道德发展研究报告. 2015/葛晨虹，郗爱红主编. —北京：中国人民大学出版社，2016.12
（中国人民大学研究报告系列）
ISBN 978-7-300-23828-9

Ⅰ.①中… Ⅱ.①葛… ②郗… Ⅲ.①道德发展-研究报告-中国-2015 Ⅳ.①B82-092

中国版本图书馆 CIP 数据核字（2017）第 004853 号

中国人民大学研究报告系列
中国社会道德发展研究报告 2015
主编 葛晨虹 郗爱红
Zhongguo Shehui Daode Fazhan Yanjiu Baogao 2015

出版发行	中国人民大学出版社			
社　　址	北京中关村大街 31 号		**邮政编码**	100080
电　　话	010 - 62511242（总编室）		010 - 62511770（质管部）	
	010 - 82501766（邮购部）		010 - 62514148（门市部）	
	010 - 62515195（发行公司）		010 - 62515275（盗版举报）	
网　　址	http://www.crup.com.cn			
	http://www.ttrnet.com（人大教研网）			
经　　销	新华书店			
印　　刷	北京宏伟双华印刷有限公司			
规　　格	185 mm×260 mm　16 开本		**版　　次**	2016 年 12 月第 1 版
印　　张	15.25 插页 1		**印　　次**	2016 年 12 月第 1 次印刷
字　　数	274 000		**定　　价**	48.00 元